Probability and stochastic processes

確率と確率過程
具体例で学ぶ確率論の考え方

Shinichiro Yanase
柳瀬 眞一郎 著

Learn how to tackle problems
in probability theory through
specific examples

森北出版株式会社

● 本書のサポート情報を当社Webサイトに掲載する場合があります．下記のURLにアクセスし，サポートの案内をご覧ください．

https://www.morikita.co.jp/support/

● 本書の内容に関するご質問は，森北出版 出版部「(書名を明記)」係宛に書面にて，もしくは下記のe-mailアドレスまでお願いします．なお，電話でのご質問には応じかねますので，あらかじめご了承ください．

editor@morikita.co.jp

● 本書により得られた情報の使用から生じるいかなる損害についても，当社および本書の著者は責任を負わないものとします．

■ 本書に記載している製品名，商標および登録商標は，各権利者に帰属します．

■ 本書を無断で複写複製（電子化を含む）することは，著作権法上での例外を除き，禁じられています．複写される場合は，そのつど事前に（一社）出版者著作権管理機構（電話03-5244-5088, FAX03-5244-5089, e-mail:info@jcopy.or.jp）の許諾を得てください．また本書を代行業者等の第三者に依頼してスキャンやデジタル化することは，たとえ個人や家庭内での利用であっても一切認められておりません．

まえがき

　確率論は，人工的に制御できない偶然性（ランダム性，不規則性）が支配する現象を取り扱うための数学で，17世紀のヨーロッパで，賭事で期待される儲けの計算を目的として開発された．今日では，保険業や金融業などで，とくに重要な役割を果たしているが，それ以外にも，理学，工学，経済学などの多くの分野で利用されている．しかし，初等的な確率計算を一歩離れると，その内容は数学的にかなり高度であるため，正確な数学的理解に基づく確率論の使用は，それほど簡単ではない．今日，多くの確率論の書物が出版されているが，数学的内容の高度化に伴い，応用を目的とする人々には近寄りがたい内容のものが多くなっているように思われる．また，確率論のほとんどの書物が数学の専門家によって書かれているため，確率論を道具として用いる場合には，重視する視点にややずれがある感も否めない．本書は，確率論を仕事や研究の道具として利用する多くの分野の人々が，確かな数学的理解に基づいて，確率過程までの理論を使いこなせるようになることを目的とした本である．

　確率論の数学的基礎は，コルモゴロフ以来，測度論に基づいて構成されていて，数学的な確率論，とくに先端的な内容の書籍ではその傾向が強いが，本書では，数学的な側面にはあまりこだわらずに，内容が理解できるような記述を試みている．

　本書の内容は，大きく分けると，順列や組み合わせを応用する離散分布，測度論に基づく連続分布，時間発展を追う確率過程論となる．確率論は，理論的に非常にがっちりとした体系をもっているが，本書では，できるだけ具体例に触れながら理解できるような説明を試みた．たとえば，確率の数学的基礎は，具体的な確率分布の説明の後で述べられる．一方，極限定理については，その重要性を考慮して，とくに詳しく説明した．また，確率過程論は，現代の確率論では基礎・応用共に中心的な重要性をもつ分野であるため，可能な範囲で厳密性を失わないように，ていねいな説明を行った．

　本書で述べた範囲の確率論は，ほとんどがベルヌーイ試行が発展・複雑化してできあがってきたもので，あたかもベルヌーイ試行という主題による変奏曲のように捉えることができる．この様子を読者に感じていただければ，筆者の最も幸せとするところである．なお，本書の入門的な性格から，マルチンゲールについては簡単な紹介にとどめ，それを基礎とする議論の展開は行っていない．これについては，今日多くの

成書が出版されているので，そちらを参照していただきたい．

本書の執筆には，多くの方々のご協力を仰いだ．とくに，渡辺毅博士には多くの図を描いていただき，本文に対する多くの貴重なコメントをいただいた．また，同僚の柳川佳也博士には，数々の重要な御指摘を受けた．お二人に深く感謝する．同僚の河内俊憲博士には，乱流測定の図を提供していただいた．帝塚山大学の上原邦彦教授には，いくつかの重要な知識を教えていただいた．著者の研究室の鎌倉大樹君には，いくつかの図の描画をしていただいた．森北出版の小林巧次郎氏は，いつまで経ってもできあがらない原稿の完成を忍耐強く待ち，応援していただいた．小林氏の御協力なしでは，本書の完成は不可能であった．あらためて深く感謝する．また，同出版の太田陽喬氏の適切な御指摘は，本の内容の向上に大変役立った．深く感謝する．

最後に，本書を完成するためには，妻恭子の協力は本当にありがたかった．あらためて深く感謝したい．それから，常に見守り続けてくれた娘真理子なしでは，この仕事は不可能であったと思う．どうもありがとう．

2014 年 10 月

柳瀬眞一郎

オンライン補遺

本書のいくつかの事柄について，下記の URL から詳細解説がダウンロードできますので，ご参照ください．

http://www.morikita.co.jp/books/mid/006181

目次

第1章 確率的な現象と確率論 … 1
- 1.1 確率の数学的モデル … 1
- 1.2 期待値・分散とサンプリング … 3
- 1.3 ラプラスの壺に入った玉とベイズの定理 … 6
- 1.4 確率モデルの例 … 10

第2章 確率の数学的基礎 … 29
- 2.1 確率の基礎 … 29
- 2.2 結合確率分布と確率変数の独立性 … 34
- 2.3 期待値・分散・相関 … 36
- 2.4 特性関数 … 41
- 2.5 単位分布 … 53
- 2.6 母関数 … 53

第3章 いろいろな確率分布 … 58
- 3.1 正規分布 … 58
- 3.2 指数分布 … 64
- 3.3 コーシー分布 … 67
- 3.4 確率変数の変換 … 68
- 3.5 独立な確率変数の和 … 72
- 3.6 安定分布 … 75

第4章 極限定理 … 81
- 4.1 確率分布の収束 … 81
- 4.2 大数の法則 … 85
- 4.3 中心極限定理 … 88
- 4.4 複合ポアソン分布とその極限 … 93
- 4.5 古典統計力学への応用 … 96
- 4.6 乱流の間欠性 … 99

第5章 マルコフ連鎖　　103
- 5.1 マルコフ連鎖　　105
- 5.2 対称なランダムウォーク　　107
- 5.3 ランダムウォークの理論解析　　109
- 5.4 非対称ランダムウォーク　　115
- 5.5 有限領域でのランダムウォーク　　119
- 5.6 マルコフ連鎖の数学的理論　　121

第6章 加法過程　　134
- 6.1 ウィーナー過程　　136
- 6.2 ポアソン過程　　152

第7章 いくつかの確率過程　　160
- 7.1 ガウス過程　　160
- 7.2 定常過程　　163
- 7.3 マルコフ過程　　172

第8章 確率微分方程式とカオス・乱流　　180
- 8.1 確率微分方程式　　180
- 8.2 カオスと確率過程　　192
- 8.3 乱流の確率論的な近似解法　　199

付表　標準正規分布表　　203
問題の略解　　204
参考文献　　210
索　引　　211

第 1 章

確率的な現象と確率論

　本章のおもな内容は基本的に，確率を，ある現象の発生回数の，起こり得るすべて場合の数との比で与える，「組み合わせ論的確率論」の説明である．

　最初に，現実と数学的確率との対応，つまり「身の回りで生じる現象を，どのようなアイデアを用いて確率論という数学で分析するのか」という疑問にある程度応えるための説明を行う．続けて，コイン投げやサンプリングを例にとって，確率の基本的な方法を理解する．つぎに，確率論の初期の発展を体系的にまとめた，フランス人大数学者ラプラスの古典的名著を題材にして，集合論に関係した数学用語を説明し，ベイズの定理など，確率の数学的取り扱いの基礎を学ぶ．さらに，コイン投げを繰り返すことを「ベルヌーイ試行」とよぶが，それと二項分布との関係，極限的に得られる正規分布，大数の定理との関係などを紹介する．また，正規分布が，学生の成績などの処理に活躍している様子を説明する．最後に，物理学，とくに，量子統計力学で，確率がいかに重要な役割を果たしているかについて説明する．

1.1 確率の数学的モデル

　サイコロを投げると，1から6までの目が出るが，十分に多くの回数投げると，「各数字の出る回数は，投げた総回数の 1/6 に近づく」と，多くの人は強く疑うことなく信じ，あるいは感じている．しかし，よく考えてみると，本当にそんなに簡単に考えてよいのかという疑問が湧いてくる．実際，サイコロを 600 回投げて，そのうち 1 の目がぴったり 100 回出ることは，まずあり得ない．現実的には，かなりのばらつきが出るであろう．それでも，たとえば，1 の目の出る割合

$$\frac{1 \text{の目が出る回数}}{\text{投げる回数}} \tag{1.1}$$

は，投げる回数を非常に多くすれば，1/6 に近づくと思われ，一般的に予想される経験則となっている．これを**実験的確率**とよぶ．しかし，いったいどれくらい多くの回数を投げたら，どれほどの精度で 1/6 に近づくのかを求めるのは，決して容易な問題ではない．

　つぎに，もしかすると，いくら多くの回数を投げても式 (1.1) の値（実験的確率）は 1/6 に近づかない場合があるかもしれない．なぜならば，完全に六つの面が対称なサイコロを作ることは不可能であり，さらに，六つの面に対して不公平のない投げ方をすることも不可能だからである．

最後に，いったい「でたらめ」，つまり偶然性（不規則性，ランダム性，確率的であること）とは何をもって定義されるのかという問題が残っている．つまり，たとえ 1 から 6 までの出現回数が等しくても，「目がどのような順序で出たらランダムである（確率的である）と判定できるのか」という重要な疑問点が浮かび上がる．

このように考えると，実際に発生するランダムな現象を確率の問題として捉えることは，それほど単純ではないことがわかってくる．それに対処するため，ランダムな現象の数学的な取り扱いを行うためには，一度，現実世界から離れ，現象に対応した（理想的な）数学的モデルを設定し，それに基づいて議論を進めるとよいことが知られている．たとえば，サイコロの問題では，1 から 6 の目が出る**確率**（数学的確率）が 1/6 となるようなサイコロと投げ方を想定する．これを**確率モデル**とよぶ．ここでの確率とは，たとえば，1 の目が出るような確率的な現象（数学的には**事象**とよぶ）が発生するのに関連した，0 から 1 までのある実数で，数学的にいえば，1 回のサイコロ投げ（**試行**とよぶ）を行ったときの，1 の目が出る回数の予想値（**期待値**）である．

以上のように確率モデルを定義し，これを現実のランダムな現象と対応付けすることによって，多くの不必要な問題点を避けることが可能となる．確率モデルの定義された系の，確率的事象の発生のふるまい方を**確率分布**という．さらに，「目の出方がどのようならランダムであると考えるか」という最後の疑問点に関しては，確率モデルに従う事象の発生はランダム（不規則）であると考え，ランダム性とは何かの議論を避けることにする．なお，ランダム的である場合，一見規則的な現象，たとえば，同じ数字が続けて出現するような現象は，「たとえ起こっても非常に稀である」と考えてよい．ただし，この問題は，第 8 章で取り扱う疑似乱数では，考慮する必要が生じる．

一般的に予想される経験的法則

$$1 \text{ の目が出る確率} = \lim_{\text{試行回数} \to \infty} \frac{1 \text{ の目が出る回数}}{\text{試行回数}} = \frac{1}{6} \quad (1.2)$$

は，確率モデルに基づくと，大数の法則として証明することができる（第 4 章）．

例 1.1 歪んだサイコロ

もし，サイコロが対称的でなく明らかに歪んでいたら，1 から 6 までの目の出る確率は等しくならないことが期待される．そのようなサイコロに対しても，確率モデルを作ることができる．

できるだけ多くの試行を行い，1 から 6 の目の出る回数を調べる．試行数を n，i $(1 \leq i \leq 6)$ の目が出た回数を m_i とし，n が十分大きく，m_i/n が収束していると思われる値を P_i，ただし，$\sum_{i=1}^{6} P_i = 1$ とする．このとき，確率モデルを i の目の出る確率が P_i となるようなモデルとして設定できる．もちろん，実験的に P_i の正

確な値を求めることはできないが，確率モデルとして用いることは可能である．

例 1.2　コイン投げ

確率の問題では，サイコロよりももっと簡単な例である，表と裏の出るコイン投げがよく取り上げられる．その場合，コインを投げる試行を行い，表か裏が出る場合の数を調べる．確率モデルを想定して，表と裏の出る確率がいずれも 1/2 であるコイン投げを n 回行う試行過程がよく研究されていて，**ベルヌーイ試行**とよばれる[1]．この確率的操作は，本書の内容の骨格を形成している．

1.2　期待値・分散とサンプリング

最初に，**期待値・分散**の初等的な定義を述べる．n 個の変数 $x_1, x_2, \ldots, x_n$ を考える．これは，たとえば，n 個の製品の重さなどを考えればよい．このとき，**平均値**（標本平均）$\overline{x}$ は

$$\overline{x} = \frac{1}{n} \sum_{i=1}^{n} x_i \tag{1.3}$$

で定義される．仮に，n 個の製品の中から無作為に 1 個の製品を抜き出したとき，もしその重さを測定する方法がなかった場合，その製品の重さとしては，上で定義した平均値をあてるのが妥当である．その意味で，平均値を**期待値**ともいう．**分散**（標本分散）σ^2 は，個々の x_i の値が，期待値 $\overline{x}$ から離れている度合を表す量で，

$$\sigma^2 = \frac{1}{n} \sum_{i=1}^{n} (x_i - \overline{x})^2 \tag{1.4}$$

で定義される．σ を**標準偏差**とよぶ．標準偏差は，平均値からのずれを表すために最もよく用いられる量である．

さて，製造業では，できあがった製品の中に一定の割合で不良品が混入していることを想定している．この割合があまりに高いと出荷できないために，これを一定値以下に抑える必要があるが，それを確認するため，製品の中から一定数の製品（**標本，サンプル**）を抜き出して調べる**サンプリング**（**標本抽出**）とよばれる作業を行う．各製品の不良品率を $p(0 < p < 1)$ とする．

前節で，実験的確率と，確率モデルの関係を述べたが，不良品率 p をあらかじめ知

---

[1] ベルヌーイ試行を最初に研究したヤコブ・ベルヌーイは，18 世紀スイスの有名な数学者で，確率論の基礎を築いた一人である．彼の甥のダニエル・ベルヌーイは，流体力学の創始者の一人であり，「ベルヌーイの定理」は大変有名であるが，確率論でも「サンクトペテルブルクのパラドックス」はよく知られている．

ることは非常に困難である．それでも，過去の経験，または，製造過程の調査から p を推定することができる．これに基づいて p を実験的に求め，さらに，p の値を設定する．この段階で，確率モデルが構築されたと考えられる．つまり，たとえば，サンプルとして製品を 100 個抜き出したとき，平均的に $100p$ に最も近い整数個数の不良品が含まれているような製品の集合を考える．これは，不良品の個数の**平均値**である．つぎに，これを確率論の問題として考えてみよう．

全部で n 個の製品の中から順次 m 個 ($m \ll n$) のサンプルを抜き出して製品検査を実施すると，図 1.1 に示すように，含まれる不良品の個数の平均値は明らかに mp 個と予想されるが，これは，コイン投げを m 回行ったとき，表の出る回数が $m/2$ 回であるというのと同じ推論である．サンプリングをベルヌーイ試行と考えて，平均値 mp を計算してみよう．サンプル中にまったく不良品が含まれない確率は，$q = 1 - p$ として q^m である．つぎに，不良品が 1 個だけ含まれる確率は，何番目のサンプルが不良品であるかの場合の数を考えて，

$$ {}_m\mathrm{C}_1 \, q^{m-1} p $$

である．つぎに，不良品が 2 個含まれる確率は

$$ {}_m\mathrm{C}_2 \, q^{m-2} p^2 $$

となる．不良品が k 個含まれる確率は

$$ {}_m\mathrm{C}_k \, q^{m-k} p^k $$

となる．これは，前節で述べたコイン投げを一般化した確率分布で，**二項分布**とよばれ，記号 $B(m, p)$ で表される．確率に不良品の数をかけて加えると，不良品数の期待値（平均値）が

$$ \text{期待値} = 0 \times q^m + 1 \times {}_m\mathrm{C}_1 \, q^{m-1} p + 2 \times {}_m\mathrm{C}_2 \, q^{m-2} p^2 + \cdots + m \times {}_m\mathrm{C}_m \, p^m $$

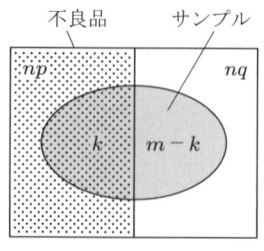

図 1.1 標本

$$= p\frac{d}{dp} \sum_{k=0}^{m} {}_m\mathrm{C}_k\, q^{m-k}p^k = p\frac{d}{dp}(q+p)^m \bigg|_{q+p=1} = mp$$

と計算される．なお，上の計算は，一つの製品を検査した結果が残りの製品の不良品率に影響を及ぼさないという仮定 ($m \ll n$) のもとに行っている．厳密には，一つの製品が良品または不良品と判定されると，残りの製品の不良品率は変化する．この問題は，一度取り出した製品をそのつどもとに戻してつぎの製品を取り出す**復元抽出**を行えば，厳密に防ぐことができるが，サンプル数 m が全体の製品数 n と比べて非常に小さい場合は，復元抽出を行わなくても近似的に満たされているので，問題はない．

この現象は確率的な現象であるから，試行の結果は必ずしも mp 個の不良品が出てくるとは限らない．それでは，この平均値からずれる程度を表す量を計算してみよう．分散は，

$$\begin{aligned}
\text{分散} &= \sum_{k=0}^{m} (k - \text{平均値})^2\, {}_m\mathrm{C}_k\, q^{m-k}p^k = \sum_{k=0}^{m} (k - mp)^2\, {}_m\mathrm{C}_k\, q^{m-k}p^k \\
&= \sum_{k=0}^{m} k^2\, {}_m\mathrm{C}_k\, q^{m-k}p^k - 2mp \sum_{k=0}^{m} k\, {}_m\mathrm{C}_k\, q^{m-k}p^k + m^2p^2 \sum_{k=0}^{m} {}_m\mathrm{C}_k\, q^{m-k}p^k \\
&= p\frac{d}{dp}\left[p\frac{d}{dp}(q+p)^m \right]\bigg|_{q+p=1} - 2mp \times mp + m^2p^2 \\
&= mp(mp+q) - 2m^2p^2 + m^2p^2 = mpq
\end{aligned}$$

と計算される．この場合，標準偏差は $\sqrt{mpq}$ である．平均値との比は

$$\frac{\text{標準偏差}}{\text{平均値}} = \frac{1}{\sqrt{m}}\sqrt{\frac{q}{p}}$$

である．m の値が非常に大きければ，この値は十分に小さくなり，サンプリングを行った結果，不良品の現れる個数が平均値 mp 付近にある確実性が増すことが予想される．これは，前節でのコイン投げの試行回数 n を大きくした場合と同じ性質である．一方，m の値が小さいと，平均値からの大きいずれが生じる可能性がある．たとえば，$m=2$ なら，サンプル中にまったく不良品がない確率が q^2 であり，q の値が 1 に近ければ，サンプリングを行っても不良品が出てこず，不良品の発生確率が実際よりも過小評価される可能性が高くなる．このように，サンプル数が少なければ，サンプリング作業は容易であるが，作業の信頼性は低くなる．逆に，あまりサンプル数を多くすると，$m \ll n$ の仮定が破れ，復元抽出を行わなければならなくなる．なお，この計算からわかるように，平均値は素朴な考え方でも求めることができるが，分散のよ

うな量は，理論的な基礎に基づいて計算しなければ得られない．

サンプリングを実行すると，サンプルの中に含まれる不良品の個数から逆に不良品率 p を推定することが可能となるが，その正確さは確率論や統計学に基づいて調べられる．

例 1.3 非復元抽出

復元抽出を行わず，$m \ll n$ が満足されないときは，m 個のサンプル中に k 個の不良品が含まれる確率は二項分布とは異なる．全体で np 個の不良品と nq 個の良品のある中から，k 個の不良品と $m-k$ 個の良品を抜き出す確率を調べてみると，組み合わせの数から

$$\frac{{}_{np}C_k \cdot {}_{nq}C_{m-k}}{{}_nC_m}$$

となる．これを**超幾何分布**という．

例題 1.1 投票で勝つ確率

P と Q の 2 人の候補者がいて，多くの人の投票では，平均的に P と Q の得票数の比は $p:q$ である（つまり，期待値の比が $p:q$ である）とする．N 人が P と Q に投票したとき，P が Q より多い得票数を得る確率を求めよ．ただし，N は奇数とし，必ずどちらかの候補者に投票するとする．

解 $p' = p/(p+q), q' = q/(p+q)$ とする．各個人が P へ投票する確率は p'，Q へ投票する確率は q' と考えられるので，P が Q より多い得票数を得る確率は，

$$\sum_{j=0}^{(N-1)/2} {}_N C_j p'^{N-j} q'^j$$

となる．

1.3 ラプラスの壺に入った玉とベイズの定理

確率モデルとして，よくシャッフルされたカード（トランプ）を考えることが多い．シャッフルは，53 枚のカードを上から順に取り出す作業を，カードの中から無作為に 1 枚ずつカードを抜き出す（抽出する）のと同等にするために，カードの順序をでたらめにしている作業である．このランダム抽出を行うためには，カードをシャッフルしなくても，壺の中にカードを入れてよくかきまぜ，壺の中を見ずに抜き出せば，同じ結果が得られる（図 1.2 参照）．

18 世紀の数学者ラプラスが書いた「確率の哲学的試論」（参考文献 [12]）の中に，壺

図 1.2　トランプの入った壺

に関する問題で，大変興味深い例題がある．「壺の中に，白か黒の玉が二つ入っているとする．玉を一つ取り出したら，その後次の玉を取り出す前に，必ずその玉を壺の中に戻すものとする．最初の 2 回とも取り出された玉が白だったとき，3 回目に取り出される玉が白である確率を求めよ」という問題である．一見簡単な問題のようだが，じつは，確率論のいろいろな重要点を含んだ興味深い例題である．なお，問題の前提として，最初の状態に対して，壺の中に白と黒の玉が入っている確率と，白の玉が 2 個入っている確率は等しいと考える．この仮定は，あらかじめ設定するという点ではコインの表裏の出る確率を 1/2 とするのと似ているが，コインの表裏と違って絶対的なものではないので，後に，この仮定を変化させるとどのような結果になるかを調べてみる．

ラプラスの解答は以下のようである．

『この場合，玉の一つは白で他方は黒であるか，あるいは，二つとも白であるという二つの仮説しか考えられない．第一の仮説によれば，観察された事象の確率は 1/4 であり，第二の仮説によれば，その確率は 1 である．そこで，これらの仮説と同数の原因があるものとみなせば，条件付き確率の原理により，これらの仮説の「観察された事象に基づく」確率は，それぞれ 1/5 および 4/5 となる．さて，第一の仮説のもとでは 3 回目にも白い玉が取り出される確率は 1/2 であり，第二の仮説のもとではその確率は 1 である．これらの確率をそれぞれの仮説の確率でかけて積の和をとれば，9/10 が 3 回目も白が取り出されるという確率となる．』

かなりわかり難い説明なので，現代的な手法を用いて説明する．ある事象（確率事象）A が生じる確率を $P(A)$ と表すことにする．まず，事象 A と B が**排反事象**（同時には起こり得ない事象）なら $A \cap B = \phi$（ϕ は**空事象**）なので，A または B が生じる確率 $P(A \cup B)$ は，

$$P(A \cup B) = P(A) + P(B) \tag{1.5}$$

となる．つぎに，二つの事象 A と B が同時に生じる確率を $P(A \cap B)$ と書く．ここ

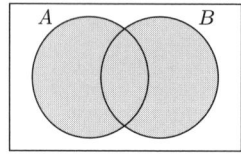 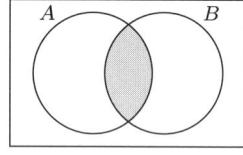 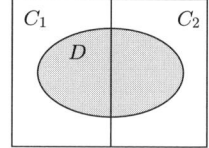

（a）和集合 $A \cup B$　　（b）積集合 $A \cap B$　　　　　図 1.4　$C_1, C_2 \to D$
図 1.3　集合図

では集合論の表現を用い，$A \cup B$ は A と B の**和集合**（**和事象**），$A \cap B$ が A と B の**積集合**（**積事象**）である（図 1.3 参照）．

また，事象 A が生じたときに事象 B が生じる確率（**条件付き確率**）を $P(B \,|\, A)$ と書く．確率論では**条件付き確率の原理より**と述べられるが，常識的に理解できるように，

$$P(A \cap B) = P(A)P(B \,|\, A) = P(B)P(A \,|\, B) \tag{1.6}$$

となる．逆に，

$$P(B \,|\, A) = \frac{P(A \cap B)}{P(A)}, \quad P(A \,|\, B) = \frac{P(A \cap B)}{P(B)} \tag{1.7}$$

が得られ，これは条件付き確率を求めるための公式である．

つぎに，条件付き確率の逆を求める方法を考えてみよう．つまり，互いに排反な事象 C_1 と C_2 のどちらかが発生した後，事象 D が生じるのであるが（図 1.4 参照），事象 D の発生を観測した後，以前に生じた事象が C_1 または C_2 である確率を計算してみる．$P(C_1 \,|\, D)$ を事象 D が生じたときの事象 C_1 が発生している確率とすると，明らかに

$$\begin{aligned} P(D \cap C_1) &= P(C_1 \,|\, D)P(D) = P(C_1 \,|\, D)P(D \cap (C_1 \cup C_2)) \\ &= P(C_1 \,|\, D)(P(D \cap C_1) + P(D \cap C_2)) \end{aligned}$$

が成り立つ．これから，

$$P(C_1 \,|\, D) = \frac{P(D \cap C_1)}{P(D \cap C_1) + P(D \cap C_2)} = \frac{P(C_1)P(D \,|\, C_1)}{P(C_1)P(D \,|\, C_1) + P(C_2)P(D \,|\, C_2)} \tag{1.8}$$

が求まる．同様にして，

$$P(C_2 \,|\, D) = \frac{P(D \cap C_2)}{P(D \cap C_2) + P(D \cap C_1)} = \frac{P(C_2)P(D \,|\, C_2)}{P(C_2)P(D \,|\, C_2) + P(C_1)P(D \,|\, C_1)} \tag{1.9}$$

となる．これをベイズの定理（確率の逆算法）とよぶ．

壺の中に白と黒の玉のある事象を C_1，二つの白玉のある事象を C_2 とすると，ラプラスの仮定では $P(C_1) = P(C_2) = 1/2$ である．D を，最初の 2 回とも白玉が取り出された事象であるとする．C_1 が成り立つとき D が発生する確率は $P(D\,|\,C_1) = 1/4$，C_2 が成り立つとき D が発生する確率は $P(D\,|\,C_2) = 1$ であるから，

$$P(C_1\,|\,D) = \frac{P(D\,|\,C_1)}{P(D\,|\,C_1) + P(D\,|\,C_2)} = \frac{\dfrac{1}{4}}{\dfrac{1}{4} + 1} = \frac{1}{5}$$

$$P(C_2\,|\,D) = \frac{P(D\,|\,C_2)}{P(D\,|\,C_1) + P(D\,|\,C_2)} = \frac{1}{\dfrac{1}{4} + 1} = \frac{4}{5}$$

となる．E を 3 回目に白玉が取り出される事象とすると

$$P(E\,|\,D) = P(E\,|\,C_1)P(C_1\,|\,D) + P(E\,|\,C_2)P(C_2\,|\,D) \tag{1.10}$$

が成り立つ．明らかに，$P(E\,|\,C_1) = 1/2$，$P(E\,|\,C_2) = 1$ であるから，これに数値を代入すると

$$\frac{1}{2} \times \frac{1}{5} + 1 \times \frac{4}{5} = \frac{9}{10}$$

が解となる．

さて，もし，事象 C_1 と C_2 の確率を，等しく 1/2 とおかずに

$$P(C_1) = 1 - x, \quad P(C_2) = x \quad (0 \leq x \leq 1)$$

とするなら，どんな結果が得られるであろうか．この場合，

$$P(C_1\,|\,D) = \frac{P(C_1)}{P(C_1) + 4P(C_2)} = \frac{1-x}{1+3x}$$

$$P(C_2\,|\,D) = \frac{4P(C_2)}{P(C_1) + 4P(C_2)} = \frac{4x}{1+3x}$$

となるので，式 (1.11) へ代入すると

$$P(E\,|\,D) = \frac{1+7x}{2(1+3x)}$$

が得られる．この値は，$x = 0$ で最小値 1/2，$x = 1$ で最大値 1 となる．事象 C_1 と C_2 に対して仮定される確率を，**先見的確率**または**主観的確率**とよぶ．

1.4 確率モデルの例

1.4.1 ポリアの壺

つぎに，壺の中に b 個の黒玉，w 個の白玉が最初に入っていたとする．ここからランダムに（無作為に）1 個の玉を取り出し，その玉を壺に返した後，さらに，同色の玉を c 個，異なった色の玉を d 個壺の中に追加するとする．この確率モデルは，医学から物理学まで大変多くの応用がある．その中でも，$d = 0$ の場合は**ポリアの壺**[1]とよばれて，伝染病の伝播モデルとして知られている．

最初に黒玉が取り出される確率は，

$$\frac{b}{b+w}$$

であり，その条件のもとで 2 番目に黒玉が取り出される確率は，

$$\frac{b+c}{b+w+c}$$

である．したがって，1 回目，2 回目とも黒玉が取り出される確率は，

$$\frac{b}{b+w} \cdot \frac{b+c}{b+w+c}$$

となる．このようにして k 回取り出した玉がすべて黒である確率は，

$$\frac{b(b+c)\cdots[b+(k-1)c]}{(b+w)(b+w+c)\cdots[b+w+(k-1)c]} \tag{1.11}$$

となる．つぎに，$k+1$ 回目から n 回目まで続けて白玉が取り出される確率は，

$$\frac{w(w+c)\cdots[w+(n-k-1)c]}{(b+w+kc)[b+w+(k+1)c]\cdots[b+w+(n-1)c]} \tag{1.12}$$

であるから，1 回目から k 回目まで黒玉，$k+1$ 回目から n 回目まで白玉が取り出される確率は，式 (1.11) と式 (1.12) をかけて

$$\frac{b(b+c)\cdots[b+(k-1)c]w(w+c)\cdots[w+(n-k-1)c]}{(b+w)(b+w+c)\cdots[b+w+(n-1)c]}$$

となる．これから，n 回の試行で k 個の黒玉，$n-k$ 個の白玉が取り出される確率は，黒玉が取り出される場合の数を求め，また，それらの確率がすべて等しいことを考慮して，

$$P = {}_n\mathrm{C}_k \frac{b(b+c)\cdots[b+(k-1)c]w(w+c)\cdots[w+(n-k-1)c]}{(b+w)(b+w+c)\cdots[b+w+(n-1)c]}$$

---

[1] 「ポリア」は，このモデルの提唱者 G. Polya の日本語読みである．

と得られる．さらに，

$$\frac{b}{b+w} = p, \quad \frac{w}{b+w} = q, \quad \frac{c}{b+w} = \gamma$$

とおくと，

$$P = {}_nC_k \frac{p(p+\gamma)\cdots[p+(k-1)\gamma]q(q+\gamma)\cdots[q+(n-k-1)\gamma]}{(1+\gamma)\cdots[1+(n-1)\gamma]}$$

となる．γ は**伝播係数**とよばれ，$\gamma = 0$ の場合は二項分布に帰着する．

　二項分布では過去の試行がそれ以降の試行に影響を与えない（独立である）が，ポリアの壺の問題では $\gamma \neq 0$ なら影響を与える点が重要であって，これが伝染病の伝播モデルとして使われる理由である．上で調べたように，$c > 0$ であるから $\gamma > 0$ で，これは，一度現れた事象（黒玉が出るか白玉が出るか）が，後の試行に対して同じ事象の出現を助長する効果がある．一方，$\gamma < 0$ （$c < 0$）で玉を取り去る操作をすると，逆に同じ事象の出現を抑制する効果がある．

1.4.2　ベルヌーイ試行と二項分布

　先に述べた，コイン投げを続けて行うような試行の連続は，ベルヌーイ試行の一種であるが，ここでは一般的なベルヌーイ試行について説明し，その結果発生する二項分布について，さらに詳しく説明する．

　ある試行を行ったとき，事象 A または $B = \overline{A} = \Omega - A$ （A の**余事象**）のどちらかが生じ，それらの確率がそれぞれ p, q （$p + q = 1$）であったとする．ここで，Ω は**全事象**である．また，ある試行の結果は，それ以前の試行の結果とはまったく無関係（独立）であるとする．具体例は，1.2 節でサンプリングとして紹介した．このとき，n 回の試行を行った結果，事象 A が m 回発生する確率 P_m は，n 回の試行の何度目に事象 A が生じるかの組み合わせと，その確率を考え，

$$P_m = {}_nC_m p^m q^{n-m} = \frac{n!}{m!(n-m)!} p^m q^{n-m} \tag{1.13}$$

となる（図 1.5 参照）．これを**二項分布** $B(n, p)$ といい，ベルヌーイ試行の結果を表す分布である．

　なお，これを二項分布とよぶ理由は，$(p+q)^n$ を二項展開したときの一般項がちょ

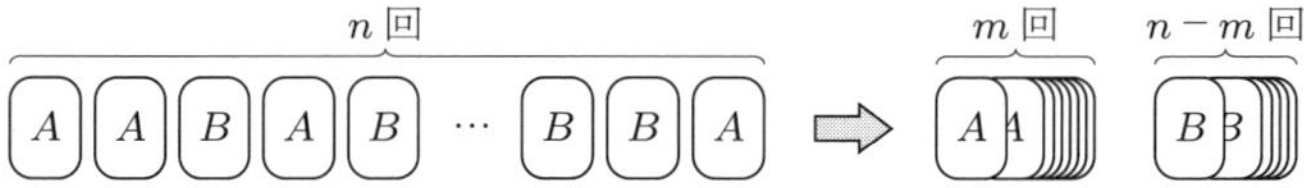

図 1.5　事象 A, B の起こる回数

うど

$$_n\mathrm{C}_m p^m q^{n-m}$$

となっているからである．また，

$$\sum_{m=0}^{n} P_m = \sum_{m=0}^{n} {}_n\mathrm{C}_m p^m q^{n-m} = (p+q)^n = 1$$

となり，全体の確率の和が 1 になっていることがわかる．

この確率分布に対しては，確率が最大となるのは $m \approx np$ のときで，m の値が期待値（平均値）と一致した場合である[1]．$p = q = 1/2$ の場合に対して，これを証明しよう．このとき，

$$P_m = \frac{n!}{m!(n-m)!} \left(\frac{1}{2}\right)^n$$

となるから，$x = m$ とおき，ガンマ関数 $\Gamma(x) = (x-1)!$ を用いて

$$f(x) = \Gamma(x+1)\Gamma(n-x+1)$$

が最小となる場合を求めればよい．

$$\frac{d}{dx}\left[\Gamma(x+1)\Gamma(n-x+1)\right] = 0$$

とすると，

$$\frac{\Gamma'(x+1)}{\Gamma(x+1)} = \frac{\Gamma'(n-x+1)}{\Gamma(n-x+1)}$$

となる．ポリ・ガンマ関数 $\psi(x) = \Gamma'(x)/\Gamma(x)$ を用いると（参考文献 [2] 参照），

$$\psi(x+1) = \psi(n-x+1)$$

が得られる．$x > 0$ では $\psi(x)$ は単調増加だから[2]，

$$x+1 = n-x+1$$

となり，これから，$x = n/2$ が結論される．1.4.3 項で，同様の内容を**スターリングの公式**（式の導出については，オンライン補遺参照）

---

[1] np が整数でないときは，正確には最も接近した場合となる．

[2] $x > 0$ では，$\Gamma'(x) = \int_0^\infty e^{-t} t^{x-1} \log t \, dt = \int_0^\infty y^{-1} dy \int_0^\infty (e^{-y} - e^{-yt}) e^{-t} t^{x-1} dt$ より，$\psi(x) = \int_0^\infty \left(\frac{e^{-t}}{t} - \frac{e^{-tx}}{1-e^{-t}}\right) dt$ となり，$\psi'(x) = \int_0^\infty \frac{te^{-tx}}{1-e^{-t}} dt > 0$ が得られる．

$$s! \approx \sqrt{2\pi} s^{s+1/2} e^{-s}$$

を用いて証明する．

つぎに，試行回数 n を無限に大きくしたときの極限的な分布を調べてみよう．n, m が $n - m \gg 1$ の条件を保って同時に非常に大きくなるとし，スターリングの公式を用いると

$$P_m = \frac{\sqrt{n}}{\sqrt{2\pi m(n-m)}} \left(\frac{np}{m}\right)^m \left(\frac{nq}{n-m}\right)^{n-m}$$

が得られる．ここで，$x = m - np$ を導入すると

$$P_m = \frac{\sqrt{n}}{\sqrt{2\pi(np+x)(nq-x)}} \left(1 + \frac{x}{np}\right)^{-(np+x)} \left(1 - \frac{x}{nq}\right)^{-(nq-x)}$$

となる．ここで，以下のテイラー展開を行う．

$$\begin{aligned}
&(np+x)\log\left(1+\frac{x}{np}\right) + (nq-x)\log\left(1-\frac{x}{nq}\right) \\
&= (np+x)\left(\frac{x}{np} - \frac{x^2}{2n^2p^2} + \frac{x^3}{3n^3p^3} + \cdots\right) \\
&\quad - (nq-x)\left(\frac{x}{nq} + \frac{x^2}{2n^2q^2} + \frac{x^3}{3n^3q^3} + \cdots\right) \\
&= \frac{x^2}{2n}\left(\frac{1}{p} + \frac{1}{q}\right) - \frac{x^3}{6n^2}\left(\frac{1}{p^2} - \frac{1}{q^2}\right) + \cdots = \frac{x^2}{2npq} - \frac{x^3}{6n^2}\left(\frac{1}{p^2} - \frac{1}{q^2}\right) + \cdots
\end{aligned}$$

さらに，m が平均値 np 付近に留まりながら非常に大きくなると考える．正確には，$x = m - np = O(\sqrt{n})$ と仮定する．すると，

$$\frac{x^3}{n^2} \to 0, \quad \frac{m}{n} - p = \frac{x}{n} \to 0$$

となり，結局，

$$P_m \approx \frac{1}{\sqrt{2\pi npq}} \exp\left[-\frac{(m-np)^2}{2npq}\right] \tag{1.14}$$

という形となる．これは，後で説明する平均値 np，分散 npq の正規分布である．図1.6に，$n = 6$ から $n = 50$ まで変化させたとき，$p = q = 0.5$ と $p = 0.25, q = 0.75$ に対する確率分布 (1.13) の P_m を黒丸で示し，その近似式 (1.14) を実線で示して比較した．

図1.6からわかるように，二項分布は，$p = q = 0.5$ の場合は，試行回数が大変少なくても正規分布でかなり正確に近似することができる．$p \neq q$ の場合でも，ある程度

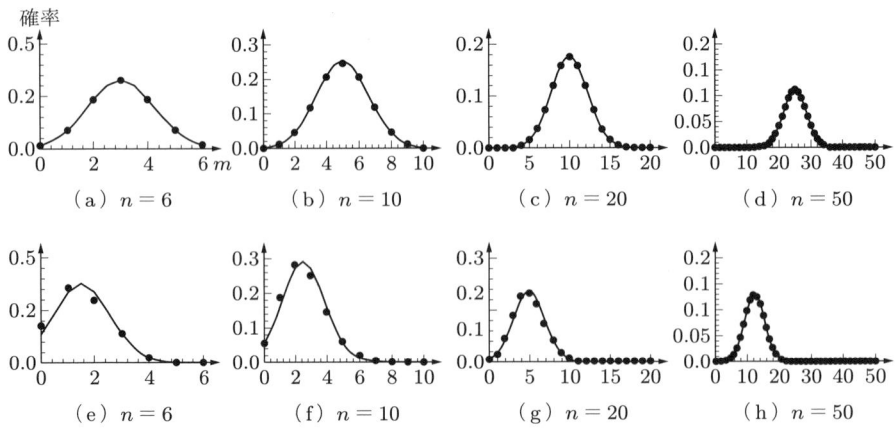

図 1.6 二項分布（黒点）と正規分布（実線）
((a) – (d) $p = q = 0.5$, (e) – (h) $p = 0.25, q = 0.75$)

試行回数が増えれば，正規分布はよい近似となっていることがわかる．これから，m の値を**確率変数**[1]X としたとき，n がある程度大きい場合，X の値が与えられた区間内に入る確率を解析的に与えることができる．これは，**ラプラスの定理**とよばれていて，その形は

$$P\left(\alpha < \frac{X - np}{\sqrt{npq}} \leq \beta\right) \approx \int_{\alpha}^{\beta} \frac{1}{\sqrt{2\pi}} e^{-x^2/2} \, dx \qquad (1.15)$$

である．上式は，式 (1.14) の変形から容易に得られる．

1.4.3 ベルヌーイ試行と大数の定理の入門

さて，どのようにして，試行の繰り返しからある事象が生じる回数の期待値が計算されるのか，コイン投げの確率モデルをもとにして考えてみよう．

最初に試行回数 $n = 3$ の場合を考えてみよう．すると，以下の 8 通りのベルヌーイ試行が考えられる．

表表表	表裏表	表裏裏	裏裏表
表表裏	裏表表	裏表裏	裏裏裏

確率モデルでは，上の 8 通りの場合はすべて等しい確率 $1/2^3 = 1/8$ で発生すると考える．なぜならば，サイコロの表裏は等しい確率で現れ，サイコロを投げる事象は，毎

---

[1] 確率変数とは，たとえば，サイコロの目や，ベルヌーイ試行での事象 A の発生回数などであるが，コイン投げにおいて，表が出たら 1，裏なら 0 という数字を与えれば，それも確率変数となる．

回，ほかのサイコロ投げとは独立に発生すると考えられるからである．表が 3 回出るのは 1 通り，2 回は 3 通り，1 回は 3 通り，0 回は 1 通りなので，$P_m^{(3)}$ を表が m 回出る確率とすると，場合の数から

$$P_3^{(3)} = P_0^{(3)} = \frac{1}{8}, \quad P_2^{(3)} = P_1^{(3)} = \frac{3}{8}$$

となる．すると，表の出る回数の予想値（期待値）は

$$\sum_{i=0}^{3} m P_m^{(3)} = \frac{3}{2}$$

で，

$$\frac{\text{表が出る回数の期待値}}{\text{投げる回数}} = \frac{1}{2}$$

となり，表の出る確率と一致する．じつは，この結果は確率モデルの定義から当然なのであるが，本当に知りたいのは，1 回のベルヌーイ試行で試行回数 n を非常に大きくしたとき，表の出る回数を n で割った値が，どのように 1/2 に近づくかどうかという点である．

この問題を解くため，コイン投げの試行を n 回行って，そのうち m 回表の出る確率を求めてみよう．$n = 3$ の例でみたように，n 回の試行を続けるベルヌーイ試行で生じる場合の数は 2^n であり，その中で m 回表が出る場合の数は ${}_nC_m$ である．したがって，m 回表の出る確率 P_m は，場合の数の計算より

$$P_m = \frac{{}_nC_m}{2^n} = \frac{n!}{m!(n-m)!}\frac{1}{2^n} \tag{1.16}$$

となる．$n \gg 1$，$m \gg 1$ のとき，$x \gg 1$ に対するスターリングの公式

$$x! \approx \sqrt{2\pi}\, x^{x+1/2} e^{-x}$$

を用いると，

$$P_m \approx \frac{1}{\sqrt{2\pi}} \frac{n^{n+1/2}}{2^n} \frac{1}{m^{m+1/2}(n-m)^{n-m+1/2}} \quad (n \gg m \gg 1) \tag{1.17}$$

が得られる．m の値は 0 から n まで取り得るが，もし，P_m がある特定の m の値で鋭いピークをもてば，実際に実現可能な m の値は，その鋭いピークを与える点の付近に限定されると考えられる．そこで，式 (1.4) をもとにして，P_m が m のどのような値に対してどれほど鋭いピークをもつか調べてみる．

関数 $f(x)$ を

と定義する．さらに，
$$f(x) = e^{-F(x)}$$
なる関数 $F(x)$ を導入すると
$$f'(x) = -F'(x)f(x), \quad f''(x) = \{-F''(x) + [F'(x)]^2\}f(x)$$
であるから，$f'(x) = 0$ より $F'(x) = 0$ となり，$f'(x) = 0$ のとき，$f''(x) = -F''(x)f(x)$ が得られる．

ここで，
$$F(x) = \left(x + \frac{1}{2}\right)\log x + \left(n - x + \frac{1}{2}\right)\log(n - x)$$
であるから，$x \gg 1$ のとき
$$F'(x) \approx \log x - \log(n - x) = \log \frac{x}{n - x}$$
で，$F'(x) = 0$ より $x = n/2$ が得られる．これから，P_m は $m = n/2$ のときに最大となることが予想される．

$x \gg 1$ のとき
$$F''(x) \approx \frac{1}{x} + \frac{1}{n - x}$$
であるから，$F''(n/2) = 4/n$ となる．したがって，
$$\left. \frac{1}{f(n/2)} \frac{d^2}{d(x/n)^2} f(x) \right|_{x=n/2} = -4n$$
が得られる．m を x で表し，
$$Q(x) = P_x \approx \frac{1}{\sqrt{2\pi}} \frac{n^{n+1/2}}{2^n} f(x)$$
とおく．$Q(x)$ が最大または最小となる点での曲線 $y = Q(x)$ の曲率の絶対値は $|Q''(x)|$ と一致するから，$n \to \infty$ のとき，$Q(x)$ が最大となる点 $x = n/2$ において，x 方向に n で規格化された曲線の曲率の大きさは，$f(n/2) = (2/n)^{n+1}$ を考慮すると
$$\left. \frac{d^2}{d(x/n)^2} Q(x) \right|_{x=n/2} \approx -\frac{8}{\sqrt{2\pi}} n^{1/2} \tag{1.18}$$
となる．$f(x)/f_{\max}$ は，図 1.7 に示すように，n の増加に伴い，急峻な頂点をもつ関数

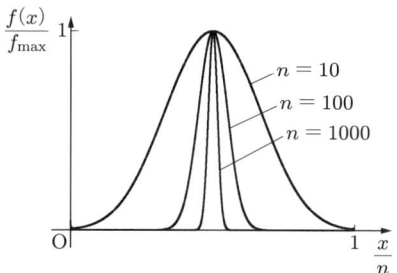

図 1.7　最大値で規格化された $f(x)$

となる．なお，$f_{\max} = f(n/2)$ である．この結果は，$n \to \infty$ のとき，P_m が $m = n/2$ で極めて鋭いピークをもつことを表している．したがって，ベルヌーイ試行の試行回数が非常に大きくなると，試行中に表の出る回数が，全試行回数の 1/2 のごく近くに集中することがわかる．確率モデルの範囲内において，試行の結果発生する事象の回数と確率との関係は，このようなものであると理解することができる．なお，この問題は，大数の定理として，第 4 章でより一般的に取り扱う．

1.4.4　ベルヌーイ試行での待ち時間

ベルヌーイ試行を行ったとき，事象 A が r 回発生した時点で，事象 A の余事象 $B = \overline{A}$ が起こる回数の確率分布を知るのは興味深い．事象 B が k 回発生していたとし，$n = r + k$ とおくと，B が発生するのは最初の試行から $n-1$ 回目の試行までに限られる．このようになる確率 $P(k, r)$ は，場合の数を数えてそれぞれの確率をかけると，

$$P(k, r) = {}_{r+k-1}\mathrm{C}_k p^r q^k \tag{1.19}$$

となる．$r = 30$，$p = 0.5$ に対して，横軸を k として $P(k, r)$ を描くと，図 1.8 のようになり，二項分布と比べると左右の対称性をもたないことが特徴である．これを**パスカル分布**という．

パスカル分布は**負の二項分布**の一種であるが，その理由を説明する．二項分布の名前の由来が二項展開

$$(1+x)^r = \sum_{k=0}^{r} {}_r\mathrm{C}_k x^k \tag{1.20}$$

にあることは，すでに説明した．これは，通常は r が正整数に限られるが，テイラー級数

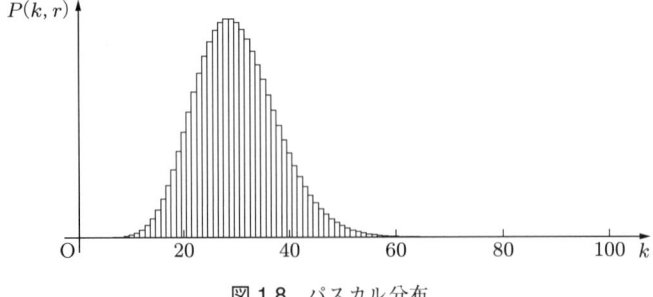

図 1.8 パスカル分布

$$(1-x)^{-1} = \sum_{k=0}^{\infty} x^k \quad (|x|<1)$$

の両辺を $r-1$ 回微分することにより，

$$(1-x)^{-r} = \sum_{k=0}^{\infty} {}_{r+k-1}\mathrm{C}_k\, x^k$$

が成立することを示すことができる．したがって，式 (1.20) を拡張した

$$(1+x)^{-r} = \sum_{k=0}^{\infty} {}_{-r}\mathrm{C}_k x^k \tag{1.21}$$

によって，負の実数に対して二項係数 ${}_{-r}\mathrm{C}_k$ を定義すると，

$${}_{-r}\mathrm{C}_k = (-1)^k {}_{r+k-1}\mathrm{C}_k \tag{1.22}$$

が得られる．これによって，式 (1.19) は

$$P(k,r) = {}_{-r}\mathrm{C}_k p^r (-q)^k \tag{1.23}$$

と書けるので，負の二項分布とよばれる．これから，

$$\sum_{k=0}^{\infty} P(k,r) = 1 \tag{1.24}$$

が示される．証明は簡単で，

$$\sum_{k=0}^{\infty} P(k,r) = \sum_{k=0}^{\infty} {}_{-r}\mathrm{C}_k p^r (-q)^k = p^r \sum_{k=0}^{\infty} {}_{-r}\mathrm{C}_k (-q)^k = p^r (1-q)^{-r} = 1$$

となる．これは，事象 A が有限回の試行で r 回発生する確率が 1 であることを示し

ている．すなわち，任意の r に対して，何回試行しても事象 A が r 回発生しないようなことはないという意味である．

1.4.5 ポアソン分布

放射性元素からの粒子の放出などは，極めて間欠的に発生する**希現象**（稀にしか起きない現象）であるが，長時間観測していると，有限個の粒子の放出が見出される．これを試行の連続として見れば，1 回の試行ではめったに起こらないが，多数回試行を繰り返せば有限回発生する現象と考えられる．この発生回数を表す分布として，**ポアソン分布**が存在する．

ポアソン分布は，λ をただ一つのパラメータとして，m 回の事象が生じる確率が以下の式で与えられる．

$$P_m = \frac{\lambda^m}{m!} e^{-\lambda} \tag{1.25}$$

この場合，試行は無限回数であるとする．現実的には，極めて長時間観測を続けた場合と考える．

図 1.9 に見られるように，P_m が最大となるのは，$\lambda \leq 1$ では $m = 0$，$\lambda > 1$ では $m \approx \lambda$ である．$\lambda > 1$ の場合は，以下のようにして近似的に説明される．さらに，

$$P_m = \frac{e^{m \log \lambda - \lambda}}{\Gamma(m+1)}$$

となるから，

$$\frac{d}{dm} P_m = 0$$

とおくと，$\psi(x)$ をポリガンマ関数（1.4.2 項参照）として

$$\psi(m+1) = \log \lambda$$

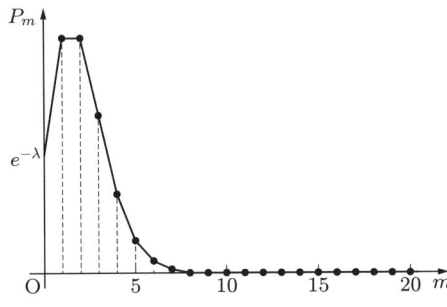

図 1.9 ポアソン分布 ($\lambda = 2$)

が得られる．$\psi(x)$ の $x \to \infty$ における漸近形（参考文献 [2]）は

$$\psi(x) = \log(x-1) - \frac{1}{2(x-1)} + O\left(\frac{1}{(x-1)^2}\right)$$

であるから，

$$\log m \approx \log \lambda$$

より，$m \approx \lambda$ となる．

あらゆる m の値に対する確率の和は 1 となる．つまり，

$$\sum_{m=0}^{\infty} P_m = \sum_{m=0}^{\infty} \frac{\lambda^m}{m!} e^{-\lambda} = e^{\lambda} e^{-\lambda} = 1$$

となることに注意が必要である．これにより，ポアソン分布が確率の定義になっていることが保証されている．

ポアソン分布は，二項分布からの，ある極限として求めることができる．二項分布において，n が非常に大きくなるとき，p は非常に小さくなり，np の $n \to \infty$ における極限値

$$\lim_{n \to \infty} np = \lambda$$

が一定値に収束するとする．式 (1.13) より，

$$P_m = {}_nC_m \left(\frac{\lambda}{n}\right)^m \left(1 - \frac{\lambda}{n}\right)^{n-m}$$
$$= \frac{\lambda^m}{m!} \left(1 - \frac{\lambda}{n}\right)^n \frac{n(n-1)\cdots(n-m+1)}{n^m} \left(1 - \frac{\lambda}{n}\right)^{-m}$$

となる．$n \to \infty$ の極限をとれば，

$$P_m \to \frac{\lambda^m}{m!} e^{-\lambda}$$

が得られる．なお，漸近式

$$\lim_{n \to \infty} \left(1 - \frac{\lambda}{n}\right)^n = e^{-\lambda}$$

を用いた．

1.4.6 正規分布

正規分布は，その名称が生まれる以前からも研究されていたが，大数学者ガウスが誤差論で用いたため**ガウス分布**ともよばれ，確率分布の中で最も基本的な分布である．

その理由は，1.4.2 項で見た，二項分布が極限で正規分布に近づくことであるが，このような確率分布の正規分布への接近が，ある条件のもとであらゆる確率分布に対して成立するからである．これについては 4.3 節で説明する．また，正規分布については第 3 章で詳しく説明する．

最初に，1.2 節で説明した分散，標準偏差の意味について，もう一度，ほかの例に基づいて考えてみよう．近年，多くの分野，とくに大学入試でよく利用される**偏差値**の説明から始める．n 人の学生がいて，各自の得点が x_i $(1 \leq i \leq n)$ であるとする．これを確率の言葉で表現すると，n 回の試行を行い，各試行の**実現値**が x_i であることになる．実現値とは，たとえば，サイコロ投げでのサイの目に対応するもので，試行の結果確率変数がとる値である．もちろん，学生の得点は確率変数ではないが，多数の試験結果のデータを集約すると，ある分布をもった確率変数として取り扱うことが可能である．x_i の平均値（標本の平均で，標本平均という）$\overline{x}$ と標準偏差（標本の標準偏差）σ は，式 (1.3), (1.4) と同様にして

$$\overline{x} = \frac{1}{n}\sum_{i=1}^{n} x_i \tag{1.26}$$

$$\sigma = \sqrt{\frac{1}{n}\sum_{i=1}^{n}(x_i - \overline{x})^2} = \sqrt{\overline{x^2} - \overline{x}^2} \tag{1.27}$$

となる．得点 y をとった学生の偏差値は，この $\overline{x}$ と σ から，

$$\frac{10(y - \overline{x})}{\sigma} + 50 \tag{1.28}$$

で計算される．式 (1.28) より，学生の得点が平均値に等しければ $(y = \overline{x})$，偏差値は 50 となる．もし $y > \overline{x}$ なら，偏差値は 50 より大きく，$y < \overline{x}$ なら，偏差値は 50 より小さくなる．問題は，大きい小さいといっても，全体の分布のどのあたりにいるかである．偏差値に基づいてこれを考えるためには，確率分布（統計学では**母集団**の分布）に対して何らかの仮定をする必要がある．実用的には，これを正規分布と仮定する（正規分布については，式 (1.29) 参照）．また，母集団の本当の平均値（x の期待値 μ_r）や標準偏差 σ_r はわからないので，それぞれ標本平均 $\overline{x}$，標本の標準偏差 σ で代用する．

図 1.10 に示されるように，正規分布では，平均値が確率分布の頂点と一致する．つまり，平均値をとる学生数が最も多いことになる．また，左右対称なので，平均値を境にして高い点数をとる学生と低い点数をとる学生が対称に分布している．正規分布表より偏差値 40 から 60 の間には約 68.3％ の学生が，20 から 80 の間には 99.73

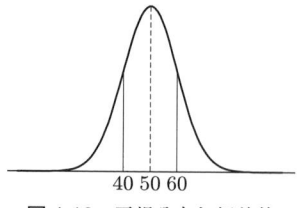
図 1.10　正規分布と偏差値

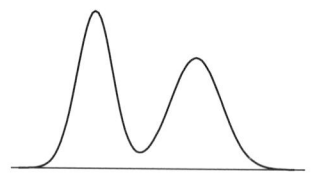
図 1.11　二つのピークをもつ分布の図

％の学生が含まれる．もちろん，母集団の分布が頂点を二つもつようなものであれば，この議論はまったく意味を失う（図 1.11 参照）．しかし，先に，多くの確率分布がある条件下で正規分布に近づくと述べたように，学生の得点の母集団分布も，多くの人数を集めれば正規分布に近づくことが期待されるため，偏差値がこのような用い方をされている．

つぎに，正規分布について少し説明する（詳細は 3.1 節参照）．学生の得点は通常 1 点刻みであるから，x_i の取り得る値は離散的（たとえば，$0, 1, 2, \ldots, 100$）である．また，これまで説明してきた二項分布，ポアソン分布なども，確率変数が整数に限られていた．しかし，正規分布では，確率変数は任意の実数値をとることができる．正規分布の分布関数 $f(x)$ は，次式で与えられる．

$$f(x) = \frac{1}{\sqrt{2\pi\sigma^2}} \exp\left[-\frac{(x-\mu)^2}{2\sigma^2}\right] \tag{1.29}$$

ここで，μ は平均値，σ は，標準偏差である．図 1.10 は，この関数をプロットしている．平均値，標準偏差は分布関数を用いると，

$$\mu = \int_{-\infty}^{\infty} x f(x) dx \tag{1.30}$$

$$\sigma^2 = \int_{-\infty}^{\infty} (x-\mu)^2 f(x) dx \tag{1.31}$$

で計算される．

平均値や標準偏差の計算が，式 (1.26), (1.27) と式 (1.30), (1.31) で非常に異なると感じた方もいるかもしれない．その違いは，前者がデータをもとにして平均値などを計算するのに対して，後者は分布関数をあらかじめ与えて平均値などを計算しているからである．データから分布関数を推定する操作を**統計的推測**という．

1.4.7 量子統計力学の例[1]

量子統計力学では,ポリアの壺のような量子状態が与えられていて,(統計力学的に)エネルギーの低い状態からほぼ順に素粒子によって占められる.ただし,素粒子の性質によって,ある状態に1個の粒子しか入れない場合と,いくらでも入れる場合がある.粒子の配列は,全粒子数,全エネルギーを固定して,各粒子がまったく区別できないとして(ここが普通の壺と大きく異なるところである),粒子を配列する場合の数が最大となるように決定される.したがって,壺は区別できるが,粒子については各壺に入っている個数しか意味をもたない.

1. フェルミ・ディラック分布

半整数スピンの素粒子に対して成り立ち,与えられた量子状態を占拠することのできる粒子数が1であるとする(表1.1参照).さらに,k番目のエネルギー準位 ε_k の量子状態が g_k 個あるとし,そこに n_k 個の粒子が入っているとする.量子状態を壺に見立てると,図1.12のようになる.

表 1.1

エネルギー準位	ε_1	ε_2	ε_3	...	ε_k	...
量子状態の個数	g_1	g_2	g_3	...	g_k	...
粒子数	n_1	n_2	n_3	...	n_k	...

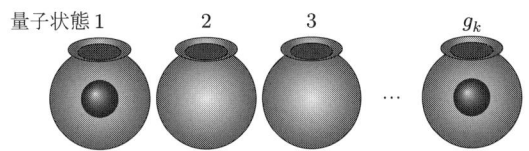

図 1.12 エネルギー準位 ε_k の g_k 個の壺の図(フェルミ粒子)

g_k 個の状態を n_k 個の区別できない粒子が占める方法は,それぞれの状態には最大で1個しか入れないので,

$$\text{選ばれた量子状態数} = \text{粒子数}$$

となるから,

$$_{g_k}\mathrm{C}_{n_k} = \frac{g_k!}{n_k!(g_k - n_k)!}$$

---

[1] 本節を理解するためには,量子統計物理学の基礎的な知識が必要なので,必要のない方は省略して読んでも構わない.

である．すべてのエネルギー準位についての積をとると，全場合数 G は

$$G = \prod_k \frac{g_k!}{n_k!(g_k - n_k)!}$$

となる．全粒子数 N，全エネルギー E は，それぞれ

$$N = \sum_k n_k, \quad E = \sum_k n_k \varepsilon_k$$

で与えられる．N, E を一定とする条件下で G を極大化するためには，$\delta N = \delta E = 0$ のときに $\delta G = 0$ となる必要がある．ここで，δN などは変分とよばれ，関数値の微小な変化を表わす．$x \gg 1$ のとき，スターリングの公式が利用でき，

$$\log x! \approx x \log x \quad \Rightarrow \quad \delta(\log x!) \approx (\log x) \delta x$$

が成り立つから，g_k, n_k が非常に大きいと仮定すると，

$$\delta \log G = \frac{\delta G}{G} = -\sum_k [\log n_k \delta n_k - \log(g_k - n_k) \delta n_k]$$

となる．ゆえに，ラグランジュの未定乗数法を用いて，

$$\sum_k \left(\log \frac{n_k}{g_k - n_k} + \alpha + \beta \varepsilon_k \right) \delta n_k = 0$$

が得られる．ここで，α, β は未定乗数である．これから，

$$\frac{n_k}{g_k - n_k} = e^{-(\alpha + \beta \varepsilon_K)}$$

となり，上式から n_k を求めると，

$$n_k = \frac{g_k}{e^{\alpha + \beta \varepsilon_k} + 1}$$

となる．したがって，それぞれの量子状態の平均粒子数は，

$$\frac{n_k}{g_k} = \frac{1}{\exp(\alpha + \beta \varepsilon_k) + 1} \tag{1.32}$$

と結論される．未定乗数は，統計力学的には $\alpha = -\mu/(k_B T)$ となる．ここで，μ は化学ポテンシャル，k_B はボルツマン定数，T は絶対温度で，また，$\beta = 1/(k_B T)$ である．

確率論的に考えれば，多数の N 個の粒子を $k = 0$ から ∞ までの量子状態に配置

したとき，それぞれの粒子が k 番目の量子状態に配置される確率が

$$\frac{1}{N}\frac{1}{\exp\left(\frac{\varepsilon_k-\mu}{k_B T}\right)+1}$$

となることを示している．ここで，

$$N=\sum_{k=0}^{\infty}\frac{1}{\exp\left(\frac{\varepsilon_k-\mu}{k_B T}\right)+1}$$

である．

2. ボーズ・アインシュタイン分布

整数スピンの素粒子に対して成り立ち，与えられた量子状態を占拠することのできる粒子数が無限個であるとする．さらに，k 番目のエネルギー準位 ε_k の量子状態が g_k 個あるとし，そこに n_k 個の粒子が入っているとする．

これは，図 1.13 のように，n_k 個の粒子を g_k 個の壺に，個数の制限なしに分配して入れる方法はどれくらいあるかという問題である．これに対する場合の数は，異なる g_k 個の壺から重複を許して n_k 個を選ぶ方法で，

$$_{g_k}\mathrm{H}_{n_k} = {}_{g_k+n_k-1}\mathrm{C}_{n_k} = \frac{(g_k+n_k-1)!}{n_k!(g_k-1)!} \tag{1.33}$$

となる．この結果は，図 1.14 のように横長の箱に g_k-1 個の仕切りを入れて，各部屋に粒子を並べ，仕切りと粒子を並べる場合の数を計算すると求められる．

仕切りと粒子の合計数 n_k+g_k-1 を並べる場合の数は $(n_k+g_k-1)!$ で，仕切りと粒子はそれぞれ互いに区別できないので，$n_k!$ と $(g_k-1)!$ で割ると，式 (1.34) が得られる．すべてのエネルギー準位についての積をとると，全場合数 G は

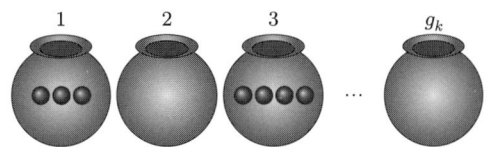

図 1.13　エネルギー準位 ε_k の g_k 個の壺の図（ボーズ粒子）

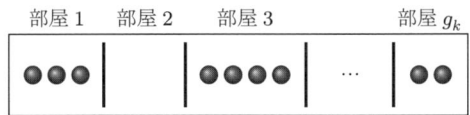

図 1.14　箱に並べる仕切りとその中の粒子

$$G = \prod_k \frac{(n_k + g_k - 1)!}{n_k!(g_k - 1)!}$$

となる.フェルミ・ディラック分布の場合と同様にして,g_k, n_k が非常に大きいと仮定すると,

$$\delta \log G = \frac{\delta G}{G} = -\sum_k \{(\log n_k)\delta n_k - [\log(g_k + n_k)]\delta n_k\}$$

となる.ラグランジュの未定乗数法を用いて

$$\sum_k \left(\log \frac{n_k}{g_k + n_k} + \alpha + \beta \varepsilon_k\right)\delta n_k = 0$$

が得られる.ここで,α, β は未定乗数である.これから

$$n_k = \frac{g_k}{e^{\alpha + \beta \varepsilon_k} - 1}$$

となる.したがって,それぞれの量子状態の平均粒子数は

$$\frac{n_k}{g_k} = \frac{1}{\exp(\alpha + \beta \varepsilon_k) - 1} = \frac{1}{\exp\left(\frac{\varepsilon_k - \mu}{k_B T}\right) - 1} \tag{1.34}$$

と結論される.ボーズ分布では,化学ポテンシャルは常に負である.

確率論的に考えれば,多数の N 個の粒子を $k = 0$ から ∞ までの量子状態に配置したとき,それぞれの粒子が k 番目の量子状態に配置される確率が

$$\frac{1}{N} \frac{1}{\exp\left(\frac{\varepsilon_k - \mu}{k_B T}\right) - 1}$$

となることを示している.なお,

$$N = \sum_{k=0}^{\infty} \frac{1}{\exp\left(\frac{\varepsilon_k - \mu}{k_B T}\right) - 1}$$

である.

練習問題 1

1.1 13 枚のカードがあり,1 から 13 までの数字が書いてある.A, B, C の 3 人が順にカードを引き,最も大きい数字のカードを引いた者を勝者とする.このとき,勝つ確率はカードを引く順序によらないことを示せ.

1.2 x-y 平面内の曲線 $y = f(x)$ の曲率を求めよ．

1.3 3人の被験者がいて，彼ら全員が，見せられた事実に対して 1/6 の確率で虚偽の回答をするとする．3人の前で同時にコインを4枚投げたら，全員が「4枚とも表が出た」と回答した．このとき，本当に4回とも表の出た確率はいくらか．

1.4 4個のコインが壺の中に入っている．一つは表と裏が等確率で出る形，一つは表が出る確率が 1/3，一つは表の出る確率が 1/4，最後のコインは両面どちらが出ても裏とみなすものとする．一つのコインを壺から無作為に取り出して投げたとき，それが表となる確率を求めよ．

1.5 3個のサイコロを同時に投げたとき，三つの目の和が6となる確率を求めよ．

1.6 1個のサイコロを n 回投げ，出た目の最大値を X_n とおく．このとき，$X_n = k$ となる確率を求めよ．ただし，$k = 1, \ldots, 6$ である．

1.7 8組の夫婦がホテルのロビーにいるとする．この中から無作為に2人を選び出したとき，それが本当の夫婦である確率を求めよ．なお，男どうし，女どうしのカップルができても構わないことにする．

1.8 n 組の夫婦が仮面舞踏会に参加した．全員，完全に変装していて，男女の区別以外は，誰が誰だかまったくわからないとする．このとき，すべての男性が妻とは異なった女性とペアになる確率を求めよ．このことが実現する場合の数は，**完全順列**あるいは**撹乱順列**とよばれ，古くから知られている．［ヒント： n に対する漸化式を考えるとよい．］

1.9 1本弓矢を射ると，確率 30% で的に当たるとする．最低1本の矢が的に当たる確率が 90% を超えるためには，少なくとも何本の矢を射ればよいか．

1.10 A，B，C の3人が同時にそれぞれ 1/3 の確率でグー，チョキ，パーを出し，1人がほかの2人よりも強いものを出したとき，そのゲームは勝者があったとする．4回ゲームを行って，1人も勝者のでない確率を求めよ．

1.11 コイン投げで，表の出る確率が 3/5，裏の出る確率が 2/5 のとき，n 回試行を行って，そのうち m 回表の出る確率を求めよ．つぎに，$n, m \gg 1$ のときの確率の漸近形を求め，$m = n/2$ の場合の確率の漸近値が非常に小さくなることを示せ．

1.12 $B \subset A$ のとき，$P(B) \leq P(A)$ となることを示せ．

1.13 成功の確率が 0.02 のベルヌーイ試行で，n 回の試行を行ったとき，少なくとも2回成功する確率を求めよ．

1.14 17個のうち，4個の欠陥品を含む LSI がある．その中から無作為に3個の LSI を取り出す．このとき，その中に少なくとも1個の欠陥品を含む確率を求めよ．

1.15 フェルミ・ディラック粒子でも，ボーズ・アインシュタイン粒子でも，$g_k \gg n_k$ のとき

$$G = \prod_k \frac{g_k^{n_k}}{n_k!}$$

となることを示し，それぞれの量子状態の平均粒子数を求めよ．これを**マクスウェル・ボルツマン分布**とよぶ．

1.16 超幾何分布

$$_{np}C_k \cdot {}_{nq}C_{m-k} / {}_{n}C_m$$

において，$n \to \infty$ とするとき，二項分布に接近することを示せ．なお，スターリングの公式と，漸近式

$$\lim_{N \to \infty} \left(1 - \frac{n}{N}\right)^N = e^{-n}$$

を用いるとよい．

1.17 母集団が正規分布をしているとする．成績が上位 1 % 以内に入るためには，偏差値がどれくらいでなければいけないか求めよ（付表の正規分布表を用いてもよい）．

1.18 条件付き確率において，$B \subset A$ のとき，$P(B \mid A) = P(B)/P(A)$ となることを示せ．

1.19 1.3.1 項のラプラスの問題の前提として，最初の状態として，壷の中に白玉と黒玉の入っている状態，白玉が 2 個入っている状態，黒玉が 2 個入っている状態の確率がすべて等しいと仮定したとき，結論は同じになることを示せ．

第2章 確率の数学的基礎

前章では，確率のいくつかの問題を，具体例によってある程度直感的に考えてきたが，ここでは，より厳密な数学的枠組みを組み立てて，それをもとにして先に進むことにしよう．ただし，本書では，これらに関する深い理解がなくても，確率の解析が理解できるような説明を試みている．導出の過程など，数学的な内容を理解できなくても，最初はあまり気にせずに読み進めて構わない．

本章では，微分積分学に基づいて，確率の解析的取り扱いの基礎を与える．とくに，分布関数と確率密度関数を正確に定義する．確率分布には離散分布と連続分布があることに，注意しなければならない．離散分布は，前章で説明した組み合わせ論的確率論で対応できる内容であるが，連続分布は，微分積分学によって，色々な関数を取り扱う必要がある．この背景には，ルベーグ積分，あるいは測度論が存在しているが，実際的な問題へ確率を適用するためには，どうしても多変数の問題（多くの確率的に変化する変数が同時に存在する場合）が重要になる．そのため，結合確率分布について，ある程度詳しい説明を行い，条件付き期待値などもこれに関連して説明する．さらに，特性関数・母関数・キュムラントなどの定義を行う．

2.1 確率の基礎

確率論の基礎は，集合と測度論であるが，本書ではできるだけ直感的でわかりやすい説明を行う．改めて，いくつかの用語の定義をする．サイコロを振るような行為を**試行**といい，その結果生じる現象を**標本点** ω_i とよぶ．すべての標本点の集合を**標本空間** Ω という．Ω の部分集合を事象という．したがって，事象は標本点の集合である．第1章では標本点と事象を混同していたが，今後も間違う恐れのない場合には，これら二つの用語を区別せずに用いることもある．標本空間も事象の一種で，全事象ともいう．事象 A, B があって，それらが同時には起こり得ないとき，互いに排反事象であるという（図2.1参照）．事象 A の Ω に関する補集合 $\overline{A} = \Omega - A$（または A^c）を余事象とよぶ．

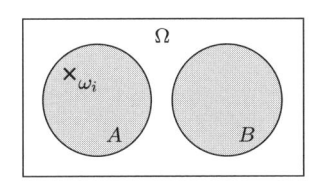

図 2.1 排反事象

確率論では，**確率**を各事象に対して 0 から 1 までの数字が対応する集合関数 P として定義する．また，全事象に対しては 1 が対応する．これらを数学的にいえば，標本空間の各事象 E に対して，非負の値を与える集合関数 P が存在して[1]，

$$0 \leq P(E) \leq 1, \quad P(\Omega) = 1 \tag{2.1}$$

となる．また，空事象（空集合）ϕ に対しては

$$P(\phi) = 0 \tag{2.2}$$

である．$A \cap B = \phi$ が成り立つとき，

$$P(A \cup B) = P(A) + P(B) \tag{2.3}$$

である（**加法性**）．さらに，つぎの性質（**単調性**）が満たされている．

$$A \supseteq B \quad ならば，\quad P(A) \geq P(B) \tag{2.4}$$

なお，単調性は，集合関数 P が非負であることから容易に結論される．

　実際には，標本空間として，n 次元実数空間またはその部分空間を考えることが多い．たとえば，コインを投げる問題では，1 次元空間の部分空間 $\{0,1\}$ または $(-\infty, \infty)$ を考える．前者では，$\Omega = \{0,1\}$ であり，1 は表，0 は裏に対応する．確率は，$P(\{1\}) = P(\{0\}) = 1/2$，$P(\{1\},\{0\}) = 1$ である．後者では，$\Omega = (-\infty, \infty)$ であり，たとえば，点 $x = 1$ が表に，点 $x = 0$ が裏に対応するように構成する．確率は，$0 \in E$ かつ $1 \notin E$ または $0 \notin E$ かつ $1 \in E$ なら $P(E) = 1/2$ であり，$0 \in E$ かつ $1 \in E$ なら $P(E) = 1$，$0 \notin E$ かつ $1 \notin E$ なら $P(E) = 0$ である．

　前者のような離散空間のほうが直感的には考えやすいが，解析的な取り扱いに不便なので，今後は後者の連続空間を用いて数学的構成を行う．サイコロを投げる問題では，$\Omega = (-\infty, \infty)$ で，点 $x = 1$ が 1 の目，点 $x = 2$ が 2 の目，$\cdots$，点 $x = 6$ が 6 の目に対応するような標本空間を構成することができる．二項分布では，$\Omega = (-\infty, \infty)$ において，$x = m \ (\geq 0)$ が m 回表が出る場合に対応するように，標本空間を構成する（図 2.2 参照）．

---

[1] 厳密には，加法的集合関数であって，集合族（集合の集合）A_i が存在して，任意の $i, j \ (i \neq j)$ に対して $A_i \cap A_j = \phi$ が成り立つとき，

$$P(A_1 \cup A_2 \cup \cdots \cup A_n \cup \cdots) = P(A_1) + P(A_2) + \cdots + P(A_n) + \cdots$$

となるようなものである．簡単には，集合に対して与えられた面積と考えてよい．また，無限個の集合を対象にしている点が重要である．

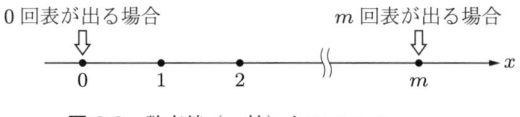

図 2.2 数直線（x 軸）上の $0, 1, 2, \ldots, m$

離散的な確率分布（標本点が可算個の確率分布）に対して，1 次元実数空間（数直線）を標本空間としたとき，具体的には，いくつかの離散点のみにゼロでない確率を対応させることになる．一方，正規分布のような連続的な確率分布では，標本空間である x 軸上のどの領域をとっても，確率がゼロとならない．

最初に 1 次元を考え，**確率変数** $X(\omega)$ を定義する．$X(\omega)$ は標本空間（この場合は 1 次元実数空間）内の標本点に対し実数を対応させるもので，上で説明したコイン投げや，サイコロ投げに数直線上の点を対応させた場合では，$X(\omega) = \omega$ で，ω が x 座標と一致する[1]．試行に対して発生した X の値 x を**実現値**とよぶ．$X(\omega)$ によって，確率 P を，関数 $F(x)$ に対応させることができる．**1 次元分布関数** $F(x)$ はつぎのようにして定義される．

$$F(x) = P(\{-\infty < X(\omega) \leq x\}) \tag{2.5}$$

つまり，$X(\omega)$ の値が区間 $(-\infty, x]$ に入る確率を確率変数 $X(\omega)$ の分布関数という．分布関数にはつぎの性質がある．

定理 2.1
(i) 単調増加：$a \leq b$ に対して，$F(a) \leq F(b)$ である．
(ii) $F(\infty) = 1, \quad F(-\infty) = 0$
(iii) $F(x)$ は右連続である：$\lim_{y \downarrow x} F(y) = F(x+0) = F(x)$

証明 (i) 確率の非負性 (2.1) と単調性 (2.4) より，以下が成り立つ．

$$0 \leq P(\{a < X \leq b\}) = P(\{-\infty < X \leq b\}) - P(\{-\infty < X \leq a\})$$
$$= F(b) - F(a)$$

(ii) 明らか．
(iii) $\{x_n\}$ を $\lim_{n \to \infty} x_n = x$ となる単調減少数列とする．このとき，$(x_1, x_0] \cup (x_2, x_1] \cup (x_3, x_2] \cup \cdots = (x, x_0]$ であるから，確率の加法性 (2.3) により，

$$P(\{x < X \leq x_0\}) = P(\{x_1 < X \leq x_0\}) + P(\{x_2 < X \leq x_1\}) + \cdots$$

---
[1] サイコロの例では，$X(1) = 1, \cdots, X(6) = 6$ となる．

$$= [F(x_0) - F(x_1)] + [F(x_1) - F(x_2)] + \cdots$$
$$= \lim_{n \to \infty} \sum_{k=1}^{n} [F(x_{k-1}) - F(x_k)] = \lim_{n \to \infty} [F(x_0) - F(x_n)]$$
$$= F(x_0) - \lim_{n \to \infty} F(x_n)$$

となり，
$$\lim_{n \to \infty} F(x_n) = F(x)$$

が得られる． □

たとえば，コインやサイコロを投げる確率モデルでは，図 2.3 のような階段関数となる．不連続点では，常に右連続となっていることに注意してほしい．

(a) コイン投げの場合　　　(b) サイコロ投げの場合

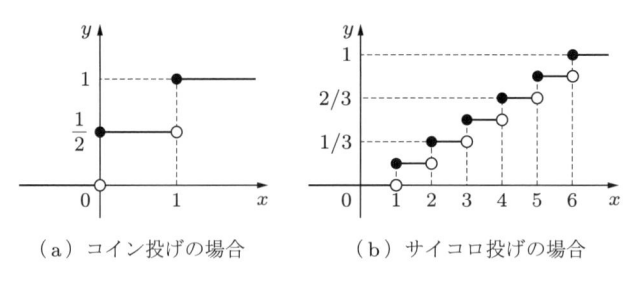

図 2.3　階段関数

一般には，$F(x)$ は，絶対連続な部分とそれ以外の和となり，絶対連続な部分は，ある関数[1] $f(x)$ の積分として表される．

$$F(x) = F(x) - F(-\infty) = \int_{-\infty}^{x} f(x)\,dx + S(x) \tag{2.6}$$

ここで，$S(x)$ は**特異部**とよばれ，測度[2]ゼロの集合の上だけで増加する単調増加関数で，一般に不連続（右連続）関数である[3]．絶対連続な部分 $\int_{-\infty}^{x} f(x)dx$ は，連続的に分布する確率変数 (たとえば，正規分布) に対応する部分である．被積分関数 $f(x)$ を**確率密度関数**という．特異部 $S(x)$ は，コイン投げなどの実現値が離散値をとる確率分布を表す部分であり，**スペクトル解析**では**離散スペクトル**に対応する．一方，絶対連続な部分は，**連続スペクトル**に対応する．絶対連続な部分と特異部が同時に現れ

---

[1] 正確には，可測関数または積分可能関数．
[2] 長さ，面積，体積，n 次元の体積に相当する量．確率も測度の一つで，**確率測度**ともよばれる．
[3] これは，一般の有界変動関数 $F(x)$ に対する，ラドン・ニコディムの定理の 1 次元的な表現である (参考文献 [5] 参照)．

る確率モデルは一般的に少なく，本書ではあまり気にせずに読み進めて構わない．

例題 2.1 ポアソン分布に対応する分布関数 $F(x)$ を求めよ．

解 式 (1.25) より，ポアソン分布は $m = 0, 1, 2, \ldots, n, \ldots$ の事象の発生する確率が

$$P_m = \frac{\lambda^m}{m!} e^{-\lambda}$$

であるから，$F(x)$ は，$x = m$ において不連続の大きさが P_m である階段関数となる．グラフは図 2.4 のようになる．

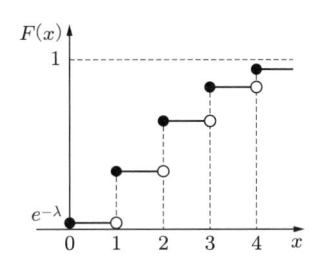

図 2.4 ポアソン分布に対応する分布関数を表す階段関数（$\lambda = 2$，縦軸は $[0.1, 1]$）

n 次元の場合も同様に，分布関数や確率密度関数が定義される．**n 次元分布関数**（結合分布関数ともいう）$F(\boldsymbol{x})$ は，つぎのようにして定義される．

$$F(\boldsymbol{x}) = F(x_1, x_2, \ldots, x_n) = P\left(\left\{\bigcap_{k=1}^{n} (-\infty < X_k(\omega) \leq x_k)\right\}\right) \quad (2.7)$$

つまり，すべての k に対して，$X_k(\omega)$ の値が区間 $(-\infty, x_k]$ に入る確率を，確率変数 $\boldsymbol{X}(\omega)$ の分布関数という．

分布関数には，つぎの性質がある．

定理 2.2
(i) 単調増加: $x_k \leq y_k$ $(1 \leq k \leq n)$ なら，$F(\boldsymbol{x}) \leq F(\boldsymbol{y})$ である．
(ii) いずれの k に対しても，$F(x_1, \ldots, x_{k-1}, -\infty, x_{k+1}, \ldots, x_n) = 0$ が成り立つ．
(iii) $F(\infty, \infty, \ldots, \infty) = 1$
(iv) $F(x)$ は右連続である:

$$\lim_{y \downarrow x_k} F(x_1, \ldots, x_{k-1}, y, x_{k+1}, \ldots, x_n) = F(x_1, \ldots, x_{k-1}, x+0, x_{k+1}, \ldots, x_n)$$
$$= F(x_1, \ldots, x_{k-1}, x, x_{k+1}, \ldots, x_n)$$

証明 確率の非負性 (2.1) と単調性 (2.4) より明らか．
(ii) 〜 (iv) は，1 次元と同様に証明することができる． □

一般においても，$F(\boldsymbol{x})$ は絶対連続な部分と特異部の和となり，絶対連続な部分はある関数 $f(\boldsymbol{x})$ の積分として表される．

$$F(\boldsymbol{x}) = \int_{-\infty}^{x_1}\int_{-\infty}^{x_2}\cdots\int_{-\infty}^{x_n} f(\boldsymbol{x})\,d\boldsymbol{x} + S(\boldsymbol{x}) \tag{2.8}$$

ここで，特異部 $S(\boldsymbol{x})$ は，測度ゼロの集合の上だけで増加する単調増加関数で，一般に不連続（右連続）関数である．絶対連続な部分 $\int_{-\infty}^{x_1}\int_{-\infty}^{x_2}\cdots\int_{-\infty}^{x_n} f(\boldsymbol{x})\,d\boldsymbol{x}$ は，測度がゼロでなく，連続的に分布する確率変数（標本点）に対応する部分である．被積分関数 $f(\boldsymbol{x})$ を，n 次元確率密度関数（結合確率密度関数）という．

2.2 結合確率分布と確率変数の独立性

二つ以上の確率変数を同時に考える．n 個の確率変数 $X_1, X_2, \ldots, X_n$ に対して，式 (2.7) で定義された $F(\boldsymbol{x})$ を結合分布関数という．このとき，X_i の分布関数 $F^{(i)}(x_i)$ は**周辺分布関数**とよばれ，

$$F^{(i)}(x_i) = F(\infty, \ldots, \infty, x_i, \infty, \ldots, \infty) \tag{2.9}$$

で与えられる．また，F が特異部をもたず，$X_1, X_2, \ldots, X_n$ の**結合確率密度関数** $f(x_1, x_2, \ldots, x_n)$ が存在すれば，

$$\int_{-\infty}^{x_1} dx_1 \int_{-\infty}^{x_2} dx_2 \cdots \int_{-\infty}^{x_n} dx_n f(x_1, x_2, \ldots, x_n) = F(x_1, x_2, \ldots, x_n) \tag{2.10}$$

となる．このとき，X_i の確率密度関数 $f^{(i)}(x_i)$ は**周辺確率密度関数**とよばれ，

$$f^{(i)}(x_i) = \int_{-\infty}^{\infty} dx_1 \cdots \int_{-\infty}^{x_i} dx_i \cdots \int_{-\infty}^{\infty} dx_n f(x_1, x_2, \ldots, x_n) \tag{2.11}$$

で計算される．

二つの事象 A と B に対して，

$$P(A \cap B) = P(A)P(B) \tag{2.12}$$

が成り立つとき，二つの事象 A と B は**独立**であるという．これは，式 (1.8) より

$$P(B \mid A) = P(B), \quad P(A \mid B) = P(A)$$

を意味する．確率変数 $X(\omega)$ と $Y(\omega)$ を考える．$X(\omega)$ の ω の標本空間の部分空間を A，$Y(\omega)$ の ω の標本空間の部分空間を B とし，A に対応する $X(\omega)$ の領域を A_X，B に対応する $Y(\omega)$ の領域を B_Y とする．つまり，

$$\omega \in A \Leftrightarrow X(\omega) \in A_X, \quad \omega \in B \Leftrightarrow Y(\omega) \in B_Y$$

であるとする．確率変数 $X(\omega)$ と $Y(\omega)$ が，任意の A，B に対して

$$P(A \cap B) = P(A)P(B) \tag{2.13}$$

となるとき，X と Y は**独立である**という．X と Y の結合分布関数を $F_{XY}(x,y)$，X の分布関数を $F_X(x)$，Y の分布関数を $F_Y(y)$ とすると，X と Y が独立なら，

$$\int_{A_X \times B_Y} dF_{XY}(x,y) = \int_{A_X} dF_X(x) \int_{B_Y} dF_Y(y)$$

が成り立つ．ここで，$A_X \times B_Y$ は A_X と B_Y との積空間[1]で，左辺は 2 重ルベーグ・スティルチェス積分（簡単にはスティルチェス積分ともいう）である．これから，

$$F_{XY}(x,y) = F_X(x)F_Y(y) \tag{2.14}$$

が結論される．

ルベーグ・スティルチェス積分は，関数値の無限小変化を基礎量とした積分である（参考文献 [5] 参照）．普通の積分ではなく，この積分を用いた理由は，確率変数が離散的な場合，特異部が現れ，デルタ関数を用いる必要があるためである．もし，特異部が存在せず，$F_{XY}(x,y)$ に対応する結合確率密度関数 $f_{XY}(x,y)$，$F_X(x)$ に対応する $f_X(x)$，$F_Y(y)$ に対応する $f_Y(y)$ が存在するなら，

$$f_{XY}(x,y)dxdy = f_X(x)dx f_Y(y)dy$$

となり，

$$f_{XY}(x,y) = f_X(x)f_Y(y) \tag{2.15}$$

が得られる．つまり，結合分布関数や結合確率密度関数は，独立な変数に対応する関数の積となる．したがって，この場合は普通の積分と思ってよい．特異部が存在する場合は注意が必要であるが，本書ではあまり気にせず読み進めても構わない（ルベーグ・スティルチェス積分については，オンライン補遺参照）．

3 個以上の確率変数に対しては，2 個の場合を単純に拡張すればよい．n 個の事象

---

[1] たとえば，1 次元空間（直線）と，2 次元空間（平面）の積空間は，3 次元空間となる．

$A_1, A_2, \ldots, A_n$ に対して,

$$P(A_1 \cap A_2 \cap \cdots \cap A_n) = P(A_1)P(A_2)\cdots P(A_n) \qquad (2.16)$$

が成り立つとき, n 個の事象 $A_1, A_2, \ldots, A_n$ は**互いに独立である**という. n 個の確率変数 $X_i(\omega)$ $(i=1,2,\ldots,n)$ を考える. $X_i(\omega)$ の ω の標本空間の部分空間を A_i とする. 確率変数 $X_i(\omega)$ がすべての A_i に対して

$$P(A_1 \cap A_2 \cap \cdots \cap A_n) = P(A_1)P(A_2)\cdots P(A_n)$$

となるとき, X_i は**互いに独立である**という. $X_1, X_2, \ldots, X_n$ の結合分布関数を $F_{X_1 X_2 \cdots X_n}(x_1, x_2, \ldots, x_n)$, X_i の分布関数を $F_{X_i}(x_i)$ とすると, $X_1, X_2, \ldots, X_n$ が独立なら,

$$F_{X_1 X_2 \cdots X_n}(x_1, x_2, \ldots, x_n) = F_{X_1}(x_1) F_{X_2}(x_2) \cdots F_{X_n}(x_n) \qquad (2.17)$$

が成り立つ. もし, 特異部が存在せず, $F_{X_1 X_2 \cdots X_n}(x_1, x_2, \ldots, x_n)$ に対応する結合確率密度関数 $f_{X_1 X_2 \cdots X_n}(x_1, x_2, \ldots, x_n)$ と, $F_{X_i}(x_i)$ に対応する $f_{X_i}(x)$ が存在するなら,

$$f_{X_1 X_2 \cdots X_n}(x_1, x_2, \ldots, x_n) = f_{X_1}(x_1) f_{X_2}(x_2) \cdots f_{X_n}(x_n) \qquad (2.18)$$

が得られる. なお, 以降は, 多変数の確率分布に対して「結合」をつけないことも多い.

たとえば, n 回のベルヌーイ試行を n 個の独立な確率変数の和として考えることができる. X_i を, i 回目の試行で表が出たら (事象 A) 1, 裏が出たら (事象 B) 0 ととるような確率変数とする. ベルヌーイ試行の性質により, X_i は互いに独立な確率変数である. このとき, m 回表の出るような事象は, S_n を

$$S_n = X_1 + X_2 + \cdots + X_n$$

と定義したとき, $S_n = m$ となるような事象となる. したがって, ベルヌーイ試行における表の出現する回数の確率分布は, n 個の独立な変数の和の確率分布で与えられる.

2.3 期待値・分散・相関

期待値は確率変数 X の任意の関数 $g(X)$ に対して定義され, 1 次元では分布関数によるルベーグ・スティルチェス積分

$$E[g(X)] = \int_{-\infty}^{\infty} g(x)\, dF(x) \qquad (2.19)$$

で, n 次元では結合分布関数 $F(\boldsymbol{x})$ による多重ルベーグ・スティルチェス積分

$$E[g(\boldsymbol{X})] = \int_{-\infty}^{\infty}\int_{-\infty}^{\infty}\cdots\int_{-\infty}^{\infty} g(\boldsymbol{x})\,dF(\boldsymbol{x}) \tag{2.20}$$

で，それぞれ与えられる[1]．$g(\boldsymbol{X}) = \boldsymbol{X}$ の場合，

$$\overline{\boldsymbol{X}} = E[\boldsymbol{X}] = \int_{-\infty}^{\infty}\int_{-\infty}^{\infty}\cdots\int_{-\infty}^{\infty} \boldsymbol{x}\,dF(\boldsymbol{x}) \tag{2.21}$$

は，$\boldsymbol{X}$ の**平均値**ともよばれる．ルベーグ・スティルチェス積分を用いる理由は，確率変数が連続分布をもつ場合と，離散分布となっている場合（$F(x)$ が特異部をもち，不連続点が存在する）を，同じ形式の積分で定義できるからである．なお，式 (1.3) で定義した平均値 $\overline{x}$ との関係は，式 (1.3) では，「n 個の値が，それぞれもとの確率変数 x の値を同じ重みで表現している」という仮定のもとで得られたと考えられる．つまり，$x_i\ (1 \leq i \leq n)$ の実現確率が，すべて $1/n$ である．

具体的な計算は，確率密度関数を用いると便利である．特異部が存在する場合でも，$F(x)$，$F(\boldsymbol{x})$ の不連続点が有限個のときは，確率密度関数にデルタ関数を付け加えることで簡単に表現でき，特異部を考慮せずに計算できる（デルタ関数の詳細については，オンライン補遺参照）．

$$\left.\begin{aligned}f(x) &= f_r(x) + \sum_{k=1}^{n} p_k \delta(x - x_k) \\ f(\boldsymbol{x}) &= f_r(\boldsymbol{x}) + \sum_{k=1}^{n} p_k \delta(\boldsymbol{x} - \boldsymbol{x}_k)\end{aligned}\right\} \tag{2.22}$$

上式で，$f_r(x)$，$f_r(\boldsymbol{x})$ は通常の関数（たとえば，区分的に微分可能な関数）であり，p_k は離散点 $x = x_k$ または $\boldsymbol{x} = \boldsymbol{x}_k$ に対応する標本点に与えられた確率で，その点における分布関数 F の不連続の大きさと一致する．この表現と確率密度関数を用いると，$g(X)$ の期待値は

$$\left.\begin{aligned}E[g(X)] &= \int_{-\infty}^{\infty} g(x) f_r(x)\,dx + \sum_{k=1}^{n} g(x_k) p_k \\ E[g(\boldsymbol{X})] &= \int_{-\infty}^{\infty}\int_{-\infty}^{\infty}\cdots\int_{-\infty}^{\infty} g(\boldsymbol{x}) f_r(\boldsymbol{x})\,d\boldsymbol{x} + \sum_{k=1}^{n} g(\boldsymbol{x}_k) p_k\end{aligned}\right\} \tag{2.23}$$

で与えられる．なお，絶対連続な部分と特異部が同時に現れる確率モデルは一般的には少ないため，通常，式 (2.22) の右辺第 1 項のみ，または第 2 項のみが用いられる．

---

[1] 確率 P による積分で表すと，$E[g(\boldsymbol{X})] = \int_{-\infty}^{\infty}\int_{-\infty}^{\infty}\cdots\int_{-\infty}^{\infty} g(\boldsymbol{x})\,dP$ となる．

今後は，式 (2.19)，(2.20) ではなく，おもに式 (2.23) を用いることにする．

定義 (2.23) から明らかなように，期待値は**線形性**をもっている．$g(X)$, $h(X)$ を X の任意の関数とするとき，

$$E[ag(X) + bh(X)] = aE[g(X)] + bE[h(X)] \tag{2.24}$$

となる．これは，n 次元確率変数 $\boldsymbol{X}$ に対してもまったく同様に成立する．

二つの確率変数 X と Y があるとする．X と Y が独立で，$g(X,Y)$ が X と Y の関数の積の形

$$g(X,Y) = g_X(X)g_Y(Y)$$

と書けるなら，

$$E[g(X,Y)] = E[g_X(X)]E[g_Y(Y)] \tag{2.25}$$

となる．これは，式 (2.15) より，X と Y の結合確率密度関数が，X の確率密度関数と Y の確率密度関数の積になることから簡単にわかる．このことは，3 個以上の確率変数の場合でも同様で，$X_1, X_2, \ldots, X_n$ が互いに独立で，$g(X_1, X_2, \ldots, X_n)$ が $X_1, X_2, \ldots, X_n$ の関数の積

$$g(X_1, X_2, \ldots, X_n) = g_{X_1}(X_1)g_{X_2}(X_2)\cdots g_{X_n}(X_n)$$

と書けるなら，

$$E[g(X_1, X_2, \ldots, X_n)] = E[g_{X_1}(X_1)]E[g_{X_2}(X_2)]\cdots E[g_{X_n}(X_n)] \tag{2.26}$$

となる．

X の**分散** $V[X]$（または σ^2）は次式で定義され，期待値の線形性 (2.24) を用いると，

$$V[X] = \sigma^2 = E[(X - E[X])^2] = E[X^2] - (E[X])^2 \tag{2.27}$$

のように計算される．σ を**標準偏差**とよぶ．

確率変数 X と Y の**共分散** $C[X,Y]$ は，

$$C[X,Y] = E[(X - \overline{X})(Y - \overline{Y})] \tag{2.28}$$

で定義される．ここで，$\overline{X}$, $\overline{Y}$ は，それぞれ X, Y の平均値である．なお，

$$C[X,X] = V[X] \tag{2.29}$$

である．また，X と Y の**相関係数** $\rho[X,Y]$ は

$$\rho[X,Y] = \frac{C[X,Y]}{\sigma_X \sigma_Y} \tag{2.30}$$

で定義され，

$$|\rho[X,Y]| \leq 1 \tag{2.31}$$

である．ここで，σ_X, σ_Y は，それぞれ X, Y の標準偏差である．式 (2.31) は，シュワルツの不等式

$$(E[XY])^2 \leq E[X^2]E[Y^2] \tag{2.32}$$

より容易に導かれる（問 2.1 とする）．さらに，$\rho[X,Y] > 0$ のとき**正の相関**があるといい，$\rho[X,Y] < 0$ のとき**負の相関**があるといい，$\rho[X,Y] = 0$ のとき**無相関**であるという．X と Y が独立であるとき，明らかに $\rho[X,Y] = 0$ である．

具体例として，1US ドルの円価格の前日に対する変動率 (%) を横軸 X として，日経 225 平均の前日に対する変動率 (%) を縦軸 Y として，2014 年 1 月 6 日から 9 月 10 日までのデータをプロットしたものを，図 2.5 に示す．相関係数（標本相関係数）を求めると，$\rho[X,Y] = 0.58$ であり，かなり強い正の相関があることがわかる．

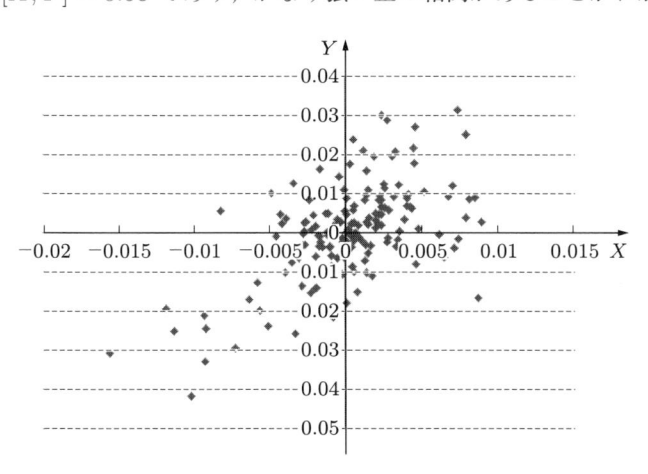

図 2.5　ドル/円レートと日経 225 の前日に対する変動率の相関図

問 2.1　シュワルツの不等式 (2.32) を証明し，式 (2.31) を示せ．

問 2.2　X と Y が独立であるとき，$\rho[X,Y] = 0$ を示せ．

例 2.1　二項分布 $B(n,p)$ の平均値と分散

1.2 節ですでに求めたように，確率分布が ${}_n C_k q^{n-k} p^k$ であるとき，平均値は np で，分散は npq となる．

例 2.2 ポアソン分布の平均値と分散

確率分布が $P_m = e^{-\lambda}\lambda^m/(m!)$ のとき,

$$E[m] = \sum_{m=0}^{\infty} e^{-\lambda}\frac{\lambda^m}{m!} \cdot m = \sum_{m=1}^{\infty} e^{-\lambda}\frac{\lambda^m}{(m-1)!} = \lambda \sum_{m=0}^{\infty} e^{-\lambda}\frac{\lambda^m}{m!} = \lambda$$

$$V[m] = E[m^2] - (E[m])^2$$

$$E[m^2] = \sum_{m=0}^{\infty} e^{-\lambda}\frac{\lambda^m}{m!} \cdot m^2 = \lambda \sum_{m=0}^{\infty} e^{-\lambda}\frac{\lambda^m}{m!}(m+1) = \lambda\left(\lambda \sum_{m=0}^{\infty} e^{-\lambda}\frac{\lambda^m}{m!} + 1\right)$$

$$= \lambda(\lambda+1)$$

となる.これから,$V[m] = \lambda(\lambda+1) - \lambda^2 = \lambda$ が得られる.

確率変数 X, Y の線形結合 $Z = aX + bY$ の平均値 $E[Z]$,分散 $V[Z]$ は,期待値の線形性 (2.24) より,

$$\left.\begin{aligned}E[Z] &= aE[X] + bE[Y] \\ V[Z] &= a^2V[X] + b^2V[Y] + 2abC[X,Y]\end{aligned}\right\} \quad (2.33)$$

となる(問 2.3 とする).さらに,X と Y が独立なら,問 2.2 の結果より,

$$V[Z] = a^2V[X] + b^2V[Y] \quad (2.34)$$

となる.なお,X と Y の結合分布関数を $F_{XY}(x,y)$ とすると,X の周辺分布関数が $F_X(x) = F(x,\infty)$ となることを用いて,たとえば,$E[X]$ は

$$E[X] = \int_{-\infty}^{\infty}\int_{-\infty}^{\infty} x dF_{XY}(x,y) = \int_{-\infty}^{\infty} x dF_X(x)$$

と計算される.X と Y が独立なら,$F_X(x)$ は X の普通の分布関数と一致する.

問 2.3 式 (2.33) を示せ.

つぎに,**条件付き期待値**を説明する.結合分布関数が $F_{XY}(x,y)$ である X と Y の結合分布を考える.条件付き確率の定義 (1.7) より,次式が成立する.

$$P\left(\{x_1 \leq X \leq x_2\}\middle|\left\{y - \frac{h}{2} \leq Y \leq y + \frac{h}{2}\right\}\right) = \frac{\int_{y-h/2}^{y+h/2}\int_{x_1}^{x_2} dF_{XY}(x,y)}{\int_{y-h/2}^{y+h/2}\int_{-\infty}^{\infty} dF_{XY}(x,y)}$$

X と Y の分布関数が,連続な確率密度関数 $f_{XY}(x,y)$ で表されるとすると,

$$P\left(\{x_1 \leq X \leq x_2\}\middle|\left\{y - \frac{h}{2} \leq Y \leq y + \frac{h}{2}\right\}\right) = \frac{\int_{y-h/2}^{y+h/2}\int_{x_1}^{x_2} f_{XY}(x,y)dxdy}{\int_{y-h/2}^{y+h/2}\int_{-\infty}^{\infty} f_{XY}(x,y)dxdy}$$

となる.$f_{XY}(x,y)$ の連続性より,条件付き確率 $P(\{x_1 \leq X \leq x_2\}|\{Y=y\})$ は

$$P(\{x_1 \leq X \leq x_2\}|\{Y=y\})$$
$$= \lim_{h \to 0} \frac{\int_{y-h/2}^{y+h/2}\int_{x_1}^{x_2} f_{XY}(x,y)dxdy}{\int_{y-h/2}^{y+h/2}\int_{-\infty}^{\infty} f_{XY}(x,y)dxdy} = \frac{\int_{x_1}^{x_2} f_{XY}(x,y)dx}{\int_{-\infty}^{\infty} f_{XY}(x,y)dx}$$

で与えられる.条件付き確率密度関数 $f(x|y)$ を

$$f(x|y) = \frac{f_{XY}(x,y)}{\int_{-\infty}^{\infty} f_{XY}(x,y)dx} \tag{2.35}$$

で定義すると,

$$P(\{x_1 \leq X \leq x_2\}|\{Y=y\}) = \int_{x_1}^{x_2} f(x|y)dx \tag{2.36}$$

となる.そこで,Y に関する X の**条件付き期待値**を

$$E[X|\{Y=y\}] = \int_{-\infty}^{\infty} xf(x|y)dx \tag{2.37}$$

と定義する.これを y の関数と見たとき,X の Y に関する**回帰関数**という.X と Y が独立なら,

$$E[X|\{Y=y\}] = E[X]$$

である.条件付き期待値の定義は,確率変数が 3 以上の場合にも容易に拡張される.

2.4 特性関数

特性関数 $\phi(k)$ は,i を虚数単位として,$g(X) = e^{ikX}$ の期待値である.

$$\phi(k) = E[e^{ikX}] \tag{2.38}$$

一方,ik を k に置き換えた $E[e^{kX}]$ を**モーメント母関数**とよび,実際に用いられるこ

とも多いが，積分が発散する場合など，必ずしも存在するとは限らない．1次元では

$$\phi(k) = \int_{-\infty}^{\infty} e^{ikx} dF(x) = \int_{-\infty}^{\infty} e^{ikx} f(x)\, dx + \sum_{k=1}^{n} p_k e^{ikx_k} \qquad (2.39)$$

となり，確率密度関数のフーリエ積分となる（本書では，これをフーリエ積分とよぶ）．n 次元では

$$\begin{aligned}\phi(\boldsymbol{k}) &= \phi(k_1, k_2, \ldots, k_n) \\ &= \int_{-\infty}^{\infty}\int_{-\infty}^{\infty}\cdots\int_{-\infty}^{\infty} e^{i\boldsymbol{k}\cdot\boldsymbol{x}} dF(\boldsymbol{x}) \\ &= \int_{-\infty}^{\infty}\int_{-\infty}^{\infty}\cdots\int_{-\infty}^{\infty} e^{i\boldsymbol{k}\cdot\boldsymbol{x}} f(\boldsymbol{x})\,d\boldsymbol{x} + \sum_{k=1}^{n} p_k e^{i\boldsymbol{k}\cdot\boldsymbol{x}_k}\end{aligned} \qquad (2.40)$$

となる．

特性関数やモーメント母関数を用いると，期待値を計算するとき，これらの関数の微分係数を求めるだけでよく，積分計算が不要になる点がとくに便利である．

例 2.3 二項分布 $B(n,p)$ の特性関数

二項分布の確率分布（式 (1.13)）で，m を x と書いて

$$P(X = x) = {}_n\mathrm{C}_x p^x q^{n-x}$$

で与えられる．これから，以下が成り立つ．

$$E[e^{ikx}] = \sum_{x=0}^{n} {}_n\mathrm{C}_x p^x q^{n-x} e^{ikx} = (pe^{ik} + q)^n \qquad (2.41)$$

例 2.4 ポアソン分布の特性関数

ポアソン分布の確率分布（式 (1.25)）で，m を x と書いて，

$$P(X = x) = \frac{\lambda^x}{x!} e^{-\lambda}$$

で与えられる．これから，以下が成り立つ．

$$E[e^{ikx}] = \sum_{x=0}^{\infty} \frac{\lambda^x}{x!} e^{-\lambda} e^{ikx} = \exp[\lambda(e^{ik} - 1)] \qquad (2.42)$$

特性関数から分布関数を逆に求める公式が知られていて，**レヴィの反転公式**とよばれる．

> **定理 2.3 レヴィの反転公式**　1 次元では，$F(x)$ が $x=a,b$ で連続なら，
>
> $$F(b) - F(a) = \lim_{T\to\infty} \frac{1}{2\pi} \int_{-T}^{T} \frac{e^{-ika} - e^{-ikb}}{ik} \phi(k) dk \qquad (2.43)$$
>
> となる．また，a が不連続点なら，$F(a)$ は左右の値の平均値である．
>
> n 次元では，確率測度を P とし，区間 I を
>
> $$I = (a_1, b_1] \times (a_2, b_2] \times \cdots \times (a_n, b_n]$$
>
> とすると，
>
> $$P(I) = \lim_{T\to\infty} \left(\frac{1}{2\pi}\right)^n \int_{-T}^{T} \int_{-T}^{T} \cdots \int_{-T}^{T} \prod_{i=1}^{n} \frac{e^{-ik_i a_i} - e^{-ik_i b_i}}{ik_i}$$
> $$\times \phi(k_1, k_2, \ldots, k_n)\, dk_1 dk_2 \cdots dk_n \qquad (2.44)$$
>
> が成り立つ．

この定理から得られる最も重要な結果は，特性関数によって分布関数が一意的に決定され，分布関数と特性関数の間に一対一対応が成り立ち，確率分布は特性関数によっても一意的に与えられることである．

証明　1 次元に対して証明を行う．

$$H(T) = \int_{-T}^{T} \frac{e^{-ibk} - e^{-iak}}{-ik} \phi(k) dk$$

とおく．式 (2.39) を代入すると，

$$H(T) = \int_{-T}^{T} \int_{a}^{b} e^{-ikx} dx \left(\int_{-\infty}^{\infty} e^{iyk} dF(y) \right) dk$$
$$= \int_{-\infty}^{\infty} dF(y) \int_{a}^{b} \int_{-T}^{T} e^{i(y-x)k} dk\, dx$$
$$= 2 \int_{-\infty}^{\infty} dF(y) \int_{a}^{b} \frac{\sin T(x-y)}{x-y} dx$$

となる．$x = y + \dfrac{u}{T}$, $G(x) = \displaystyle\int_{0}^{x} \frac{\sin u}{u} du$ とおくと

$$H(T) = 2 \int_{-\infty}^{\infty} dF(y) \int_{T(a-y)}^{T(b-y)} \frac{\sin u}{u} du$$

$$= 2\int_{-\infty}^{\infty} [G(T(b-y)) - G(T(a-y))] dF(y)$$

となる．ここで，

$$\lim_{x\to\infty} G(x) = \frac{\pi}{2}, \quad \lim_{x\to-\infty} G(x) = -\frac{\pi}{2}$$

を考慮すると

$$\lim_{T\to\infty} [G(T(b-y)) - G(T(a-y))] = \pi[\theta(y-a) - \theta(y-b)]$$

が得られる．$\theta(x)$ は単位階段関数で，

$$\theta(x) = \begin{cases} 0 & (x < 0) \\ 1/2 & (x = 0) \\ 1 & (x > 0) \end{cases}$$

とする．したがって，式 (2.43) の左辺は

$$\lim_{T\to\infty} \frac{1}{2\pi} H(T) = \int_{-\infty}^{\infty} [\theta(y-a) - \theta(y-b)] dF(y)$$

となり，証明が終わる．

なお，デルタ関数 $\delta(x) = \dfrac{1}{2\pi}\displaystyle\int_{-\infty}^{\infty} e^{ikx} dk$ を利用すると，はるかに簡単に結果が得られる．

$$\delta_T(x) = \frac{1}{2\pi}\int_{-T}^{T} e^{ikx} dk$$

をデルタ関数列とする（参考文献 [15]）と，

$$\lim_{T\to\infty} \delta_T(x) = \delta(x)$$

である．これを用いると，

$$H(T) = 2\pi \int_{-\infty}^{\infty} dF(y) \int_a^b \delta_T(y-x)\,dx$$

となり，

$$\lim_{T\to\infty} H(T) = 2\pi \int_{-\infty}^{\infty} dF(y) \int_a^b \delta(y-x)\,dx$$
$$= 2\pi \int_{-\infty}^{\infty} [\theta(y-a) - \theta(y-b)] dF(y)$$

が得られる． □

2.4 特性関数

1次元確率分布の **n 次のモーメント** M_n は，X^n の期待値で，

$$M_n = E[X^n] \tag{2.45}$$

と定義される．モーメントは，特性関数から容易に計算することができる．式 (2.38) より，

$$\frac{d^n \phi(k)}{dk^n} = \phi^{(n)}(k) = E[(iX)^n e^{ikX}]$$

であるから，

$$M_n = \left.\frac{d^n \phi(k)}{d(ik)^n}\right|_{k=0} = \frac{\phi^{(n)}(0)}{i^n} \tag{2.46}$$

となる．これから，$\phi(k)$ の $k=0$ のまわりのテイラー展開が以下のようになる．

$$\phi(k) = \sum_{m=0}^{\infty} \frac{1}{m!} k^m \phi^{(m)}(0) = \sum_{m=0}^{\infty} \frac{1}{m!} (ik)^m E[X^m]$$

$$= \sum_{m=0}^{\infty} \frac{1}{m!} (ik)^m M_m \tag{2.47}$$

したがって，$\phi(k)$ が $k=0$ で十分に滑らかでなければ，高次のモーメントが存在しないことがわかる．

n 次元確率分布では，モーメントは $\boldsymbol{X} = (X_1, X_2, \ldots, X_n)$ に対して

$$M_{m_1 m_2 \ldots m_n} = E[X_1^{m_1} X_2^{m_2} \cdots X_n^{m_n}] \tag{2.48}$$

と定義され，これにより，特性関数の $\boldsymbol{k} = 0$ のまわりのテイラー展開は，以下のようになる．

$$\phi(k_1, k_2, \ldots, k_n)$$
$$= \sum_{m_1=0}^{\infty} \sum_{m_2=0}^{\infty} \cdots \sum_{m_n=0}^{\infty} \frac{1}{m_1! m_2! \cdots m_n!} (ik_1)^{m_1} (ik_2)^{m_2} \cdots (ik_n)^{m_n} M_{m_1 m_2 \ldots m_n} \tag{2.49}$$

したがって，モーメントは

$$M_{m_1 m_2 \ldots m_n} = \frac{\partial^{m_1}}{\partial (ik_1)^{m_1}} \frac{\partial^{m_2}}{\partial (ik_2)^{m_2}} \cdots \frac{\partial^{m_n}}{\partial (ik_n)^{m_n}} \phi(0, 0, \ldots, 0) \tag{2.50}$$

によって計算される．多次元の場合の n 次のモーメントとは，$M_{m_1 m_2 \ldots m_l} = M_{\boldsymbol{m}}$ において，

$$|m_1| + |m_2| + \cdots + |m_l| = n$$

が成り立つもの全体を指す．

n 次のキュムラント C_n は，$\log \phi(k)$ を $k=0$ のまわりにテイラー展開したときの k^n の係数 $\times (n!/i^n)$ によって，

$$\log \phi(k) = \sum_{n=1}^{\infty} \frac{1}{n!} C_n (ik)^n \tag{2.51}$$

で定義される．$C_0 = 0$ であることに注意してほしい．C_n は，n 次以下のモーメントで表すことができ，

$$\log \phi(k) = \log \left(1 + \sum_{n=1}^{\infty} \frac{1}{n!} (ik)^n M_n \right)$$

を $k=0$ のまわりでテイラー展開し，k の同べきの項を比較すると得られる[1]．具体的に数項を書くと，

$$\left. \begin{array}{l} C_1 = M_1 \\ C_2 = M_2 - M_1^2 \\ C_3 = M_3 - 3M_1 M_2 + 2M_1^3 \\ C_4 = M_4 - 4M_1 M_3 - 3M_2^2 + 12 M_1^2 M_2 - 6 M_1^4 \end{array} \right\} \tag{2.52}$$

となる．式 (2.27) より，C_2 は分散 σ^2 を与える．また，特性関数の対数の微分から，

$$C_n = \left. \frac{\partial^n}{\partial (ik)^n} \log \phi(k) \right|_{k=0} \tag{2.53}$$

と計算できる．

n 次元確率分布でも同様に，特性関数の対数の展開係数によって，キュムラントが定義される．

$$\begin{aligned} & \log \phi(k_1, k_2, \ldots, k_n) \\ &= \sum_{m_1^2 + m_2^2 + \cdots + m_n^2 \neq 0}^{\infty} \frac{1}{m_1! m_2! \cdots m_n!} C_{m_1 m_2 \ldots m_n} (ik_1)^{m_1} (ik_2)^{m_2} \cdots (ik_n)^{m_n} \\ &= \sum_{\boldsymbol{m}}{}' \frac{1}{m_1! m_2! \cdots m_n!} C_{m_1 m_2 \ldots m_n} (ik_1)^{m_1} (ik_2)^{m_2} \cdots (ik_n)^{m_n} \end{aligned} \tag{2.54}$$

---

[1] $\log(1+x) = x - \dfrac{x^2}{2} + \dfrac{x^3}{3} - \dfrac{x^4}{4} + \cdots$ を用いる．

$$C_{m_1 m_2 \ldots m_n} = \frac{\partial^{m_1}}{\partial (ik_1)^{m_1}} \frac{\partial^{m_2}}{\partial (ik_2)^{m_2}} \cdots \frac{\partial^{m_n}}{\partial (ik_n)^{m_n}} \log \phi(k_1, k_2, \ldots, k_n) \bigg|_{\boldsymbol{k}=\boldsymbol{0}} \quad (2.55)$$

なお，$\boldsymbol{m} = (m_1, m_2, \ldots, m_n)$ であり，式 (2.54) での $\sum_{\boldsymbol{m}}{}'$ は，$m_1 = m_2 = \cdots = m_n = 0$ を省く和を意味する．

つぎに，n 次のキュムラント $C_{\boldsymbol{m}} = C_{m_1 m_2 \ldots m_l}$ ($|m_1| + |m_2| + \cdots + |m_l| = n$) を n 次以下のモーメント $M_{\boldsymbol{m}}$ ($|m_1| + |m_2| + \cdots + |m_l| \le n$) を用いて表す公式を導いてみよう．

$$\begin{aligned}f(\boldsymbol{m}) &= f(m_1, m_2, \ldots, m_n) \\ &= \frac{1}{m_1! m_2! \cdots m_n!} M_{m_1 m_2 \ldots m_n} (ik_1)^{m_1} (ik_2)^{m_2} \cdots (ik_n)^{m_n}\end{aligned}$$

とおく．すると，

$$\log \phi(\boldsymbol{k}) = \log \left[\sum_{\boldsymbol{m}} f(\boldsymbol{m}) \right] = \log \left[1 + \sum_{\boldsymbol{m}}{}' f(\boldsymbol{m}) \right] = \sum_{n=1}^{\infty} \frac{(-1)^{n-1}}{n} \left[\sum_{j=1}^{\infty} f(\boldsymbol{m}_j) \right]^n$$

となる．ここで，

$$\boldsymbol{m}_j = (m_1^{(j)}, m_2^{(j)}, \ldots, m_n^{(j)})$$

で，$\boldsymbol{m}_0 = (0, 0, \ldots, 0), \boldsymbol{m}_1, \boldsymbol{m}_2, \ldots$ は，$m_1^2 + m_2^2 + \cdots + m_n^2 \ne 0$ であるベクトル $(m_1, m_2, \ldots, m_n)$ をすべて並べたベクトル数列である．つぎに，多項展開の公式

$$\left(\sum_{j=1}^{\infty} x_j \right)^n = \sum_{n_1 + n_2 + \cdots = n} \frac{n!}{n_1! n_2! \cdots} x_1^{n_1} x_2^{n_2} \cdots$$

を用いると，

$$\log \phi(\boldsymbol{k}) = \sum_{n=1}^{\infty} \frac{(-1)^{n-1}}{n} \left\{ \sum_{n_1 + n_2 + \cdots = n} \frac{n!}{n_1! n_2! \cdots} \prod_{j=1}^{\infty} [f(\boldsymbol{m}_j)]^{n_j} \right\}$$

と書ける．$n_1, n_2, \ldots$ は，$n_1 + n_2 + \cdots = n$ となるすべての非負の整数である．$f(\boldsymbol{m})$ を代入すると，

$$\begin{aligned}&\log \phi(\boldsymbol{k}) \\ &= \sum_{n=1}^{\infty} \frac{(-1)^{n-1}}{n} \Bigg\{ \sum_{n_1 + n_2 + \cdots = n} \frac{n!}{n_1! n_2! \cdots} \\ &\quad \times \prod_{j=1}^{\infty} \left[\frac{1}{m_1^{(j)}! m_2^{(j)}! \cdots m_n^{(j)}!} M_{m_1^{(j)} m_2^{(j)} \ldots m_n^{(j)}} (ik_1)^{m_1^{(j)}} (ik_2)^{m_2^{(j)}} \cdots (ik_n)^{m_n^{(j)}} \right]^{n_j} \Bigg\}\end{aligned}$$

$$
= \sum_{n=1}^{\infty} \sum_{n_1+n_2+\cdots=n} \frac{(-1)^{n-1}(n-1)!}{n_1! n_2! \cdots}
$$
$$
\times (ik_1)^{\sum_{j=1}^{\infty} n_j m_1^{(j)}} (ik_2)^{\sum_{j=1}^{\infty} n_j m_2^{(j)}} \cdots (ik_n)^{\sum_{j=1}^{\infty} n_j m_n^{(j)}}
$$
$$
\times \prod_{j=1}^{\infty} \left[\frac{M_{m_1^{(j)} m_2^{(j)} \cdots m_n^{(j)}}}{m_1^{(j)}! m_2^{(j)}! \cdots m_n^{(j)}!} \right]^{n_j}
$$

となる．

つぎに，図 2.6 に見られるように，n の和を $n_1+n_2+\cdots \neq 0$ である n_j の和に置き換えることができ，

$$
\log \phi(\boldsymbol{k}) = \sum_{n_1=0}^{\infty} \sum_{n_2=0}^{\infty} \cdots \frac{(-1)^{n_1+n_2+\cdots-1}(n_1+n_2+\cdots-1)!}{n_1! n_2! \cdots}
$$
$$
\times (ik_1)^{\sum_{j=1}^{\infty} n_j m_1^{(j)}} (ik_2)^{\sum_{j=1}^{\infty} n_j m_2^{(j)}} \cdots (ik_{n_1+n_2+\cdots})^{\sum_{j=1}^{\infty} n_j m_{n_1+n_2+\cdots}^{(j)}}
$$
$$
\times \prod_{j=1}^{\infty} \left[\frac{M_{m_1^{(j)} m_2^{(j)} \cdots m_{n_1+n_2+\cdots}^{(j)}}}{m_1^{(j)}! m_2^{(j)}! \cdots m_{n_1+n_2+\cdots}^{(j)}!} \right]^{n_j}
$$

となる．さらに，$n_1+n_2+\cdots=n$ であるから，

$$
\nu_1 = \sum_{j=1}^{\infty} n_j m_1^{(j)}, \quad \nu_2 = \sum_{j=1}^{\infty} n_j m_2^{(j)}, \quad \cdots, \quad \nu_n = \sum_{j=1}^{\infty} n_j m_n^{(j)}
$$

とおくと

$$
\log \phi(\boldsymbol{k}) = \sum_{n_1=0}^{\infty} \sum_{n_2=0}^{\infty} \cdots (-1)^{n_1+n_2+\cdots-1} (n_1+n_2+\cdots-1)!
$$
$$
\times (ik_1)^{\nu_1} (ik_2)^{\nu_2} \cdots (ik_{n_1+n_2+\cdots})^{\nu_{n_1+n_2+\cdots}}
$$
$$
\times \prod_{j=1}^{\infty} \left\{ \frac{1}{n_j!} \left[\frac{M_{m_1^{(j)} m_2^{(j)} \cdots m_{n_1+n_2+\cdots}^{(j)}}}{m_1^{(j)}! m_2^{(j)}! \cdots m_{n_1+n_2+\cdots}^{(j)}!} \right]^{n_j} \right\}
$$

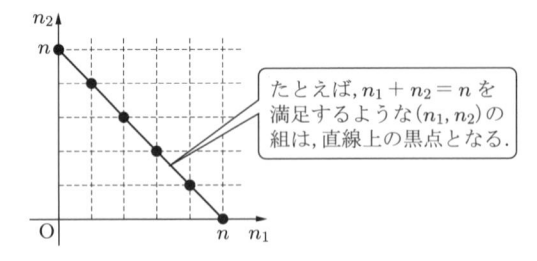

たとえば，$n_1+n_2=n$ を満足するような (n_1, n_2) の組は，直線上の黒点となる．

図 2.6 2 重級数の和

となり，最終的に

$$
\begin{aligned}
C_{\nu_1\nu_2\ldots\nu_n} = (\nu_1!\nu_2!\cdots\nu_n!) &\sum_{n_1=0}^{\infty}\sum_{n_2=0}^{\infty}\cdots(-1)^{n-1}(n-1)! \\
&\times \prod_{j=1}^{\infty}\left\{\frac{1}{n_j!}\left[\frac{M_{m_1^{(j)}m_2^{(j)}\ldots m_n^{(j)}}}{m_1^{(j)}!m_2^{(j)}!\cdots m_n^{(j)}!}\right]^{n_j}\right\}
\end{aligned}
\tag{2.56}
$$

が得られる．

例題 2.2 二項分布 $B(n,p)$ の 1～4 次のモーメント，1～3 次のキュムラントを求めよ．

解 まず，モーメントを計算する．式 (2.41) より，二項分布 $B(n,p)$ の特性関数を $\phi_n(k)$ とすると，

$$\phi_n(k) = (pe^{ik}+q)^n$$

で，

$$
\begin{aligned}
\phi_n'(k) &= ni\left[\phi_n(k)-q\phi_{n-1}(k)\right], \quad \phi_n''(k) = ni\left[\phi_n'(k)-q\phi_{n-1}'(k)\right] \\
\phi_n'''(k) &= ni\left[\phi_n''(k)-q\phi_{n-1}''(k)\right], \quad \phi_n''''(k) = ni\left[\phi_n'''(k)-q\phi_{n-1}'''(k)\right]
\end{aligned}
$$

となる．したがって，$\phi_n(k)$ の $k=0$ における微分値を，1 階微分から順に求めればよい．

$$
\begin{aligned}
\phi_n'(0) &= ni(1-q) = npi, \quad \phi_{n-1}'(0) = (n-1)pi \\
\phi_{n-2}'(0) &= (n-2)pi, \quad \phi_{n-3}'(0) = (n-3)pi
\end{aligned}
$$

つぎに，

$$
\phi_n''(0) = ni[npi - q(n-1)pi] = npi^2(np+q), \quad \phi_{n-1}''(0) = (n-1)pi^2[(n-1)p+q]
$$
$$
\phi_{n-2}''(0) = (n-2)pi^2[(n-2)p+q]
$$

である．さらに，

$$
\begin{aligned}
\phi_n'''(0) &= ni\{npi^2(np+q) - q(n-1)pi^2[(n-1)p+q]\} \\
&= npi^3[n^2p^2 + 3npq + q(q-p)] = npi^3[n^2p^2 + (3n-1)pq + q^2] \\
\phi_{n-1}'''(0) &= (n-1)pi^3\{(n-1)^2p^2 + [3(n-1)-1]pq + q^2\}
\end{aligned}
$$

となる．最後に

$$
\begin{aligned}
\phi_n''''(0) = ni\Big\{&npi^3[n^2p^2 + (3n-1)pq + q^2] \\
&- q(n-1)pi^3\{(n-1)^2p^2 + [3(n-1)-1]pq + q^2\}\Big\}
\end{aligned}
$$

$$= npi^4[n^3p^3 + (6n^2 - 4n + 1)p^2q + (7n - 4)pq^2 + q^3]$$

が得られ，したがって，

$$M_1 = np, \quad M_2 = np(np + q), \quad M_3 = np[n^2p^2 + (3n - 1)pq + q^2]$$
$$M_4 = np[n^3p^3 + (6n^2 - 4n + 1)p^2q + (7n - 4)pq^2 + q^3]$$

となる．ただし，$n \geq 3$ でなければならない．

つぎに，キュムラントを計算する．$\log \phi_n(k) = n \log(pe^{ik} + q)$ であるから，

$$\frac{d}{dk} \log \phi_n(k) = n \frac{pie^{ik}}{pe^{ik} + q} = ni\left(1 - \frac{q}{pe^{ik} + q}\right)$$

$$\frac{d^2}{dk^2} \log \phi_n(k) = niq \frac{pie^{ik}}{(pe^{ik} + q)^2} = ni^2q \left[\frac{1}{pe^{ik} + q} - \frac{q}{(pe^{ik} + q)^2}\right]$$

$$\frac{d^3}{dk^3} \log \phi_n(k) = ni^2q \left[-\frac{pie^{ik}}{(pe^{ik} + q)^2} + 2\frac{qpie^{ik}}{(pe^{ik} + q)^3}\right]$$

となる．これから，

$$C_1 = np, \quad C_2 = npq, \quad C_3 = npq(q - p)$$

が得られる．

例題2.3 ポアソン分布の 1～4 次のモーメント，1～3 次のキュムラントを求めよ．

解 まず，モーメントを計算する．式 (2.42) より，ポアソン分布の特性関数は

$$\phi(k) = \exp[\lambda(e^{ik} - 1)]$$

である．これから，

$$\phi'(k) = \lambda i e^{ik} \phi(k)$$

であることが容易にわかる．したがって，

$$\phi''(k) = \lambda i e^{ik}[i\phi(k) + \phi'(k)], \quad \phi'''(k) = \lambda i e^{ik}[i^2\phi(k) + 2i\phi'(k) + \phi''(k)]$$
$$\phi''''(k) = \lambda i e^{ik}[i^3\phi(k) + 3i^2\phi'(k) + 3i\phi''(k) + \phi'''(k)]$$

となる．これから，

$$M_1 = \lambda, \quad M_2 = \lambda(1 + \lambda), \quad M_3 = \lambda(1 + 3\lambda + \lambda^2), \quad M_4 = \lambda(1 + 7\lambda + 6\lambda^2 + \lambda^3)$$

が得られる．

キュムラントを計算する．$\log \phi(k) = \lambda(e^{ik} - 1)$ であるから，

$$\frac{d}{dk} \log \phi(k) = i\lambda e^{ik}$$

で，一般の $m\,(\geq 1)$ に対して，

$$\frac{d^m}{dk^m}\log\phi(k)=i^m\lambda e^{ik}$$

であることは容易にわかる．したがって，

$$C_1=C_2=C_3=\lambda$$

となる．

特性関数から，共分散，分散を求めることができる．

$$\phi(\boldsymbol{k})=E[\exp(i\boldsymbol{k}\cdot\boldsymbol{x})]$$

より，$m_i=E[X_i]$ として $\boldsymbol{m}=(m_1,m_2,\ldots,m_n)$ とおくと，

$$\exp[-i\boldsymbol{k}\cdot\boldsymbol{m}]\phi(\boldsymbol{k})=E[\exp\{i\boldsymbol{k}\cdot(\boldsymbol{x}-\boldsymbol{m})\}]$$

が得られる．これから，

$$C[X_i,X_j]=-\frac{\partial^2}{\partial k_i\partial k_j}\exp[-i\boldsymbol{k}\cdot\boldsymbol{m}]\phi(\boldsymbol{k})\bigg|_{\boldsymbol{k}=\boldsymbol{0}} \tag{2.57}$$

となる．したがって，X_i の分散 σ_i^2 は

$$\sigma_i^2=E[(X_i-E[X_i])^2]=C[X_i,X_i]=-\frac{\partial^2}{\partial k_i^2}\exp(-i\boldsymbol{k}\cdot\boldsymbol{m})\phi(\boldsymbol{k})\bigg|_{\boldsymbol{k}=\boldsymbol{0}} \tag{2.58}$$

と求められる．または，$\phi(\boldsymbol{0})=1$ を考慮して

$$\sigma_i^2=-\frac{\partial^2}{\partial k_i^2}\log\phi(\boldsymbol{k})\bigg|_{\boldsymbol{k}=\boldsymbol{0}}=-\left\{-\left[\frac{\partial\phi(\boldsymbol{k})}{\partial k_i}\right]^2+\frac{\partial^2\phi(\boldsymbol{k})}{\partial k_i^2}\right\}\bigg|_{\boldsymbol{k}=\boldsymbol{0}} \tag{2.59}$$

で計算できる．

歪度（わいど）(skewness factor) とよばれる量 S は，確率変数値の平均値からの対称性からのずれを示す重要な量である．まず，平均値からのずれに対するモーメント（n 次中心モーメント）μ_n を定義する．

$$\mu_n=E[(X-\overline{X})^n] \tag{2.60}$$

このとき，

$$\mu_2=C_2=\sigma^2,\quad \mu_3=C_3$$

が成立している．これを用いて，S は

$$S = \frac{\mu_3}{\sigma^3} = \frac{C_3}{C_2^{3/2}} \tag{2.61}$$

と定義される．後で説明する正規分布では，$S = 0$ である．$S > 0$ なら，分布は平均値から正方向に裾野が広がり，$S < 0$ なら，平均値から負方向に裾野が広がる．

尖度（せんど）(kurtosis) または**扁平度**(flatness factor) とよばれる量 K は，確率変数の分布が平均値の周りに密集している度合いを示す量であり，

$$K = \frac{\mu_4}{\sigma^4} \tag{2.62}$$

と定義される．正規分布では $K = 3$ で，$K > 3$ ならより尖っていて，$K < 3$ ならより扁平である．したがって，

$$K - 3 = \frac{\mu_4}{\sigma^4} - 3 \tag{2.63}$$

は**超過** (excess) とよばれ，よく用いられる統計量である．

問 2.4 シュワルツの不等式を用いると，

$$|S| \leq \sqrt{K}$$

が得られることを示せ．

例題 2.4 二項分布 $B(n,p)$ の歪度 S を求めよ．

解 例題 2.2 の結果から，

$$S = \frac{npq(q-p)}{(npq)^{3/2}} = \frac{q-p}{\sqrt{npq}}$$

となる．これから，$p > q$ なら分布は平均値から負方向に裾野が広がり，$p < q$ なら正方向に裾野が広がることがわかる（図 2.7 参照）．

例題 2.5 ポアソン分布の歪度 S，尖度 K を求めよ．

解 例題 2.3 の結果から，

$$S = \frac{\lambda}{\lambda^{3/2}} = \frac{1}{\sqrt{\lambda}}$$

となる．また，

$$\mu_4 = E\left[(X - \overline{X})^4\right] = E[X^4] - 4E[X^3 \overline{X}] + 6E[X^2 \overline{X}^2] - 4E[X \overline{X}^3] + E[\overline{X}^4]$$

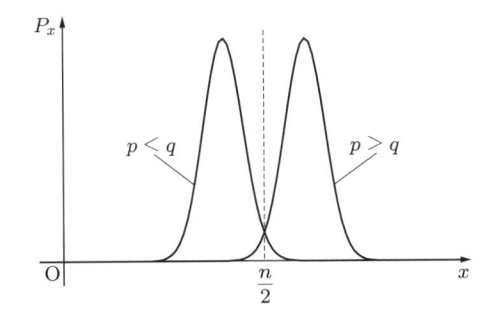

図 2.7 二項分布 $B(10, 0.25)$ と $B(10, 0.75)$ の確率分布

$$\begin{aligned} &= \lambda(1 + 7\lambda + 6\lambda^2 + \lambda^3) - 4\lambda \cdot \lambda(1 + 3\lambda + \lambda^2) + 6\lambda^2 \cdot \lambda(1 + \lambda) - 4\lambda^3 \cdot \lambda + \lambda^4 \\ &= \lambda + 3\lambda^2 \end{aligned}$$

である.ゆえに,以下が求められる.

$$K = \frac{\lambda + 3\lambda^2}{\lambda} = 1 + 3\lambda$$

2.5 単位分布

ある事柄が確実に発生するときは,確率的な現象ではないが,確率分布に含めて**単位分布**または**1点分布**とよぶ.確率密度関数で書くと,

$$f_u(x) = \delta(x - \mu) \tag{2.64}$$

であり,$X = \mu$ となる事象が確実に起きることを示している.確率分布で表すと,

$$P_u(X \neq \mu) = 0 \tag{2.65}$$

となる.とくに,極限定理でよく用いられる単位分布の特性関数は,

$$E[e^{ikX}] = \int_{-\infty}^{\infty} \delta(x - \mu) e^{ikx} dx = e^{ik\mu} \tag{2.66}$$

である.

2.6 母関数

負でない整数値をとる確率変数に対して,**母関数**が大変有力な手段となる.確率変数を X とし,

$$p_k = P(\{X = k\}), \quad \sum_{k=0}^{\infty} p_k = 1$$

とする．X の母関数 $G(s)$ を

$$G(s) = \sum_{k=0}^{\infty} p_k s^k \quad (|s| \leq 1) \tag{2.67}$$

で定義する．

$$\sum_{k=0}^{\infty} p_k = 1$$

であるから，$G(s)$ は，$-1 \leq s \leq 1$ で収束する．s を複素数に拡張すると，$|s| < 1$ で解析関数となる．このとき，

$$G(1) = 1, \quad G'(1) = \sum_{k=0}^{\infty} k p_k = E[X]$$

$$G''(1) = \sum_{k=0}^{\infty} k(k-1) p_k = \sum_{k=0}^{\infty} k^2 p_k - \sum_{k=0}^{\infty} k p_k$$

$$= E[X^2] - E[X] \tag{2.68}$$

である．

負でない整数値をとる二つの互いに独立な確率変数を X, Y とし，

$$p_k = P(\{X = k\}), \quad q_k = P(\{Y = k\})$$

とする．このとき，確率変数の和 $Z = X + Y$ の確率分布を考える．

$$u_k = P(\{Z = k\})$$

とすると，明らかに

$$u_r = p_0 q_r + p_1 q_{r-1} + p_2 q_{r-2} + \cdots + p_{r-1} q_1 + p_r q_0 \tag{2.69}$$

が成り立つ．式 (2.69) で作られる新しい数列 $\{u_k\}$ を，数列 $\{p_k\}$ と $\{q_k\}$ の**合成積**とよび，

$$\{u_k\} = \{p_k\} * \{q_k\} \tag{2.70}$$

とかく．一方，確率変数 Z の母関数は

$$G_z(s) = \sum_{k=0}^{\infty} u_k s^k$$

であるが，式 (2.70) を見れば，X の母関数 $G_X(s)$，Y の母関数 $G_Y(s)$ によって，

$$G_Z(s) = G_X(s)G_Y(s) \tag{2.71}$$

で与えられることが容易にわかる．

つぎに，$X_i (1 \leq i \leq n)$ を同じ確率分布をもつ負でない整数値をとる確率変数とし，

$$p_k = P(\{X_i = k\}) \quad (1 \leq i \leq n)$$

とおく．X_i の和 $Z_n = X_1 + X_2 + \cdots + X_n$ の期待値を

$$u_k^{(n)} = P(\{Z_n = k\})$$

とおく．すると，上の議論を繰り返すことにより

$$\{u_k^{(n)}\} = \{p_k\} * \{p_k\} * \cdots * \{p_k\} := \{p_k\}^{n*} \tag{2.72}$$

となり，$\{u_k^{(n)}\}$ は $\{p_k\}$ の n 回の合成積で与えられることがわかる．Z_n の母関数 $G_Z(s)$ は，X_i の母関数 $G_X(s)$ により，

$$G_Z(s) = G_X(s)^n \tag{2.73}$$

となる．

なお，数列 $\{p_k\}$ $(0 \leq p_k \leq 1, k = 0, 1, 2, \ldots)$ が

$$\sum_{k=0}^{\infty} p_k < 1$$

となり，すべての項の和が 1 となる確率の条件を満たさない場合でも，

$$G(s) = \sum_{k=0}^{\infty} p_k s^k \quad (|s| \leq 1)$$

で定義される $G(s)$ を母関数とよぶ．このときも，定義と式 (2.69)〜(2.73) が成立することは明らかである．これは，マルコフ過程（第 5 章）で用いられる．

例題 2.6 二項分布 $B(n,p)$ の母関数 $G(s)$ を求めよ．

解
$$G(s) = \sum_{k=0}^{\infty} p_k s^k = \sum_{k=0}^{n} {}_n\mathrm{C}_k p^k q^{n-k} s^k = (sp + q)^n$$

例題 2.7 ポアソン分布の母関数 $G(s)$ を求めよ．

解
$$G(s) = \sum_{k=0}^{\infty} p_k s^k = \sum_{k=0}^{\infty} e^{-\lambda} \frac{\lambda^k}{k!} s^k = e^{-\lambda} e^{\lambda s} = e^{\lambda(s-1)}$$

練習問題 2

2.1 A と B が互いに独立な事象なら，A と B^C も互いに独立であることを示せ．

2.2 平面上に等間隔で平行線を引きつめ，その間隔の半分の長さの針を，面内の領域に均等に落ちるように投げたとき，針が平行線と交わる確率が π^{-1} であることを示せ（**ビュフォンの針の問題**）．

2.3 平面上に $2r$ の間隔で平行線が引きつめられている．この平面上に半径 r の円が無作為に投げる．このとき，以下の設問に答えよ．
 (1) この円と平行線が交わってできた弦の長さが，円に内接する正三角形の 1 辺よりも大きくなる確率を求めよ．
 (2) 逆に，半径 r の円を固定して，その上に長い針を無作為に投げて交わった部分を弦とするとどうなるか（**ベルトランのパラドックス**）．

2.4 サイコロを 2 回投げ，最初の目を X_1，2 回目を X_2 とする．$X_1 + X_2$ と $X_1 - X_2$ は独立な確率変数列ではないことを示せ．

2.5 確率変数 X が有限な期待値をもつとき，任意の a に対して，
$$E[X] = a + \int_a^{\infty} [1 - F(u)]\,du - \int_{-\infty}^a F(u)\,du$$
となることを示せ．

2.6 X を非負の確率変数，$F(u)$ をその分布とすると，
$$E[X^2] = 2\int_0^{\infty} u[1 - F(u)]\,du$$
であることを示せ．

2.7 (1) 確率変数 X の n 次のモーメントが $1/A^{2n}$ であるとき，X の特性関数を求めよ．
 (2) n 次のキュムラントが $1/B^{2n}$ であるとき，X の特性関数を求めよ．

2.8 確率密度関数 $f(x)$ が
$$f(x) = \begin{cases} 0.5 & (|x| \leq 1) \\ 0 & (|x| > 1) \end{cases}$$
で与えられるとき，特性関数，n 次のモーメントを求めよ．

2.9 確率変数 X の母関数が $G_X(s)$ であるとき，$X+1$，$2X$ の母関数を求めよ．

2.10 単位分布の分布関数を求めよ．

2.11 成功する確率が p，失敗する確率が q のベルヌーイ試行で，k 回目に初めて成功する確率は
$$P(X=k) = q^{k-1}p$$
である．これに対する分布関数が
$$F(x) = \sum_{k=1}^{\lfloor x \rfloor} q^{k-1}p$$
となることを示し，特性関数 $\phi(t)$ を求めよ．これを**幾何分布**という．

2.12 **両側指数分布** $f(x) = 1/2\lambda e^{-\lambda|x|}$ $(\lambda > 0)$ に対する特性関数 $\phi(k)$ を求め，n 次モーメント M_n を計算せよ．

2.13 分布関数 $F(x)$ が微分可能なら，確率密度関数 $f(x)$ は，特性関数 $\phi(k)$ より
$$f(x) = \frac{1}{2\pi} \int_{-\infty}^{\infty} \phi(k) e^{-ikx}\, dk \tag{2.74}$$
で与えられることを示せ．

2.14 相関係数 $\rho[X,Y] = \pm 1$ のとき，$Y = aX + b$ であることを示せ．

第3章 いろいろな確率分布

本章では，いくつかの重要な確率分布について解説する．中でも重要なのは「正規分布」と「指数分布」で，前者は確率現象が多数回発生する場合に普遍的に現れる分布であり，後者は稀にしか発生しない確率現象にしばしば現れる分布である．正規分布に関しては，とくに，n 変数の同時確率分布に関する詳細な解説を行う．また，確率変数の変数変換と，それに伴う確率密度関数の変換公式について詳しく説明する．確率変数の変数変換によって得られるものの中にも多くの重要な分布があり，対数正規分布がその代表例である．また，確率変数の和から生まれる新しい確率変数や，それに関連する「再生性」，「安定分布」の概念についても簡単に紹介する．

3.1 正規分布

正規分布はガウス分布ともよばれ，二項分布の極限として得られる分布で，確率分布の中でもとりわけ重要である．1 次元の確率密度関数を再掲する．

$$f(x) = \frac{1}{\sqrt{2\pi\sigma^2}} \exp\left[-\frac{(x-\mu)^2}{2\sigma^2}\right] \tag{3.1}$$

μ は平均値，σ^2 は分散，σ は標準偏差で，式 (1.14) で与えられる正規分布では，$\mu = np$，$\sigma^2 = npq$ であった．正規分布は，平均値と分散で完全に決定され，正規に対応する英語 normal の頭文字を用いて $N(\mu, \sigma^2)$ と表される．とくに，$N(0,1)$ を標準正規分布とよび，付表にその数値を示す．

問 3.1 正規分布の平均値と標準偏差がそれぞれ μ, σ となることを確かめよ．

例題 3.1 正規分布の n 次のモーメント M_n を求めよ．

解
$$M_n = \int_{-\infty}^{\infty} x^n f(x)\, dx$$

へ式 (3.1) を代入すると，

$$\begin{aligned} M_n &= \frac{1}{\sqrt{2\pi\sigma^2}} \int_{-\infty}^{\infty} x^n \exp\left[-\frac{(x-\mu)^2}{2\sigma^2}\right] dx \\ &= \frac{1}{\sqrt{2\pi\sigma^2}} \int_{-\infty}^{\infty} (x-\mu+\mu)^n \exp\left[-\frac{(x-\mu)^2}{2\sigma^2}\right] dx \end{aligned}$$

$$= \frac{1}{\sqrt{2\pi\sigma^2}} \int_{-\infty}^{\infty} \left[\sum_{j=0}^{n} {}_n\mathrm{C}_j \, (x-\mu)^j \mu^{n-j} \right] \exp\left[-\frac{(x-\mu)^2}{2\sigma^2} \right] dx$$

$$= \frac{1}{\sqrt{2\pi\sigma^2}} \sum_{j=0}^{n} {}_n\mathrm{C}_j \, \mu^{n-j} \int_{-\infty}^{\infty} (x-\mu)^j \exp\left[-\frac{(x-\mu)^2}{2\sigma^2} \right] dx$$

$$= \frac{1}{\sqrt{\pi}} \sum_{j=0}^{n} {}_n\mathrm{C}_j \, \mu^{n-j} (\sqrt{2}\sigma)^j \int_{-\infty}^{\infty} t^j e^{-t^2} dt$$

となる．上式の和で，j が奇数の寄与はゼロとなる．つぎに，積分公式

$$\int_0^{\infty} t^j e^{-t^2} dt = \frac{1}{2} \Gamma\left(\frac{j+1}{2} \right) \tag{3.2}$$

を用いる．ここで，$\Gamma(x)$ はガンマ関数で $j = 2m$ のとき

$$\Gamma\left(\frac{j+1}{2} \right) = \frac{(2m-1)!!}{2^m} \sqrt{\pi} = \frac{\sqrt{\pi}}{2^m}(2m-1)(2m-3)\cdots 3\cdot 1 \tag{3.3}$$

である．これにより，

$$M_n = \sum_{m=0}^{\lfloor n/2 \rfloor} \frac{n!}{m!(n-2m)!} \frac{\sigma^{2m}\mu^{n-2m}}{2^m} \tag{3.4}$$

が得られる．なお，$\mu = 0$ の場合は，n が奇数では $M_n = 0$ で，n が偶数のとき，式 (3.4) の和は，$m = \lfloor n/2 \rfloor$ に対応する項だけとなる．

正規分布の特性関数は，$f(x)$ のフーリエ積分によって以下のように得られる．

$$\phi(k) = \exp\left[i\mu k - \frac{1}{2}\sigma^2 k^2 \right] \tag{3.5}$$

確率密度関数と特性関数が同じ関数形となることは，正規分布の大きな特徴である．この計算は重要なので，ていねいに説明する．まず，

$$\phi(k) = E[e^{ikX}] = \frac{1}{\sqrt{2\pi\sigma^2}} \int_{-\infty}^{\infty} dx \exp\left[-\frac{(x-\mu)^2}{2\sigma^2} + ikx \right]$$

$$= \frac{1}{\sqrt{2\pi\sigma^2}} \int_{-\infty}^{\infty} dx' \exp\left[-\frac{x'^2}{2\sigma^2} + ik(x'+\mu) \right]$$

と変形する．ここで，$x' = x - \mu$ である．つぎに，

$$-\frac{x'^2}{2\sigma^2} + ik(x'+\mu) = -\frac{1}{2\sigma^2}[(x' - i\sigma^2 k)^2 + \sigma^4 k^2] + ik\mu$$

$$= -\frac{1}{2\sigma^2}(x' - i\sigma^2 k)^2 - \frac{1}{2}\sigma^2 k^2 + ik\mu$$

となるから，

$$\phi(k) = \frac{1}{\sqrt{2\pi\sigma^2}} \exp\left[-\frac{1}{2}\sigma^2 k^2 + ik\mu\right] \int_{-\infty}^{\infty} dx' \exp\left[-\frac{1}{2\sigma^2}(x' - i\sigma^2 k)^2\right]$$

が得られる．$z = \frac{1}{\sqrt{2\sigma^2}}(x' - i\sigma^2 k)$ とおくと

$$\int_{-\infty}^{\infty} dx' \exp\left[-\frac{1}{2\sigma^2}(x' - i\sigma^2 k)^2\right] = \sqrt{2\sigma^2} \int_{-\infty-i\epsilon}^{\infty-i\epsilon} e^{-z^2} dz$$

となる．ここで，$\varepsilon = \sigma^2 k / \sqrt{2\sigma^2}$ で，

$$\int_{-\infty-i\epsilon}^{\infty-i\epsilon} e^{-z^2} dz = \int_{-\infty}^{\infty} e^{-z^2} dz = \sqrt{\pi}$$

であることが容易にわかるので，

$$\phi(k) = \exp\left[-\frac{1}{2}\sigma^2 k^2 + ik\mu\right]$$

が求められる．なお，上の変形で用いた積分公式

$$\int_{-\infty}^{\infty} e^{-x^2} dx = \sqrt{\pi} \qquad (3.6)$$

は，正規分布の基礎となるものである（式の導出については，オンライン補遺参照）．

正規分布では，歪度 $S = 0$ で，尖度 $K = 3$ となる（問 3.2 とする）．

また，キュムラントは，$n \geq 3$ では $C_n = 0$ となる．これは，

$$\log \phi(k) = i\mu k - \frac{1}{2}\sigma^2 k^2$$

となることと，式 (2.51) から容易に示される．

問 3.2 正規分布の歪度 $S = 0$ と尖度 $K = 3$ を示せ．

問 3.3 $n \geq 3$ のキュムラント C_n がすべてゼロである確率分布は，正規分布となるか答えよ．

n 個の確率変数 $X_1, X_2, \ldots, X_n$ の結合確率分布が **n 次元の正規分布**であるとは，結合確率密度関数が

$$f(x_1, x_2, \ldots, x_n) = \frac{\sqrt{|A|}}{(2\pi)^{n/2}} \exp\left[-\frac{1}{2}\sum_{i,j=1}^{n} a_{ij}(x_i - \mu_i)(x_j - \mu_j)\right] \qquad (3.7)$$

となる場合である．ここで，$A = (a_{ij})$ は正定符号の n 次対称行列である．ベクトル

表現 $\bm{x}=(x_1,x_2,\ldots,x_n)$, $\bm{\mu}=(\mu_1,\mu_2,\ldots,\mu_n)$ を用いると,

$$f(\bm{x}) = \frac{\sqrt{|A|}}{(2\pi)^{n/2}} \exp\left[-\frac{1}{2}\,{}^t(\bm{x}-\bm{\mu})A(\bm{x}-\bm{\mu})\right] \tag{3.8}$$

となる. A は,適当な直交行列 T によって対角化される.

$$T^{-1}AT = A' = \begin{pmatrix} \alpha_1 & & & \bm{0} \\ & \alpha_2 & & \\ & & \cdots & \\ \bm{0} & & & \alpha_n \end{pmatrix}, \quad {}^tTT = E$$

ここで, E は単位行列である. A が正定符号であるから, $\alpha_i>0\ (1\leq i\leq n)$ でなければいけない.

つぎに,

$$\bm{x} = \bm{\mu} + T\bm{x}'$$

とおくと, $d\bm{x}=||T||d\bm{x}'=d\bm{x}'$ である[1]. したがって,

$$\begin{aligned}
\int f(\bm{x})\,d\bm{x} &= \frac{\sqrt{|A|}}{(2\pi)^{n/2}} \int d\bm{x}' \exp\left[-\frac{1}{2}\,{}^t(T\bm{x}')A(T\bm{x}')\right] \\
&= \frac{\sqrt{|A|}}{(2\pi)^{n/2}} \int d\bm{x}' \exp\left[-\frac{1}{2}\,{}^t\bm{x}'\,{}^tTAT\bm{x}'\right] \\
&= \frac{\sqrt{|A|}}{(2\pi)^{n/2}} \int d\bm{x}' \exp\left[-\frac{1}{2}\,{}^t\bm{x}'A'\bm{x}'\right] = \frac{\sqrt{|A|}}{(2\pi)^{n/2}} \int d\bm{x}' \exp\left[-\frac{1}{2}\sum_{i=1}^n \alpha_i x_i'^2\right] \\
&= \frac{\sqrt{|A|}}{(2\pi)^{n/2}} \prod_{i=1}^n \int dx_i' \exp\left[-\frac{1}{2}\alpha_i x_i'^2\right] = \frac{\sqrt{|A|}}{(2\pi)^{n/2}} \left(\sqrt{\pi}\sqrt{\frac{2}{\alpha_i}}\right)^n = 1
\end{aligned}$$

となる. ここで, $|A|=\prod_{i=1}^n \alpha_i$ を用いた. 以上より, $f(\bm{x})$ が確率密度関数になっていることが確かめられる.

同様にして, 特性関数を求めてみよう.

$$\begin{aligned}
&\int f(\bm{x})\exp[i\bm{k}\cdot\bm{x}]d\bm{x} \\
&\quad = \frac{\sqrt{|A|}}{(2\pi)^{n/2}} \exp\left[-\frac{1}{2}\,{}^t(\bm{x}-\bm{\mu})A(\bm{x}-\bm{\mu})+i\bm{k}\cdot\bm{x}\right]
\end{aligned}$$

---

[1] $||T||$ は, 行列 T の行列式 $|T|$ の絶対値である.

$$= \frac{\sqrt{|A|}}{(2\pi)^{n/2}} \exp\left[-\frac{1}{2}\,{}^t(\bm{x}-\bm{\mu})A(\bm{x}-\bm{\mu}) + i\bm{k}\cdot(\bm{x}-\bm{\mu}) + i\bm{k}\cdot\bm{\mu}\right]$$

つぎに, $\bm{k} = T\bm{k}'$ とすると

$$\bm{k}\cdot(\bm{x}-\bm{\mu}) = {}^t(T\bm{k}')T\bm{x}' = {}^t\bm{k}'\,{}^tTT\bm{x}' = {}^t\bm{k}'\bm{x}'$$

となるから,

$$\int f(\bm{x})\exp[i\bm{k}\cdot\bm{x}]d\bm{x}$$

$$= \frac{\sqrt{|A|}}{(2\pi)^{n/2}} \int d\bm{x}' \exp\left[-\frac{1}{2}\,{}^t\bm{x}'A'\bm{x}' + i\bm{k}'\cdot\bm{x}' + i\bm{k}\cdot\bm{\mu}\right]$$

$$= \frac{\sqrt{|A|}}{(2\pi)^{n/2}} \exp[i\bm{k}\cdot\bm{\mu}] \int d\bm{x}' \exp\left[-\frac{1}{2}\sum_{i=1}^n \alpha_i x'^2_i + i\sum_{i=1}^n k'_i x'_i\right]$$

$$= \frac{\sqrt{|A|}}{(2\pi)^{n/2}} \exp[i\bm{k}\cdot\bm{\mu}] \int d\bm{x}' \exp\left[-\frac{1}{2}\sum_{i=1}^n \alpha_i \left(x'_i - \frac{k'_i}{\alpha_i}\right)^2 - \frac{1}{2}\sum_{i=1}^n \frac{k'^2_i}{\alpha_i}\right]$$

$$= \exp[i\bm{k}\cdot\bm{\mu}] \exp\left[-\frac{1}{2}\,{}^t\bm{k}'(A')^{-1}\bm{k}'\right]$$

$$= \exp[i\bm{k}\cdot\bm{\mu}] \exp\left[-\frac{1}{2}\,{}^t(T^{-1}\bm{k})(T^{-1}AT)^{-1}(T^{-1}\bm{k})\right]$$

となる. したがって,

$$\phi(\bm{k}) = \exp[i\bm{k}\cdot\bm{\mu}] \exp\left[-\frac{1}{2}\,{}^t\bm{k}A^{-1}\bm{k}\right] \tag{3.9}$$

が得られる. これから, 明らかに

$$E[\bm{X}] = \bm{\mu} \tag{3.10}$$

となっていることがわかる.

問 3.4 n 次元正規分布のキュムラント $C_{m_1 m_2 \ldots m_l}$ は, $|m_1| + |m_2| + \cdots + |m_l| \geq 3$ (3 次以上) の場合, ゼロとなることを示せ.

つぎに, 共分散を計算してみよう. $B = A^{-1} = (b_{ij})$ とおく. 式 (2.57) より,

$$C[X_i, X_j] = -\frac{\partial^2}{\partial k_i \partial k_j} \exp(-i\bm{k}\cdot\bm{\mu})\phi(\bm{k})\bigg|_{\bm{k}=0}$$

$$= -\frac{\partial^2}{\partial k_i \partial k_j} \exp\left[-\frac{1}{2} {}^t\boldsymbol{k} B \boldsymbol{k}\right]\Big|_{\boldsymbol{k}=0} = b_{ij}$$

となる．したがって，
$$C[X_i, X_j] = b_{ij} \tag{3.11}$$

が得られる．この結果から，$B = A^{-1}$ を**分散共分散行列**とよぶ．

正規分布における変数の独立性と，共分散との関係を調べてみよう．まず，$n=2$ に対する正規分布を考えてみる．確率密度関数は，$x'_i = x_i - \mu_i \, (i=1,2)$ とおくと

$$f(x_1, x_2) = \frac{\sqrt{|A|}}{2\pi} \exp\left[-\frac{1}{2}(a_{11}{x'_1}^2 + a_{12}x'_1 x'_2 + a_{21}x'_2 x'_1 + a_{22}{x'_2}^2)\right]$$

である．2次元では $|A| = a_{11}a_{22} - a_{12}a_{21}$ で，分散行列は

$$B = A^{-1} = \begin{pmatrix} a_{22}/|A| & -a_{12}/|A| \\ -a_{21}/|A| & a_{11}/|A| \end{pmatrix} \tag{3.12}$$

となる．式 (2.30), (2.59), (3.11) より，

$$\sigma_1^2 = \frac{a_{22}}{|A|}, \quad \sigma_2^2 = \frac{a_{11}}{|A|}, \quad C[X_1, X_2] = \rho[X_1, X_2]\sigma_1\sigma_2 = -\frac{a_{12}}{|A|}$$

となり，逆に，$\rho = \rho[X_1, X_2]$ とおいて

$$a_{11} = \frac{1}{(1-\rho^2)\sigma_1^2}, \quad a_{22} = \frac{1}{(1-\rho^2)\sigma_2^2}, \quad a_{12} = -\frac{\rho}{(1-\rho^2)\sigma_1\sigma_2} \tag{3.13}$$

が得られる（問 3.5 とする）．X_1 と X_2 の共分散は，A^{-1} の $(1,2)$ 成分で $a_{12} = a_{21}$ に比例する．したがって，2次元の場合は，X_1 と X_2 が互いに独立であれば，共分散および相関係数がゼロとなる．逆に，共分散または相関係数がゼロなら，X_1 と X_2 は互いに独立である．

問 3.5 式 (3.13) を導け．

つぎに，$n=3$ に対する確率密度関数は

$$\begin{aligned}f(x_1, x_2, x_3) = \frac{\sqrt{|A|}}{(2\pi)^{3/2}} \exp\Big[&-\frac{1}{2}(a_{11}{x'_1}^2 + a_{12}x'_1 x'_2 + a_{13}x'_1 x'_3 \\ &+ a_{21}x'_2 x'_1 + a_{22}{x'_2}^2 + a_{23}x'_2 x'_3 + a_{31}x'_3 x'_1 + a_{32}x'_3 x'_2 + a_{33}{x'_3}^2)\Big]\end{aligned}$$

である．指数部 $\times(-2)$ を変形すると，つぎのようになる．

$$a_{33}\left\{\left[x_3' + \left(\frac{a_{13}}{a_{33}}x_1' + \frac{a_{23}}{a_{33}}x_2'\right)\right]^2 - \left(\frac{a_{13}}{a_{33}}x_1' + \frac{a_{23}}{a_{33}}x_2'\right)^2\right\}$$
$$+ a_{11}{x_1'}^2 + 2a_{12}x_1'x_2' + a_{22}{x_2'}^2$$

さらに変形すると

$$a_{33}\left[x_3' + \left(\frac{a_{13}}{a_{33}}x_1' + \frac{a_{23}}{a_{33}}x_2'\right)\right]^2$$
$$+ \frac{a_{11}a_{33} - a_{13}^2}{a_{33}}{x_1'}^2 + 2\frac{a_{12}a_{33} - a_{13}a_{23}}{a_{33}}x_1'x_2' + \frac{a_{22}a_{33} - a_{23}^2}{a_{33}}{x_2'}^2$$

となる．X_1 と X_2 の周辺確率密度関数を求めるためには，確率密度関数を x_3 で $-\infty$ から ∞ まで積分するため，X_1 と X_2 が独立となるためには，

$$a_{12}a_{33} - a_{13}a_{23} = 0$$

が条件となることがわかる．これは，A^{-1} の $(1,2)$ 成分がゼロとなる条件，つまり $C[X_1, X_2] = 0$ と同じである．したがって，$n = 3$ の場合に対しても，$n = 2$ の場合と同様な結果が成り立つ．

問 3.6 X, Y は同じ確率分布に従う，平均値ゼロの，独立な確率変数とする．このとき，

$$\frac{E[(X-Y)^4]}{\{E[(X-Y)^2]\}^2} = \frac{3}{2} + \frac{1}{2}\frac{E[X^4]}{\{E[X^2]\}^2}$$

となることを示せ．さらに，X, Y が正規分布なら，右辺は 3 となることを示せ．

3.2 指数分布

指数分布の分布関数は，$\lambda > 0$ として

$$F(x) = \begin{cases} 1 - e^{-\lambda x} & (x \geq 0) \\ 0 & (x < 0) \end{cases} \tag{3.14}$$

である．確率密度関数は，

$$f(x) = \begin{cases} \lambda e^{-\lambda x} & (x \geq 0) \\ 0 & (x < 0) \end{cases} \tag{3.15}$$

で与えられる（図 3.1 参照）．特性関数は，

$$\phi(k) = \frac{\lambda}{\lambda - ik} \tag{3.16}$$

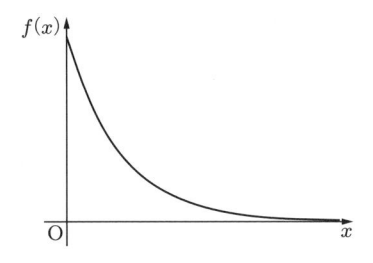

図 3.1 指数分布の確率密度関数

となる．

問 3.7 特性関数を利用して，指数分布の平均値と分散を求めよ．

指数分布もベルヌーイ試行と関係がある．練習問題 2.11 で，ベルヌーイ試行が k 回目に初めて成功する確率が，幾何分布

$$P(X=k) = q^{k-1}p$$

で与えられることを見た．ここで，p は成功の確率，$q=1-p$ である．これから，最初の成功が k 回目よりも後である確率は

$$\sum_{j=0}^{\infty} q^{k+j}p = q^k$$

となる．$p=\lambda\Delta x$ とおき，λ を有限値に保って，$\Delta x \to 0$ の極限を考える．$x=k\Delta x$ とおき，この極限で x を有限値にとどめると，$k\to\infty$ となることに注意する．したがって，

$$q^k = (1-\lambda\Delta x)^{x/\Delta x} \to e^{-\lambda x} \quad (\Delta x \to 0)$$

が得られる．これは，ある試行を続けて行ったときに時間 x まで成功しない確率で，式 (3.14) より，時間 x までに成功する確率分布は指数分布となる．

失敗という事象を機械・部品の故障と考えると，指数分布は時間 X の間の故障確率と対応付けられる．すなわち，$F(x)$ は時刻 $X=x$ で故障している確率であり，故障時間の分布関数となる．したがって，故障時間の期待値は

$$E[X] = \int_0^{\infty} x dF(x) = \int_0^{\infty} x\lambda e^{-\lambda x}dx = \frac{1}{\lambda}$$

で与えられる．

指数分布は，正規分布と比べると，分布のすそ野が広がっていることが特徴であり，流体運動で乱流状態での間欠性が強まると頻繁に観測される．図 3.2 に，風洞から出

た空気流を格子の間を通し,それによって生成された乱流の,主流速度方向 x の撹乱速度成分 u と,その時間微分 $\partial u/\partial x$ の確率密度分布(頻度分布)を示す.速度分布そのものは正規分布であるが,速度の時間微分は,指数分布に近い分布であることが見られる.なお,図 3.2(c) の破線は,$N(0,1)$ の確率分布を示す.

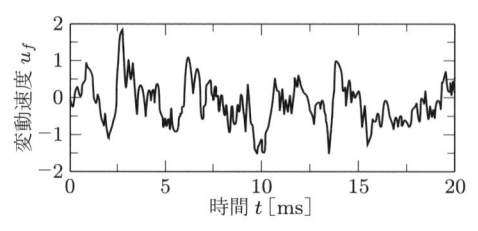

(a) 乱流撹乱速度 u の時間発展

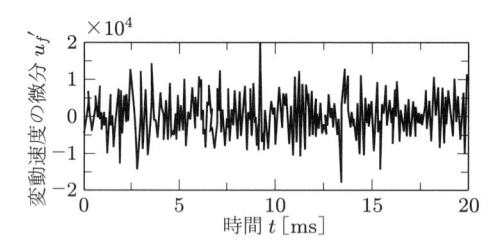

(b) 乱流撹乱速度の空間微分 $\partial u/\partial x$ の時間発展

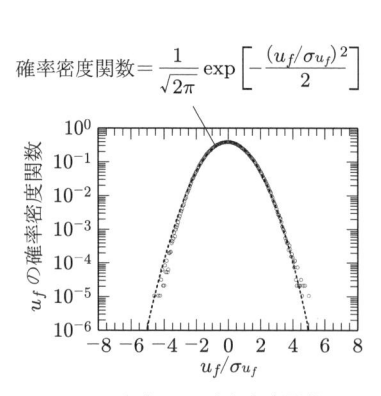

確率密度関数 $= \dfrac{1}{\sqrt{2\pi}} \exp\left[-\dfrac{(u_f/\sigma_{u_f})^2}{2}\right]$

確率密度関数 $= 5\exp\left[-2.4\dfrac{u_f'}{\sigma_{u_f'}}\right]$

確率密度関数 $= 2\exp\left[-1.8\dfrac{u_f'}{\sigma_{u_f'}}\right]$

(c) u の確率密度関数

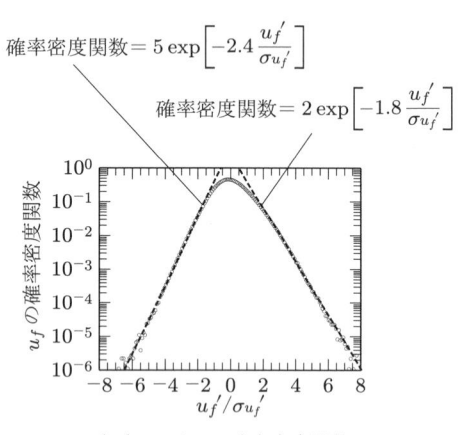

(d) $\partial u/\partial t$ の確率密度関数

図 3.2 乱流での指数分布の観測データ

3.3 コーシー分布

コーシー分布は**ローレンツ分布**ともよばれ，$\lambda > 0$ として，確率密度関数が

$$f(x) = \frac{\lambda}{\pi} \frac{1}{(x-\mu)^2 + \lambda^2} \tag{3.17}$$

で与えられる分布である（図 3.3 参照）．特性関数は

$$\phi(k) = \exp[-|k|\lambda + ik\mu] \tag{3.18}$$

である（問 3.8 とする）．

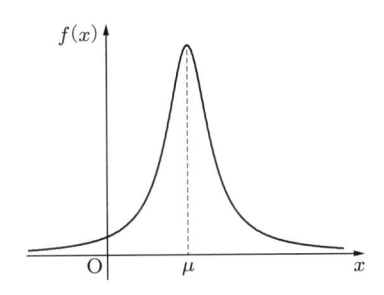

図 3.3 コーシー分布の確率密度関数

コーシー分布は，分布のすそ野が大変広いことが特徴である．それに伴って，$\phi(k)$ の $k = 0$ での微係数が存在しないことからもわかるように，モーメント M_n は $n \geq 1$ のとき存在しない．また，モーメント母関数も存在しない（問 3.9 とする）．コーシー分布は，物体に磁場をかけて応答を調べる核磁気共鳴 (NMR) による吸収線を測定した場合に，しばしば観測される．

問 3.8 複素積分の留数定理を利用して，コーシー分布の特性関数を求めよ．

問 3.9 コーシー分布のモーメント母関数が存在しないことを，直接母関数を積分計算で求めることによって示せ．

例題 3.2 確率密度関数が式 (3.17) で与えられるコーシー分布の平均が μ であることを示せ．

解 コーシー分布の確率変数 X について，

$$E[X] = \frac{\lambda}{\pi} \int_{-\infty}^{\infty} \frac{x}{(x-\mu)^2 + \lambda^2} dx = \frac{\lambda}{\pi} \int_{-\infty}^{\infty} \frac{x - \mu + \mu}{(x-\mu)^2 + \lambda^2} dx$$

$$= \frac{\lambda\mu}{\pi}\int_{-\infty}^{\infty}\frac{1}{t^2+\lambda^2}dt = \frac{\mu}{\pi}\int_{-\infty}^{\infty}\frac{1}{u^2+1}du = \mu$$

となる．ここで，$t = x - \mu$，$u = t/\lambda$ で，最後の積分は，$u = \tan\theta$ と変換するとよい．特性関数の微分で求められない平均値も，上の積分のような特異積分を用いると計算できる．なお，$E[1] = 1$ が自明であることを考慮すれば，わざわざ積分の計算をしなくても，$E[X] = \mu$ が得られる．

3.4 確率変数の変換

確率変数を変数変換すると，分布関数，確率密度関数はそれに従って変換される．最初に1次元（1変数）の問題を考えることにし，

$$Y = h^{-1}(X)$$

によって，確率変数が X から Y へと変換されたとする．最初に，連続的な値をとる確率変数について考える．Y に対する確率密度関数を $g(y)$ とすると，**確率保存則**

$$f(x)|dx| = g(y)|dy|$$

が成り立たなければいけないから，

$$g(y) = f(x)\left|\frac{dx}{dy}\right| = f(x)|h'(y)| = f(h(y))|h'(y)| \tag{3.19}$$

となる．つぎに，X が離散的な値のみをとるとする．$F(x)$ を分布関数とし，$F(x)$ は階段関数であるとする．Y の分布関数を $H(y)$ とすると，

$$H(y) = F(h(y)) \tag{3.20}$$

で与えられる．この変換に対応する特異部の変換は，$X = x_i$ $(Y = y_i)$ における確率を p_i とすると，F と H の $X = x_i$ $(Y = y_i)$ における不連続の大きさが等しい値 p_i となる．したがって，

$$\sum_{i=1}^{n}p_i\delta(x - x_i) = \sum_{i=1}^{n}p_i\delta(y - y_i)$$

となる．これから，特異部も含めた確率分布関数は

$$f(h(y))|h'(y)| + \sum_{i=1}^{n}p_i\delta(y - y_i) \tag{3.21}$$

となる．
　たとえば，$Y = aX$ で連続分布をもつ確率変数を変数変換すると，
$$g(y) = \frac{1}{|a|} f\left(\frac{y}{a}\right)$$
となる．特性関数は
$$E[e^{ikY}] = \int_{-\infty}^{\infty} \frac{1}{a} f\left(\frac{y}{a}\right) e^{iky} dy = \int_{-\infty}^{\infty} f(x) e^{ikax} dx = \phi_X(ak)$$
となる．

例題 3.3 $X = x$ のときの確率が
$$\phi(x) = e^{-\lambda} \frac{\lambda^x}{x!}$$
であるポアソン分布を考える．$Y = X^2$ で変数変換したときの確率分布を求めよ．

解 Y に対する確率分布は
$$\psi(y) = e^{-\lambda} \frac{\lambda^{\sqrt{y}}}{\sqrt{y}!}$$
となる．新しい確率変数の値は，$Y = 0, 1^2, 2^2, \ldots, m^2, \ldots$ をとる．

例 3.1　対数正規分布

　対数正規分布は，X が平均値 μ_X，分散 σ_X^2 の正規分布であるとき，変換
$$X = \log Y$$
で作られる y の確率分布である．Y の変域は，$(0, \infty)$ である．公式 (3.19) によれば，y の確率密度関数 $g(y)$ は
$$g(y) = f(h(y)) h'(y) = \frac{1}{\sqrt{2\pi}\sigma_X} \frac{1}{y} \exp\left[-\frac{(\log y - \mu_X)^2}{2\sigma_X^2}\right] \tag{3.22}$$
となる．$\lim_{y \to 0} g(y) = 0$ であることは，以下のようにしてわかる．
$$\lim_{y \to 0} \frac{1}{y} \exp\left[-\frac{(\log y - \mu_X)^2}{2\sigma_X^2}\right] = \lim_{y \to 0} \frac{1}{y} \exp\left[-\frac{(\log y)^2}{2\sigma_X^2}\right]$$
$y = e^z$ とおくと，上式の右辺は
$$\lim_{z \to -\infty} \exp\left[-\frac{z^2}{2\sigma_X^2}\right] e^{-z} = \lim_{z \to -\infty} \exp\left[-\frac{z^2}{2\sigma_X^2}\right] = 0$$

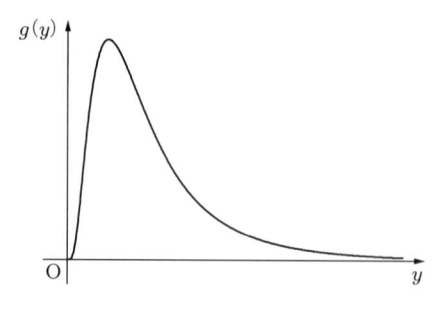

図 3.4 対数正規分布の確率密度関数

と計算できる．この結果をもとに，$g(y)$ のグラフを描くと，図 3.4 のようになる．

平均値 μ_Y は

$$E[Y] = \frac{1}{\sqrt{2\pi}\sigma_X} \int_0^\infty dy \exp\left[-\frac{(\log y - \mu_X)^2}{2\sigma_X^2}\right]$$
$$= \frac{1}{\sqrt{2\pi}\sigma_X} \int_{-\infty}^\infty dx e^x \exp\left[-\frac{(x - \mu_X)^2}{2\sigma_X^2}\right]$$

で計算され，初等的な計算によって

$$\mu_Y = E[Y] = \exp\left[\frac{1}{2}\sigma_X^2 + \mu_X\right] \tag{3.23}$$

となる（問 3.10 とする）．対数正規分布は，金融学（株価の変動比）や間欠性の強い乱流でよく用いられる．

問 3.10 式 (3.23) を求めよ．

例 3.2 χ^2 分布

χ^2 分布は，X が平均値 $\mu_X = 0$，分散 $\sigma_X^2 = 1$ の正規分布であるとき，変換

$$X^2 = Y$$

で作られる Y の確率分布である．Y の変域は $[0, \infty)$ であり，一つの Y の値に対して二つの X の値が対応するから，それを考慮しなければいけない．公式 (3.19) によれば，Y の確率密度関数 $g(y)$ は

$$g(y) = f(h(y))h'(y) = 2 \times \frac{1}{\sqrt{2\pi}}\frac{1}{2\sqrt{y}}\exp\left[-\frac{(\sqrt{y})^2}{2}\right]$$
$$= \frac{1}{\sqrt{2\pi}} y^{-1/2} e^{-y/2} \tag{3.24}$$

となる．これは，正確には自由度 1 の χ^2 分布とよばれる．**自由度 n の χ^2 分布**の確率密度関数は

$$g(y) = \frac{1}{2^{n/2}\Gamma\left(\dfrac{n}{2}\right)} y^{n/2-1} e^{-y/2} \tag{3.25}$$

で，統計的推論で中心的な役割を果たす．確率密度関数のグラフは，図 3.5 のようになる．

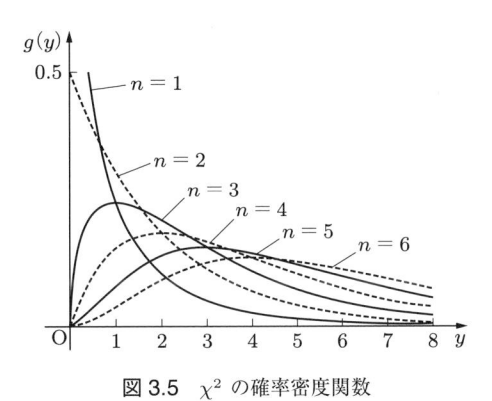

図 3.5 χ^2 の確率密度関数

例 3.3 対数ポアソン分布

対数ポアソン分布は，X がパラメータが λ のポアソン分布であるとき，変換

$$X = \log_\beta Y$$

で作られる Y の確率分布である．Y の変域は $1, \beta, \beta^2, \ldots$ である．公式 (3.20) によれば，Y の確率分布は，

$$P(Y = y) = \frac{\lambda^{\log_\beta y}}{(\log_\beta y)!} e^{-\lambda} = \frac{\lambda^{\log_\beta y}}{\Gamma(\log_\beta y + 1)} e^{-\lambda} \tag{3.26}$$

となる．対数ポアソン分布も，間欠性の強い乱流でよく用いられる．確率密度関数のグラフは，図 3.6 のようになる．

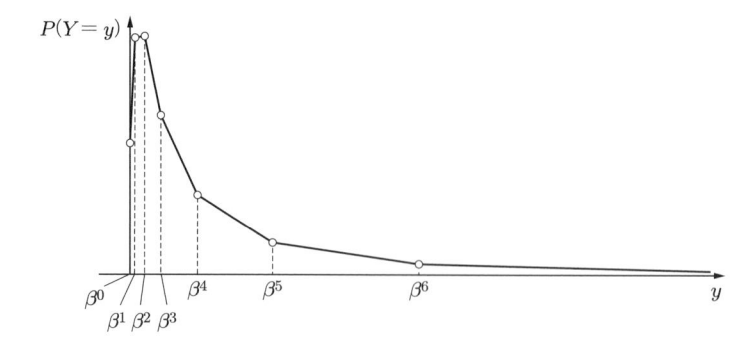

図 3.6 対数ポアソン分布の確率

つぎに，2次元（2変数）に対する変数変換を考える．結合確率密度関数が $f(x_1, x_2)$ である確率変数 X_1, X_2 が変数変換

$$X_1 = h_1(Y_1, Y_2), \quad X_2 = h_2(Y_1, Y_2) \tag{3.27}$$

によって確率変数 Y_1, Y_2 へと変換されたとする．このとき，Y_1, Y_2 の結合確率密度関数 $g(y_1, y_2)$ を求めてみよう．確率保存則より，

$$f(x_1, x_2) dx_1 dx_2 = g(y_1, y_2) dy_1 dy_2$$

が成り立たなければならない．また，

$$dx_1 dx_2 = \left\| \frac{\partial(x_1, x_2)}{\partial(y_1, y_2)} \right\| dy_1 dy_2 = \left\| \frac{\partial(h_1, h_2)}{\partial(y_1, y_2)} \right\| dy_1 dy_2$$

であるから，

$$g(y_1, y_2) = f(h_1(y_1, y_2), h_2(y_1, y_2)) \left\| \frac{\partial(h_1, h_2)}{\partial(y_1, y_2)} \right\| \tag{3.28}$$

が得られる．なお，上の2重縦線は，行列式の絶対値を意味する．

問 3.11 X_1 と X_2 の結合確率密度関数が $f(x_1, x_2)$ であるとき，$Y_1 = X_1 + X_2$，$Y_2 = X_1 - X_2$ の結合確率密度関数 $g(y_1, y_2)$ を求めよ．また，X_1 と X_2 が互いに独立で，共に $N(\mu, \sigma^2)$ に従うとき，Y_1 と Y_2 は互いに独立であることを示せ．

3.5 独立な確率変数の和

2.6節で，非負の整数値をとる確率変数に対して母関数を定義し，さらに，互いに独立な複数個の確率変数の和に対する母関数を計算した．ここでは，一般的な確率変数

の和に対する分布関数や確率密度関数を計算してみよう．X の分布関数を $F_X(x)$，Y の分布関数を $F_Y(y)$，X と Y は互いに独立であるとする．このとき，$Z = X + Y$ の分布関数を $F_Z(z)$ とすると，

$$\begin{aligned} F_Z(z) &= P(\{Z \leq z\}) = P(\{X + Y \leq z\}) \\ &= \int_{-\infty}^{\infty} P(\{X \leq z - y\}) P(\{y < Y \leq y + dy\}) \\ &= \int_{-\infty}^{\infty} P(\{X \leq z - y\}) [F_Y(y + dy) - F_Y(y)] \\ &= \int_{-\infty}^{\infty} P(\{X \leq z - y\}) dF_Y(y) = \int_{-\infty}^{\infty} F_X(z - y) dF_Y(y) \end{aligned}$$

となる．同様にして，

$$\begin{aligned} F_Z(z) &= \int_{-\infty}^{\infty} F_X(z - y) dF_Y(y) = \int_{-\infty}^{\infty} F_Y(z - x) dF_X(x) \\ &= F_X(x) * F_Y(y) \end{aligned} \tag{3.29}$$

が得られ，Z の分布関数は**合成積**で与えられる．確率密度関数を用いると

$$dF_X(x) = f_X(x) dx = f_X^{(n)}(x) dx + \sum_{i=1}^{n} p_i \delta(x - x_i) dx$$

$$dF_Y(y) = f_Y(y) dy = f_Y^{(n)}(y) dy + \sum_{i=1}^{m} q_i \delta(y - y_i) dy$$

であるから，特異部がなければ，

$$\begin{aligned} f_Z(z) &= \int_{-\infty}^{\infty} f_X(z - y) f_Y(y) dy = \int_{-\infty}^{\infty} f_X(x) f_Y(z - x) dx \\ &= f_X(x) * f_Y(y) \end{aligned} \tag{3.30}$$

で，特異部も含めると

$$\begin{aligned} &f_X^{(n)}(x) * f_Y^{(n)}(y) + \sum_{i=1}^{n} f_Y^{(n)}(z - x_i) p_i + \sum_{j=1}^{m} f_X^{(n)}(z - y_j) q_j \\ &+ \sum_{i=1}^{n} \sum_{j=1}^{m} p_i q_j \delta(z - x_i - y_j) \end{aligned} \tag{3.31}$$

となる．

Z に対する特性関数は，容易に計算される．

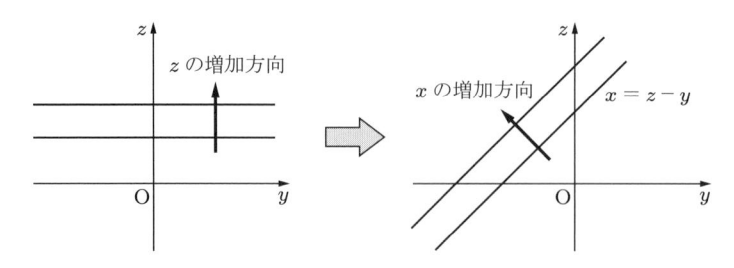

図 3.7 合成積の変数変換

$$E[e^{ikZ}] = \int_{-\infty}^{\infty} e^{ikz} dF_Z(z) = \int_{-\infty}^{\infty}\int_{-\infty}^{\infty} e^{ikz} dF_X(z-y) dF_Y(y)$$

図 3.7 に示すように変数変換を行うと，

$$\begin{aligned} E[e^{ikZ}] &= \int_{-\infty}^{\infty}\int_{-\infty}^{\infty} e^{ik(x+y)} dF_X(x) dF_Y(y) \\ &= \int_{-\infty}^{\infty} e^{ikx} dF_X(x) \int_{-\infty}^{\infty} e^{iky} dF_Y(y) \end{aligned}$$

となるから，X と Y の特性関数の積となる．

$$E[e^{ikZ}] = E[e^{ikX}]E[e^{ikY}] \tag{3.32}$$

独立な変数の和の分布が同じ種類の分布となるとき，その確率分布は**再生的である**という．本章で紹介したいくつかの分布が再生的であることを，以下の例で見る．

例 3.4 二項分布の再生性

X と Y が，特性関数が $(p^{ik}+q)^m, (p^{ik}+q)^n$ であるような独立な二項分布 $B(m,p)$，$B(n,p)$ にそれぞれ従うとすると，$Z = X+Y$ の特性関数は

$$E[e^{ikZ}] = (p^{ik}+q)^m (p^{ik}+q)^n = (p^{ik}+q)^{m+n}$$

となり，やはり，二項分布 $B(m+n,p)$ となる．

例 3.5 ポアソン分布の再生性

X と Y が，特性関数が $\exp\left[\lambda_1(e^{ik}-1)\right], \exp\left[\lambda_2(e^{ik}-1)\right]$ であるような独立なポアソン分布にそれぞれ従うとすると，$Z = X+Y$ の特性関数は

$$E[e^{ikZ}] = \exp\left[\lambda_1(e^{ik}-1)\right]\exp\left[\lambda_2(e^{ik}-1)\right] = \exp\left[(\lambda_1+\lambda_2)(e^{ik}-1)\right]$$

となり，やはり，ポアソン分布で，パラメータが $\lambda_1 + \lambda_2$ である．

例 3.6　正規分布の再生性

X と Y が，特性関数が $\exp\left[i\mu_X k - (1/2)\sigma_X^2 k^2\right]$, $\exp\left[i\mu_Y k - (1/2)\sigma_Y^2 k^2\right]$ であるような独立な正規分布にそれぞれ従うとすると，$Z = X + Y$ の特性関数は

$$E[e^{ikZ}] = \exp\left[i\mu_X k - \frac{1}{2}\sigma_X^2 k^2\right] \exp\left[i\mu_Y k - \frac{1}{2}\sigma_Y^2 k^2\right]$$

$$= \exp\left[i(\mu_X + \mu_Y)k - \frac{1}{2}(\sigma_X^2 + \sigma_Y^2)k^2\right]$$

となり，やはり，正規分布となる．平均値は $\mu_X + \mu_Y$ で，分散は $\sigma_X^2 + \sigma_Y^2$ である．この性質は，n 個の独立な確率変数の線形結合に拡張される．つまり，$X_1, X_2, \ldots, X_n$ が互いに独立な確率変数で正規分布に従うとき，それらの線形結合

$$S_n = \alpha_0 + \alpha_1 X_1 + \alpha_2 X_2 + \cdots + \alpha_n X_n$$

は，平均値が

$$E[S_n] = \alpha_0 + \alpha_1 E[X_1] + \alpha_2 E[X_2] + \cdots + \alpha_n E[X_n] \tag{3.33}$$

で，分散が

$$V[S_n] = \alpha_1^2 V[X_1] + \alpha_2^2 V[X_2] + \cdots + \alpha_n^2 V[X_n] \tag{3.34}$$

の正規分布となる．また，必ずしも正規分布でなく独立でもない任意の $X_1, X_2, \ldots, X_n$ に対して式 (3.33) が成立し，さらに，独立なら式 (3.34) が成立する．これは，式 (2.33)，(2.34) の拡張である．

3.6　安定分布

再生的に関連した概念として，**安定分布**という確率分布の種類がある．確率分布の特性関数を $\phi(k)$ とする．任意の $a_1, a_2 > 0$ に対して，$a > 0$ および実数 b があって，

$$\phi(a_1 k)\phi(a_2 k) = \phi(ak)e^{ibk} \tag{3.35}$$

となるとき，この分布を安定分布という．

最初に，関係式 (3.35) の意味を考えてみよう．$\phi(k)$ に対応する確率密度関数を $f(x)$ とすると，$\phi(ak)$ に対応する確率密度関数は，変数を $Y = aX$ とすると $1/a f(y/a)$ であるから，確率変数 Y の分布は，X の分布を確率変数を a 倍，確率密度を $1/a$ 倍したものである．また，$\phi(a_1 k)$ は $Y_1 = a_1 X_1$ の特性関数，$\phi(a_2 k)$ は $Y_2 = a_2 X_2$ の特性関数であり，$\phi(a_1 k)\phi(a_2 k)$ は $Y_1 + Y_2 = a_1 X_1 + a_2 X_2$ の特性関数である．一方，$\phi(ak)e^{ibk}$ は $aX + b$ の特性関数であり，これら両者が一致することを意味してい

る．これを下式のように表す．

$$a_1 X_1 + a_2 X_2 \stackrel{d}{=} aX + b$$

上式で，$\stackrel{d}{=}$ は，両辺の確率分布が一致していることを示す．なお，再生的な分布と安定分布はよく似た概念であるが，まったく同じものではないことに注意してほしい．

例 3.7　正規分布は安定分布である．

特性関数を $\phi(k) = \exp\left[ik\mu - \frac{1}{2}\sigma^2 k^2\right]$ とすると，

$$\phi(a_1 k)\phi(a_2 k) = \exp\left[ia_1 k\mu - \frac{1}{2}\sigma^2 a_1^2 k^2\right] \exp\left[ia_2 k\mu - \frac{1}{2}\sigma^2 a_2^2 k^2\right]$$
$$= \exp\left[i(a_1 + a_2)k\mu - \frac{1}{2}\sigma^2(a_1^2 + a_2^2)k^2\right]$$

となる．$a = \sqrt{a_1^2 + a_2^2}$, $b = \mu\left[a_1 + a_2 - \sqrt{a_1^2 + a_2^2}\right]$ とおくと

$$\phi(a_1 k)\phi(a_2 k) = \exp\left[iak\mu - \frac{1}{2}\sigma^2 a^2 k^2\right] e^{ibk}$$

となる．

例 3.8　コーシー分布は安定分布である．

特性関数を $\phi(k) = \exp[ik\mu - \lambda|k|]$ とすると

$$\phi(a_1 k)\phi(a_2 k) = \exp[ia_1 k\mu - \lambda a_1 |k|]\exp[ia_2 k\mu - \lambda a_2 |k|]$$
$$= \exp[i(a_1 + a_2)k\mu - \lambda(a_1 + a_2)|k|]$$

となる．$a = a_1 + a_2$, $b = 0$ とおくと

$$\phi(a_1 k)\phi(a_2 k) = \exp[iak\mu - \lambda a|k|] e^{ibk}$$

となる．

例 3.9　ポアソン分布は安定分布でない．

特性関数を $\exp[\lambda(e^{ik} - 1)]$ とすると，任意の $a_1, a_2 > 0$ に対して

$$\exp[\lambda(e^{ika_1} - 1)]\exp[\lambda(e^{ika_2} - 1)] = \exp[\lambda(e^{ika} - 1)]\exp[ibk]$$

となるような $a > 0$ および実数 b が存在しなければいけない．両辺の対数をとると

$$\lambda(e^{ika_1} + e^{ika_2} - e^{ika}) = \lambda + ibk$$

が得られる．実部と虚部をとると

$$\cos ka_1 + \cos ka_2 = \cos ka + 1$$
$$\sin ka_1 + \sin ka_2 = \sin ka + \frac{bk}{\lambda}$$

となる．$|\cos ka| \leq 1$ となるためには

$$0 \leq \cos ka_1 + \cos ka_2 \leq 2$$

でなければいけないが，任意の a_1, a_2 に対しては満足されない．

つぎに，安定分布を含むものとして，**無限分解可能である**とよばれる分布の種類があり，詳しく研究されている（参考文献 [3] II 参照）．確率分布の特性関数を $\phi(k)$ とすると，その分布が無限分解可能であるとは，任意の正整数 n に対してある分布が存在して，その特性関数 $\phi_n(k)$ が

$$\phi(k) = [\phi_n(k)]^n \tag{3.36}$$

を満たすことである．

安定分布が無限分解可能であることは容易に証明される．$\phi(k)$ を安定分布の特性関数とすると，任意の $a_1, a_2 > 0$ に対して，$A_2 > 0$ および実数 B_2 が存在して，

$$\phi(a_1 k)\phi(a_2 k) = \phi(A_2 k)e^{iB_2 k}$$

となる．つぎに，任意の $a_3 > 0$ に対して

$$\phi(a_1 k)\phi(a_2 k)\phi(a_3 k) = \phi(A_2 k)\phi(a_3 k)e^{iB_2 k}$$

となるが，$A_3 > 0$ および実数 B'_2 が存在して，

$$\phi(A_2 k)\phi(a_3 k) = \phi(A_3 k)e^{iB'_2 k}$$

が成立する．$B_3 = B'_2 + B_2$ とおくと

$$\phi(a_1 k)\phi(a_2 k)\phi(a_3 k) = \phi(A_3 k)e^{iB_3 k}$$

となる．これを繰り返すと，$A_n > 0$ および実数 B_n が存在して，

$$\phi(a_1 k)\phi(a_2 k)\cdots\phi(a_n k) = \phi(A_n k)e^{iB_n k}$$

が成立する．さらに，$a_1 = a_2 = \cdots = a_n = 1$ とおくと

$$[\phi(k)]^n = \phi(A_n k)e^{iB_n k} \tag{3.37}$$

となる．ここで，

$$\phi_n(k) = \phi\left(\frac{k}{A_n}\right)\exp\left[-\frac{iB_n k}{nA_n}\right]$$

とおくと

$$[\phi_n(k)]^n = \left[\phi\left(\frac{k}{A_n}\right)\right]^n \exp\left[-\frac{iB_n k}{A_n}\right]$$

となり，式 (3.35) を代入すると

$$[\phi_n(k)]^n = \phi(k)\exp\left[i\frac{B_n k}{A_n}\right]\exp\left[-\frac{iB_n k}{A_n}\right] = \phi(k)$$

が得られる．

　無限分解可能な分布の特性関数については詳しい研究がなされていて，**レヴィの表現**とよばれる式が得られている．安定分布に限れば，さらに精密な研究があり，安定分布は**安定分布の指数**とよばれる正数 $\alpha\,(0 < \alpha \leq 2)$ によって支配されている．それから，正規分布 $(\alpha = 2)$ とコーシー分布 $(\alpha = 1)$ の中間形の分布が求められる．

練習問題 3

3.1 正規分布 $N(\mu, \sigma^2)$ の平均値 μ のまわりの n 次中心モーメント

$$\mu_n = E[(X - \mu)^n]$$

を計算せよ．

3.2 コーシー分布のキュムラント $C_n\,(n \geq 1)$ が存在しないことを示せ．

3.3 対数正規分布に対して n 次のモーメント M_n を求めよ．

3.4 自由度 n の χ^2 分布の m 次のモーメント M_m を求めよ．

3.5 指数分布の歪度，尖度を求めよ．

3.6 アーラン分布（ガンマ分布）は，正整数 n，$\lambda > 0$ に対して確率密度関数が

$$f(x) = \begin{cases} \dfrac{\lambda^n}{(n-1)!}x^{n-1}e^{-\lambda x} & (x \geq 0) \\ 0 & (x < 0) \end{cases}$$

と定義される．X の期待値 $E[X]$ を求めよ．

3.7 ワイブル分布は，$\alpha, \lambda > 0$ に対して確率密度関数が

$$f(x) = \begin{cases} \alpha\lambda x^{\alpha-1} e^{-\lambda x^\alpha} & (x \geq 0) \\ 0 & (x < 0) \end{cases}$$

と定義される．このとき，X^α は指数分布となることを示せ．

3.8 X が分散 σ^2，平均値 $\mu = 0$ の正規分布に従うとき，

$$E[e^X] = e^{\sigma^2/2}$$

となることを示せ．

3.9 正定符号 n 次対称行列 A の固有値を $\alpha_i\,(1 \leq i \leq n)$ とするとき，$|A| = \prod_{i=1}^n \alpha_i$ を示せ．

3.10 練習問題 3.9 と同じ行列 A に対して，

$$A'^{-1} = \begin{pmatrix} \alpha_1^{-1} & & & 0 \\ & \alpha_2^{-1} & & \\ & & \ddots & \\ 0 & & & \alpha_n^{-1} \end{pmatrix}$$

となることを示せ．

3.11 X が区間 $[-1,1]$ で一様分布であるとき，$Y = X^4$ の確率密度関数を求めよ．

3.12 X が区間 $[-1,1]$ で確率密度関数 $f(x)$ をもつとき，$Y = X^2 - 2X$ の確率密度関数 $g(y)$ 求めよ．

3.13 X_1 と X_2 が $N(0,\sigma^2)$ に従う確率変数のとき，$Y = X_1^2 + X_2^2$ と $Z = X_2/X_1$ は互いに独立であることを示せ．

3.14 X_1 と X_2 が $N(0,\sigma^2)$ に従う確率変数のとき，

$$Y = \sqrt{X_1^2 + X_2^2}, \quad Z = \tan^{-1} X_2/X_1$$

の結合確率密度関数を求めよ．つぎに，Y と Z の確率密度関数を求めよ．

3.15 X, Y が独立な確率変数で区間 $[0,1]$ で一様分布に従うとき，$Z = \sqrt{1/X}Y^2$ はどのような分布に従うか．

3.16 練習問題 2.11 で，ベルヌーイ試行において k 回目の試行で初めて成功する確率が，幾何分布

$$P(X = k) = q^{k-1} p$$

に従うことが示された．

$$k \cdot \Delta t = t, \quad p = \lambda \cdot \Delta t$$

とおき，$\Delta t \to 0$, $k \to \infty$, $p \to 0$ の極限をとるとする．このとき，時間 s が $s \geq t$

を満足したとき初めて成功する確率が,指数分布
$$P(X \geq t) = e^{-\lambda t}$$
となることを示せ.

3.17 長さ l の線分に,$n-1$ 個の分点を無作為に入れ,長さ $x_1, x_2, \ldots, x_n$ なる n 個の小部分に分割する.それらの線分の長さは指数分布に従うことを示せ.

3.18 バスの待ち時間が,パラメータが λ [1/分] の指数分布に従うとする.このとき,すでに t 分待った条件下で,さらに時間 s 分待ってもバスが来ない確率は,t 分待たなかった場合の条件付きでない確率に等しいことを示せ.[ヒント:練習問題 1.18]

3.19 確率密度関数が
$$f(x) = \begin{cases} \lambda \exp[-\lambda x] & (x \geq 0) \\ 0 & (x < 0) \end{cases}$$
で与えられる指数分布の n 回の合成積 $f * f * \cdots * f$ を求めよ.その結果から,$X_1, X_2, \ldots, X_n$ が独立で,すべてパラメータが λ の同じ指数分布に従うとき,$X = X_1 + X_2 + \cdots + X_n$ は,$k = n$ に対するアーラン分布(練習問題 3.6)に従うことを示せ.

3.20 X_1, X_2 が独立で,それぞれパラメータが λ_1, λ_2 ($\lambda_1 \neq \lambda_2$) の指数分布に従うとき,$X = X_1 + X_2$ はどのような分布に従うか,確率密度関数を計算せよ.これから,指数分布は再生的でないことがわかる.

3.21 $Y_1, Y_2, \cdots, Y_n$ が互いに独立で,確率密度関数が式 (3.24) で与えられる自由度 1 の χ^2 分布であるとする.このとき,
$$Z = Y_1 + Y_2 + \cdots + Y_n$$
は確率密度関数が式 (3.25) である自由度 n の χ^2 分布となることを,数学的帰納法によって示せ.[ヒント:以下の公式
$$\int_0^1 (1-u)^{\alpha-1} u^{\beta-1} du = \frac{\Gamma(\alpha)\Gamma(\beta)}{\Gamma(\alpha+\beta)}, \quad \Gamma\left(\frac{1}{2}\right) = \sqrt{\pi}$$
を用いよ.]

3.22 X が正規分布 $N(0,1)$,Y が自由度 n の χ^2 分布に従うとする.このとき,$Z = \dfrac{X}{\sqrt{Y/n}}$ の確率密度関数を求めよ.これは,**自由度 n の t 分布**とよばれ統計学で重要である[ヒント:以下の公式
$$\int_0^\infty e^{-ax} x^\alpha dx = \frac{\Gamma(\alpha+1)}{a^{\alpha+1}}$$
を用いよ.]

第4章

極限定理

　本章では,最初に,確率変数の収束について,比較的数学的な議論を行う.続いて,確率の数学的議論の中心的役割を占める二つの極限定理,「大数の定理」と「中心極限定理」の証明を行う.この二つの定理は,数学的に重要であるばかりでなく,確率を現実問題へ適用できることを「保証したり」,「容易にしたり」するために欠くことのできないものである.また,大数の法則からずれる度合いを示す「大偏差値定理」,また,逆の方向への法則「小数の定理」についても解説する.最後に,量子統計ではない古典統計力学への確率の応用について説明し,限定した内容であるが,乱流現象への確率の適用について,説明を試みる.

4.1 確率分布の収束

　2.1 節で説明したように,確率変数 X は標本空間上の標本点 ω の関数である.たとえば,サイコロを投げたときの目を確率変数 $X(\omega)$ としたとき,ω はある目が出たという事象を示す標本空間上の点である.確率論では,常に確率変数,標本空間,さらに確率(標本空間上の加法的集合関数)がセットとなっている.ここで,試行を無限に繰り返す場合を考えてみる.n 回目までの試行から,たとえば,算術平均によって得られる確率変数 X_n を考えてみよう.X_n に付随する標本点 ω があり,さらに分布関数が対応している.したがって,無限回の試行の極限的状態に対応する,確率変数列 $\{X_n(\omega)\}$ の $n \to \infty$ での収束を考えるとき,常に確率(分布関数)の収束が同時に進行していることを考慮しなければならない.

　最初に,確率の収束において基礎となる**チェビシェフの不等式**を説明する.確率変数 X の確率分布を P とし,平均値を μ,分散を σ^2 とする.このとき,任意の $\varepsilon > 0$ に対して

$$P(|X - \mu| \geq \varepsilon) \leq \frac{\sigma^2}{\varepsilon^2} \tag{4.1}$$

が成り立つ.証明は,分布関数を $F(x)$ とすると

$$\sigma^2 = \int_{-\infty}^{\infty} (x-\mu)^2 \, dF(x) = \left(\int_{|x-\mu| \geq \varepsilon} + \int_{|x-\mu| < \varepsilon} \right) (x-\mu)^2 \, dF(x)$$
$$\geq \int_{|x-\mu| \geq \varepsilon} (x-\mu)^2 \, dF(x) \geq \varepsilon^2 P(|X - \mu| \geq \varepsilon)$$

となることから容易に示される.チェビシェフの不等式を一般化したものに,**マルコ**

フの不等式がある．$\psi(x) \geq 0$ を x の連続関数として

$$P(\psi(X) \geq \varepsilon^2) \leq \frac{E[\psi(X)]}{\varepsilon^2} \tag{4.2}$$

である．式 (4.2) は

$$E[\psi(X)] = \int_{-\infty}^{\infty} \psi(x)\,dF(x) = \left(\int_{\psi(x) \geq \varepsilon^2} + \int_{\psi(x) < \varepsilon^2} \right) \psi(x)\,dF(x)$$
$$\geq \int_{\psi(x) \geq \varepsilon^2} \psi(x)\,dF(x) \geq \varepsilon^2 P(\psi(X) \geq \varepsilon^2)$$

より証明される．

確率における収束は，確率変数 $X(\omega)$ の収束，その分布関数 $F(x)$ の収束など多様な面から調べることができる．**法則収束**とよばれる分布関数の収束は，最も広い範囲，すなわち，最も緩やかな条件下で成立する．

> **定義 4.1 法則収束**　　確率変数 X_n の分布関数を $F_n(x)$，確率変数 X の分布関数を $F(x)$ とすると，X_n が X に法則収束するとは，以下のようになることである．
> $$\lim_{n \to \infty} F_n(x) = F(x) \tag{4.3}$$

$F_n(x)$ に対応する確率密度関数 $f_n(x)$ が存在するとき，$F(x)$ に対応する確率密度関数 $f(x)$ が存在して，

$$\lim_{n \to \infty} f_n(x) = f(x) \tag{4.4}$$

となる．

つぎに，確率変数自身の収束に関連した収束条件を調べてみる．

> **定義 4.2 確率収束**　　任意の $\varepsilon > 0$ に対して
> $$\lim_{n \to \infty} P(|X_n - X| > \varepsilon) = 0 \tag{4.5}$$
> が成り立つとき，X_n は X に**確率収束**するという．

> **定理 4.1**　　確率収束すれば法則収束する．

証明　　まず，

$$P(|X_n - X| > \varepsilon) = p_n \quad (\varepsilon > 0)$$

とすると，

$$p_n \to 0 \quad (n \to \infty)$$

となる．つぎに，

$$\begin{aligned} F_n(x) &= P(X_n \leq x) \\ &= P(\{X_n \leq x\} \cap \{X \leq x+\varepsilon\}) + P(\{X_n \leq x\} \cap \{X > x+\varepsilon\}) \end{aligned}$$

である．一方，区間 $[X_n, X]$ が区間 $[x, x+\varepsilon]$ を含んでいれば

$$\{X_n \leq x\} \cap \{X > x+\varepsilon\} \subset \{|X_n - X| > \varepsilon\}$$

であるから，

$$F_n(x) \leq F(x+\varepsilon) + p_n$$

となる．また，

$$\begin{aligned} F(x-\varepsilon) &= P(X \leq x-\varepsilon) \\ &= P(\{X \leq x-\varepsilon\} \cap \{X_n > x\}) + P(\{X \leq x-\varepsilon\} \cap \{X_n \leq x\}) \\ &\leq p_n + F_n(x) \end{aligned}$$

が成り立つので，これらから以下の式が得られる．

$$F(x-\varepsilon) - p_n \leq F_n(x) \leq F(x+\varepsilon) + p_n$$

確率収束していることから $p_n \to 0$ であり，したがって，$F(x)$ の連続点で

$$\lim_{n \to \infty} F_n(x) = F(x)$$

となる． □

定義 4.3 **平均 2 乗収束**は，期待値に基づく収束条件で

$$\lim_{n \to \infty} E[(X_n - X)^2] = 0 \tag{4.6}$$

で定義される．

マルコフの不等式 (4.2) で，$\psi(X) = (X_n - X)^2$ とおくと

$$P((X_n - X)^2 \geq \varepsilon^2) \leq \frac{E[(X_n - X)^2]}{\varepsilon^2}$$

が得られるので，平均2乗収束すれば，確率収束することがわかる．

最後に，**ほとんど確実な収束**とよばれる収束がある．これは，**概収束**あるいは**確率1で収束**ともいわれ，

$$\lim_{n \to \infty} X_n = X \quad (\text{a.e.} \ \omega) \tag{4.7}$$

と表される．a.e. は almost everywhere の略で，日本語では「ほとんど至る所」という．これは，「ω の標本空間での確率測度ゼロの集合を除いて」という意味であり，数学的にやや厳密ではないが，以下に定義を与える．

定義 4.4　ほとんど確実な収束

$$P\left(\lim_{n \to \infty} X_n = X\right) = 1 \tag{4.8}$$

が成り立つとき，X_n は X にほとんど確実に収束するという．

この定義の意味は，集合としては起こることはあり得るが，その確率としての測度は 0 であるため，決して観測されないという意味である．ほとんど確実に収束すれば確率収束するのは明らかである（問 4.1 とする）．また，概収束は平均2乗収束とよく似ているが，同値ではない．

以上の結果から，四つの収束の関係は図 4.1 のようになる．また，ルベーグ積分の定理より，X_n が X に確率収束する，すなわち，

$$\lim_{n \to \infty} P(|X_n - X| > \varepsilon) = 0$$

が成り立つなら，X_n の適当な部分列 $X_{n'}$ をとることにより，その部分列が X にほとんど確実に収束する．つまり，

$$\lim_{n' \to \infty} X_{n'} = X \quad (\text{a.e.} \ \omega) \tag{4.9}$$

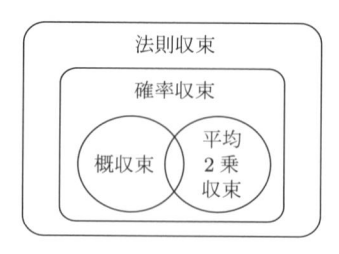

図 4.1　四つの収束条件の関係

となることが知られている．

問 4.1 ほとんど確実に収束すれば確率収束することを，背理法を使って証明せよ．

例 4.1 正規分布をとる無限個の確率変数の和

X_n $(n = 1, 2, \ldots)$ を無限個の互いに独立な確率変数とし，それらは正規分布であるとする．3.5 節例 3.6 の正規分布の再帰性より，X_i $(1 \leq i \leq n)$ の和 $S_n = \sum_{k=1}^{n} X_k$ は正規分布となる．このとき，$n \to \infty$ の極限

$$S = \lim_{n \to \infty} S_n = \lim_{n \to \infty} \sum_{k=1}^{n} X_k$$

が法則収束すれば，S も正規分布で，平均値と分散はそれぞれ

$$E[S] = \sum_{k=1}^{\infty} E[X_k], \quad V[S] = \sum_{k=1}^{\infty} V[X_k]$$

である．証明は省略するが，素朴に考えれば明らかであろう．

4.2 大数の法則

必ずしも互いに独立でない n 個の確率変数 X_i があって，その和を S_n

$$S_n = X_1 + X_2 + \cdots + X_n$$

とし，

$$Q_n = \frac{S_n}{n} = \frac{X_1 + X_2 + \cdots + X_n}{n}$$

とする．S_n の分散 $V[S_n]$ が

$$\lim_{n \to \infty} \frac{V[S_n]}{n^2} = 0$$

となるとき，$n \to \infty$ のときの Q_n の極限を調べてみる．S_n の平均値を M_n とする．

$$M_n = \sum_{i=1}^{n} E[X_i] = E[S_n]$$

すると，Q_n の平均値は M_n/n で，分散は，$V[S_n]/n^2$ となる．チェビシェフの不等式より，

$$P\left(\left|Q_n - \frac{M_n}{n}\right| \geq \varepsilon\right) \leq \frac{1}{\varepsilon^2} \frac{V[S_n]}{n^2} \tag{4.10}$$

となる．したがって，Q_n は，$n \to \infty$ のとき，単位分布 $\delta(x - \lim_{n \to \infty} M_n/n)$ に確率収束する．これを**大数の弱法則**（単に大数の法則）という．

> **定理 4.2　大数の弱法則**　　任意の $\varepsilon > 0$ に対して $n > 0$ が存在して，
> $$P\left(\left|Q_n - \frac{M_n}{n}\right| \geq \varepsilon\right) \leq \frac{1}{\varepsilon^2}\frac{V[S_n]}{n^2}$$
> が成り立つ．

大数の弱法則の証明は，

1. $\{X_n\}$ が互いに独立で，分散が一様に有界な場合
2. $\{X_n\}$ が互いに独立で同じ分布をもち，平均値が有限な場合

にも拡張することが可能である．

なお，同じ条件下で，**大数の強法則**も得られている．ここでは証明を省くが，結果だけを述べると，$Q_n - M_n/n$ は，$n \to \infty$ で，単位分布 $f(x) = \delta(x)$ に，ほとんど確実に収束するという内容である．正確には，つぎのような定理になる．

> **定理 4.3　大数の強法則**　　任意の $\varepsilon > 0$，$\delta > 0$ に対して $N > 0$ が存在して，
> $$P\left(\bigcap_{r=1}^{\infty}\bigcap_{n=N}^{N+r}\left\{\left|Q_n - \frac{M_n}{n}\right| < \varepsilon\right\}\right) > 1 - \delta \tag{4.11}$$
> が成り立つ．

なお，ほとんど確実に収束すれば確率収束するので，強法則が成り立てば，弱法則が成立する．

大数の法則は，ある確率分布をもつ確率変数があったとき，何回も試行を繰り返して算術平均をとれば，それが真の平均値に近づくことを理論的に証明したものである．

例 4.2　ベルヌーイ試行

ベルヌーイ試行において，確率変数 X_n を n 回目の試行において，表が出たら 1，裏が出たら 0 の値をとる確率変数とする．すると，$S_n = X_1 + X_2 + \cdots + X_n$ は n 回の試行で表の出る回数となる．したがって，表の出る確率を p，裏の出る確率を q とすると，S_n は二項分布

$$P(S_n = x) = {}_n\mathrm{C}_x p^x q^{n-x} = \frac{n!}{x!(n-x)!}p^x q^{n-x}$$

に従う．$E[S_n] = np$，$V[S_n] = npq$ であるから，

$$\lim_{n\to\infty}\frac{V[S_n]}{n^2} = 0$$

が成り立ち，大数の法則が適用可能なので，

$$Q_n = \frac{S_n}{n} = \frac{X_1 + X_2 + \cdots + X_n}{n}$$

とすると，$E[Q_n] = np/n = p$ だから，任意の $\varepsilon > 0$ に対して

$$\lim_{n \to \infty} P(|Q_n - p| \geq \varepsilon) = 0$$

が得られる．これは，1.4.3 項で説明した内容の，より数学的な証明で，ベルヌーイ試行において試行回数 n を十分に大きくすれば，X_n の算術平均の値が p からはずれる確率が，非常に小さくなることを示している．また，これは，1.4.3 項で説明した，Q_n の値の分布が n が十分大きいとき，X_n の算術平均 p 周辺で鋭いピークをもつことに対応している．

ベルヌーイ試行では大数の強法則が成り立つので，試行回数 n の十分大きいベルヌーイ試行の確率変数 Q_n は，平均値 p の単位分布に近づくことがわかる．これは，n を大きくして Q_n の値を追いかけたとき，そのばらつきが p の近傍へ収束していく現象に対応している．図 4.2 に，$p = 2/3$ の場合のベルヌーイ試行における，Q_n の n を増加したときの変化（$n = 10000$ まで）のデータを示すが，漸近値 2/3 に非常に緩やかに近づいていく様子がわかる．

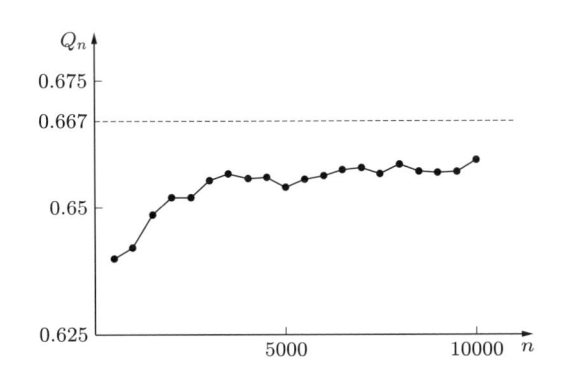

図 4.2 Q_n の n を大きくしていったときの変化 ($p = 2/3$)

ベルヌーイ試行に対する大数の法則を，特性関数を用いて証明すると，つぎのようになる．式 (2.41) より，S_n の特性関数は $\phi(k) = (pe^{ik} + q)^n$ である．したがって，S_n/n の特性関数 $\phi_n(k)$ は

$$\phi_n(k) = (pe^{ik/n} + q)^n$$

となるので，両辺の対数

$$\log \phi_n(k) = n \log[1 + p(e^{ik/n} - 1)]$$

をとって，$n \to \infty$ の極限をとると

$$\lim_{n \to \infty} \log \phi_n(k) = \lim_{n \to \infty} np(e^{ik/n} - 1) = ikp$$

が得られ，平均値が p の単位分布となることがわかる．

例 4.3 ポアソン分布

互いに独立な n 個の確率変数 $X_1, X_2, \ldots, X_n$ が，パラメータが λ の同じポアソン分布に従っているとする．このとき，

$$Q_n = \frac{S_n}{n} = \frac{X_1 + X_2 + \cdots + X_n}{n}$$

の分布が $n \to \infty$ のとき，単位分布に近づくことを特性関数を用いて示す．式 (2.42) より，Q_n の特性関数は $\phi_n(k) = \exp[n\lambda(e^{ik/n} - 1)]$ である．両辺の対数

$$\log \phi_n(k) = n\lambda(e^{ik/n} - 1)$$

をとって，$n \to \infty$ の極限をとると

$$\lim_{n \to \infty} \log \phi_n(k) = \lim_{n \to \infty} n\lambda(e^{ik/n} - 1) = ik\lambda$$

が得られ，平均値が λ の単位分布となることがわかる．

4.3 中心極限定理

2.2 節において，ベルヌーイ試行が n 個の独立な確率変数の和として表されることを説明した．一方，ベルヌーイ試行の試行回数を非常に大きくすると，確率分布が正規分布 (1.14) によって近似されることもすでに述べた．このような現象は，多くの独立変数の和で与えられる確率変数に対して一般的に成立することが知られている．

互いに独立な n 個の確率変数 X_n があって，その和を S_n

$$S_n = X_1 + X_2 + \cdots + X_n$$

とし，

$$\frac{S_n - \{E[X_1] + E[X_2] + \cdots + E[X_n]\}}{\sqrt{n}}$$

の $n \to \infty$ の極限を考えると，大変興味深い結果が得られる．まず，$\{X_i\}$ が以下に

与えられるリンデベルグの条件を満足しているとする．

> **定義 4.5 リンデベルグの条件** $X_1, X_2, \ldots, X_n$ を，必ずしも同じ分布をもたない独立な確率変数列とし，$E[X_k] = \mu_k$ とする．各変数の分散 $V[X_k]$ は有限とし，
>
> $$V_n = V[X_1 + X_2 + \cdots + X_n] = V[X_1] + V[X_2] + \cdots + V[X_n]$$
>
> とおく．このとき，任意の $\varepsilon > 0$ に対して
>
> $$\frac{1}{V_n} \sum_{k=1}^{n} \int_{-\varepsilon\sqrt{V_n}}^{\varepsilon\sqrt{V_n}} (x - \mu_n)^2 dF_k(x) \to 1 \quad (n \to \infty) \tag{4.12}$$
>
> が成り立つことを，リンデベルグの条件が成立するという．

リンデベルグの条件 (4.12) が成立するとき，以下の**中心極限定理**が成り立つ．

> **定理 4.4 中心極限定理**
>
> $$\widetilde{Q}_n = \frac{X_1 + X_2 + \cdots + X_n}{\sqrt{V_n}} - \frac{\mu_1 + \mu_2 + \cdots + \mu_n}{\sqrt{V_n}}$$
>
> の確率分布は $n \to \infty$ で正規分布 $N(0,1)$ に近づく．$\widetilde{Q}_n$ の確率密度関数 $f_n(x)$ は
>
> $$\lim_{n \to \infty} f_n(x) = \frac{1}{\sqrt{2\pi}} \exp\left[-\frac{x^2}{2}\right] \tag{4.13}$$
>
> となる．

この定理は，確率論の中心的な話題である．ここでは，中心極限定理の本質的な内容を含む，最も簡単な場合に対して証明を行うことにする．

証明 $X_1, X_2, \ldots, X_n$ が互いに独立な確率変数で，同じ分布をもつとする．また，

$$E[X_i] = 0, \quad V[X_i] = 1 \quad (i = 1, 2, \ldots, n)$$

とする．このとき，

$$S_n = X_1 + X_2 + \cdots + X_n$$

とすると，S_n の平均値は 0 で，分散は n である．X_i の特性関数を $\phi(k)$ とすると，$S_n/\sqrt{n}$ の特性関数は

$$\phi^n\left(\frac{k}{\sqrt{n}}\right)$$

である．一方，

$$\phi(k) = \int_{-\infty}^{\infty} e^{ikx}\,dF(x) = \int_{-\infty}^{\infty}\left(1 + ikx - \frac{k^2}{2}x^2 + \cdots\right)dF(x)$$

となる．X_i の平均値が 0，分散が 1 であるから，$n \to \infty$ で

$$\phi^n\left(\frac{k}{\sqrt{n}}\right) \approx \left(1 - \frac{k^2}{2n}\right)^n$$

であり，両辺の対数をとって

$$n\log\phi\left(\frac{k}{\sqrt{n}}\right) \approx n\log\left(1 - \frac{k^2}{2n}\right) \approx -\frac{1}{2}k^2$$

が得られ，最後に

$$\phi^n\left(\frac{k}{\sqrt{n}}\right) \to e^{-k^2/2} \quad (n \to \infty)$$

となって，証明が終わる． □

定理 4.4（中心極限定理）は，X を $N(0,1)$ に従う正規分布として

$$\lim_{n\to\infty}\widetilde{Q}_n \stackrel{d}{=} X$$

となることを示している．

例 4.4　ポアソン分布に対する中心極限定理

互いに独立な n 個の確率変数 $X_1, X_2, \ldots, X_n$ が，パラメータが λ の同じポアソン分布に従っているとする．例 2.2 より，平均値，分散が共に λ であるから，

$$\widetilde{Q}_n = \frac{X_1 + X_2 + \cdots + X_n}{\sqrt{n\lambda}} - \frac{n\lambda}{\sqrt{n\lambda}}$$

の分布が $n \to \infty$ のとき，正規分布に近づくことを特性関数を用いて示す．式 (2.42) により，$\widetilde{Q}_n$ の特性関数 $\phi_n(k)$ は

$$\phi_n(k) = \exp[n\lambda(e^{ik/\sqrt{n\lambda}} - 1)] \times \exp[-ik\sqrt{n\lambda}]$$

である．両辺の対数

$$\log\phi_n(k) = n\lambda(e^{ik/\sqrt{n\lambda}} - 1) - ik\sqrt{n\lambda}$$

をとって，$n \to \infty$ の極限をとると

$$\lim_{n\to\infty} \log \phi_n(k) = \lim_{n\to\infty} \left[n\lambda(e^{ik/\sqrt{n\lambda}} - 1) - ik\sqrt{n\lambda} \right] = -\frac{1}{2}k^2$$

が得られ，正規分布 $N(0,1)$ となることがわかる．

例 4.5 指数分布に対する中心極限定理

指数分布に対して，中心極限定理が成り立つことを示す．互いに独立な n 個の確率変数 $X_1, X_2, \ldots, X_n$ がパラメータが λ の同じ指数分布に従っているとする．問 3.7 より，平均値は λ^{-1}，分散は λ^{-2} であるから，

$$\widetilde{Q}_n = \frac{X_1 + X_2 + \cdots + X_n}{\sqrt{n\lambda^{-2}}} - \frac{n\lambda^{-1}}{\sqrt{n\lambda^{-2}}}$$

の分布の $n \to \infty$ の極限を調べる．式 (3.16) により，$\widetilde{Q}_n$ の特性関数 $\phi_n(k)$ は

$$\phi_n(k) = \frac{1}{\left(1 - i\frac{k}{\sqrt{n\lambda^{-2}}}\lambda^{-1}\right)^n} \times \exp\left[-i\frac{nk}{\sqrt{n\lambda^{-2}}}\lambda^{-1}\right]$$

となる．両辺の対数

$$\log \phi_n(k) = -n \log\left(1 - i\frac{k}{\sqrt{n}}\right) - ik\sqrt{n}$$

をとって，$n \to \infty$ の極限をとると

$$\lim_{n\to\infty} \log \phi_n(k) = \lim_{n\to\infty} \left[-n\left(-i\frac{k}{\sqrt{n}} - \frac{i^2}{2}\frac{k^2}{n}\right) - ik\sqrt{n}\right] = -\frac{1}{2}k^2$$

が得られ，正規分布 $N(0,1)$ となることがわかる．

大偏差定理

大数の法則において，X_n が互いに独立で同じ分布に従うとする．このとき，$E[X_i] = \mu$ とすると，

$$Q_n = \frac{X_1 + X_2 + \cdots + X_n}{n}$$

は，$n \to \infty$ の極限で，1 点分布

$$f(x) = \delta(x - \mu)$$

に収束することが定理 4.2 によって示された．しかし，非常に大きくても有限の n の

値では，$X = \mu$ 以外の値をとる確率はゼロとはならない．この確率を計算する方法が，**大偏差定理**として知られている．たとえば，ベルヌーイ試行で試行回数を十分に大きくしたときは，正規分布 (1.14) で近似される．$\mu = p$ であるから，式 (1.15) より $\alpha = x > 0, \beta = \infty$ として

$$P\left(|Q_n - \mu| > \frac{\sqrt{pq}}{\sqrt{n}} x\right) \approx 2 \int_x^\infty \frac{1}{\sqrt{2\pi}} e^{-y^2/2} dy$$

が得られる．部分積分によって

$$\int_x^\infty e^{-y^2/2} dy = -\left[\frac{1}{y} e^{-y^2/2}\right]_x^\infty - \int_x^\infty \frac{1}{y^2} e^{-y^2/2} dy$$

となるから，もし $x \gg 1$ ($x \approx \sqrt{n}$) なら，

$$P\left(|Q_n - \mu| > \frac{\sqrt{pq}}{\sqrt{n}} x\right) \approx \frac{2}{\sqrt{2\pi} x} e^{-x^2/2}$$

となり，$(\sqrt{pq}/\sqrt{n})x = \varepsilon$ とおくと，

$$P(|Q_n - \mu| > \varepsilon) \approx \frac{\sqrt{2pq}}{\sqrt{\pi n} \varepsilon} \exp\left[-\frac{n\varepsilon^2}{2pq}\right] \tag{4.14}$$

が得られる．

このような結果は，任意の分布をもつ X_i に対して一般化することができる．

> **定理 4.5 大偏差定理** $X_1, X_2, \ldots, X_n$ を平均値 μ，分散 σ^2 の同じ分布をもつ確率変数とし，中心極限定理が成立するとする．n が十分に大きければ，
>
> $$P\left(\left|\frac{X_1 + X_2 + \cdots + X_n}{\sqrt{n\sigma^2}} - \frac{n\mu}{\sqrt{n\sigma^2}}\right| \leq \varepsilon\right) \approx \frac{1}{\sqrt{2\pi}} \int_{-\varepsilon}^{\varepsilon} \exp\left[-\frac{1}{2} x^2\right] dx$$
>
> が成り立つ．

この定理から，

$$P\left(\left|\frac{X_1 + X_2 + \cdots + X_n}{n} - \mu\right| > \varepsilon\right) \approx \frac{1}{\sqrt{2\pi}} \int_{|x| \geq \varepsilon \sqrt{n}/\sigma} \exp\left[-\frac{1}{2} x^2\right] dx \tag{4.15}$$

となって，一般の分布に対して，中心極限定理を利用することにより，平均値からのずれの評価が可能となる．

4.4 複合ポアソン分布とその極限

最初に，大数の法則ほど知られていないが，ポアソン分布の重要性を示す定理として，ポアソンの小数の法則を説明しよう．確率変数列 $\left\{X_1^{(n)}, X_2^{(n)}, \ldots, X_{p(n)}^{(n)}\right\}$ があり，$\lim_{n \to \infty} p(n) = \infty$ とする．$X_k^{(n)} = 0$ または 1 で，$X_1^{(n)}, X_2^{(n)}, \ldots, X_{p(n)}^{(n)}$ は互いに独立であるとする．ここで，$X_k^{(n)}$ に対応する事象は，$n \to \infty$ のときめったに発生しない希現象とし，

$$\underset{k=1,\ldots,p(n)}{\text{Max}} P(X_k^{(n)} = 1) \to 0 \quad (n \to \infty)$$

と仮定する．このとき，明らかに

$$\lim_{n \to \infty} P(X_k^{(n)} = 1) = 0$$

である．一方，多数回の試行を繰り返せば，確率の総和は有限値をとり，

$$\lim_{n \to \infty} \sum_{k=1}^{p(n)} P(X_k^{(n)} = 1) = \lambda \tag{4.16}$$

であるとすると，$X_n = \sum_{k=1}^{p(n)} X_k^{(n)}$ の分布は $n \to \infty$ の極限で，ポアソン分布

$$P_x = \frac{\lambda^x}{x!} e^{-\lambda}$$

に従うことが知られている（練習問題 4.8, 参考文献 [1] 27 章参照）．したがって，ポアソン分布は一般的に希現象と深いつながりがあることが理解される．1.4.5 項で，二項分布の極限としてポアソン分布が得られた例は，本定理の典型的な適用例である．なお，条件 (4.16) の代わりに，ほとんど確実に（確率測度ゼロの集合を除く ω に対して）$n \to \infty$ の極限で X_n が X に収束する

$$X_n \equiv \sum_{k=1}^{p(n)} X_k^{(n)} \to X \quad (\text{a.e.}\omega) \tag{4.17}$$

とすれば，X はポアソン分布に従う．このとき，ポアソン分布のパラメータ λ がつぎのように与えられる．

$$\lambda_n = \sum_{k=1}^{p(n)} P(X_k^{(n)} = 1) \quad (n = 1, 2, \ldots)$$

とおくと，数列 $\{\lambda_n\}$ は有界な部分列をもつことが示され，さらに，その部分列の収

束値が X のポアソン分布のパラメータ λ となることが知られている．

複合ポアソン分布は，ポアソン分布とほかの分布を組み合わせてできる新しい分布で，様々な分野に応用があるうえに，その極限が無限分解可能な分布となるという大変重要な性質をもっている．

$X_1, X_2, \ldots$ を独立な確率変数として，いずれも同じ分布関数 $F(x)$ をもっているとする．いま，

$$S_N = Y = X_1 + X_2 + \cdots X_N$$

とおく．ここで，N はポアソン分布

$$P(N = n) = g_n = e^{-\lambda} \frac{\lambda^n}{n!}$$

に従うとする．このとき，S_N の分布は

$$\begin{aligned} P(S_N \leq x) &= \sum_{n=0}^{\infty} P(N = n) P(X_1 + X_2 + \cdots X_n \leq x | N = n) \\ &= \sum_{n=0}^{\infty} P(N = n) P(X_1 + X_2 + \cdots X_n \leq x) \end{aligned}$$

となる．$P(X_1 + X_2 + \cdots + X_n \leq x)$ は $F(x)$ の n 回の合成積で表されるから，F_i を X_i に対する分布関数 $F(x)$ として

$$P(S_N \leq x) = \sum_{n=0}^{\infty} g_n (F_1 * F_2 * \cdots * F_n)$$

すなわち，

$$P(S_N \leq x) = \sum_{n=0}^{\infty} e^{-\lambda} \frac{\lambda^n}{n!} (F_1 * F_2 * \cdots * F_n) \tag{4.18}$$

で与えられる．複合ポアソン分布は，一定期間内の，電話の話し中時間の総和，障害保険額の総和などを表す．

複合ポアソン分布は，無限分解可能な分布となることが，以下のようにして証明される．X_i の分布 $F(x)$ の特性関数を $\xi(k)$，Y の分布の特性関数を $\eta(k)$ とすると，

$$\eta(k) = \sum_{n=0}^{\infty} e^{-\lambda} \xi^n(i) = \exp[\lambda(\xi(k) - 1)]$$

となる．したがって，

$$\eta(k) = \exp\left[\lambda \int_{-\infty}^{\infty} (e^{ikx} - 1) \right] dF(x)$$

となる．つぎに
$$\eta_n(k) = \exp\left[\frac{\lambda}{n}\int_{-\infty}^{\infty}(e^{ikx}-1)\right]dF(x)$$
とおくと，$\eta_n(k)$ は，ある複合ポアソン分布の特性関数で
$$\eta(k) = [\eta_n(k)]^n$$
となる．したがって，複合ポアソン分布は無限分解可能である．

逆に，任意の無限分解可能な分布は複合ポアソン分布の極限となっていることが示される．$\phi(k)$ を与えられた無限分解可能な確率分布の特性関数とし，$[\phi(k)]^{1/n}$ の分布を $F_n(x)$ とする．$h_n(k)$ を
$$h_n(k) = n\left\{[\phi(k)]^{1/n} - 1\right\} = n\int_{-\infty}^{\infty}(e^{ikx}-1)\,dF_n(x)$$
と定義する．このとき，明らかに，$\exp[h_n(k)]$ はある複合ポアソン分布の特性関数となる．すると，$n\to\infty$ の極限で
$$\log\phi(k) = n\left\{[\phi(k)]^{1/n} - 1\right\} + O\left(\frac{1}{n}\right) = h_n(k) + O\left(\frac{1}{n}\right)$$
となる．したがって，
$$\phi(k) = \lim_{n\to\infty}\exp[h_n(k)]$$
が成り立つので，任意の無限分解可能な分布は複合ポアソン分布の極限となっていることが示された．

詳しい説明は省略するが，一般に，独立な確率変数の和の個数を無限にした極限に関して，安定分布の定義を考慮すれば，つぎのような定理が成り立つことがわかる．

定理 4.6 $X_1, X_2, \ldots$ を同じ分布をもつ独立な確率変数とする．適当な $A_n > 0$ と実数 $\widetilde{B}_n$ によって，$n\to\infty$ のとき
$$Q_n = \frac{X_1 + X_2 + \cdots + X_n}{A_n} - \widetilde{B}_n$$
が法則収束すれば，極限分布は安定分布となり，したがって，無限分解可能である．

ここで注意すべき点は，上の定理では収束は仮定されていて，中心極限定理のような収束の証明は行っていない点である．もし，$X_1, X_2, \ldots$ が同じ安定分布をもつ独立な確率変数なら，以下の定理が成立する（参考文献 [3] II 参照）．適当な $A_n > 0$ と実数 B_n によって，任意の $n > 0$ に対して

$$S_n = X_1 + X_2 + \cdots + X_n \stackrel{d}{=} A_n X + B_n$$

となったとすると，$A_n = n^{1/\alpha}$ で，α は安定分布の指数である．n は任意の値をとることができ，$0 < \alpha \leq 2$ より，$1/\alpha \geq 1/2$ となるから，この点で，中心極限定理の拡張となっている．

4.5 古典統計力学への応用

統計力学では，通常，アボガドロ定数 $N_A = 6.02 \times 10^{23}$ [mol^{-1}] に代表されるような膨大な数の分子の集合を取り扱う．また，熱力学的量（統計量）は，個々の分子のもつ量（たとえば，エネルギー）の総和であるから，多くの場合，確率論における大数の法則が成り立っている．したがって，熱力学的量は常に平均値（統計的平衡状態）に鋭いピークをもっている．しかし，平均値からずれる確率はゼロではなく，熱力学的量にゆらぎ（分散）が発生している．

気体分子運動に伴う運動エネルギーについて考えてみよう．気体の分子運動の速度分布については，量子効果のはたらかない古典統計力学では，正確に正規分布が成り立っている．分子の質量を m とし，x, y, z 方向の速度をそれぞれ v_x, v_y, v_z とする．温度を T，ボルツマン定数を $k_B = 1.38 \times 10^{-23}$ [JK^{-1}] とすると，v_x, v_y, v_z の結合確率密度関数は

$$f(v_x, v_y, v_z) = A e^{-\alpha(v_x^2 + v_y^2 + v_z^2)} \tag{4.19}$$

$$\alpha = \frac{m}{2k_B T}, \quad A = \left(\frac{\alpha}{\pi}\right)^{3/2} = \left(\frac{m}{2\pi k_B T}\right)^{3/2} \tag{4.20}$$

で与えられる（参考文献 [8] 参照）．分子の運動エネルギー $e = (1/2)mv^2 = (1/2)m(v_x^2 + v_y^2 + v_z^2)$ の確率密度関数を $g(e)$ とすると，確率変数の変換公式より，

$$g(e) de = 4\pi v^2 f(v_x, v_y, v_z) dv$$

から

$$g(e) = \frac{4\sqrt{2}\pi A}{m^{3/2}} \sqrt{e} \exp\left[-\frac{2\alpha e}{m}\right] \tag{4.21}$$

が得られる．これから，e の平均値は

$$\bar{e} = E[e] = \frac{3m}{4\alpha} = \frac{3}{2} k_B T \tag{4.22}$$

である．簡単にわかるように，$g(e)$ は $e = m/(4\alpha) = (1/2)k_B T$ で最大値をとり，関数形は図 4.3 に示すような形状となる．なお，横軸は $m/(2\alpha)$，縦軸は $4\sqrt{\pi}/(m\sqrt{\alpha})$

図 4.3　$g(e)$ のグラフ

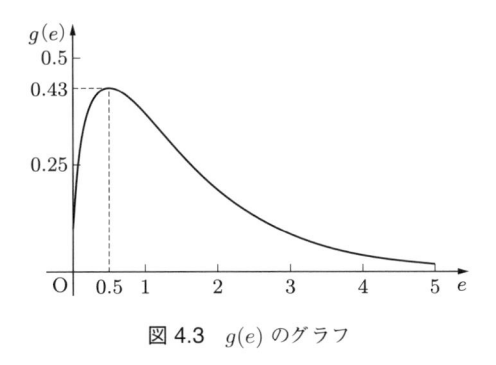

で無次元化した．

一方，
$$E[e^2] = \int_0^\infty e^2 g(e) de = \frac{15m^2}{8\alpha^2}$$

であるから，分散 σ^2 は
$$\sigma^2 = E[e^2] - \bar{e}^2 = \frac{3m^2}{8\alpha^2}$$

となる．これから，平均値に対する標準偏差の比は
$$\frac{\sigma}{\bar{e}} = \sqrt{\frac{2}{3}} \tag{4.23}$$

と，かなり大きな値となる．

全粒子の個数を N とし，各粒子の速度はすべて同じ確率分布をもつとする．全運動エネルギーを e_{tot} とし，各粒子の運動エネルギーを e_i とすると，$e_{\text{tot}} = \sum_{i=1}^{N} e_i$ であるから，
$$E[e_{\text{tot}}] = \sum_{i=1}^{N} E[e_i] = \frac{3k_B TN}{m} \tag{4.24}$$

となる．近似的に各粒子が独立に運動をすると考えると，e_{tot} の分散 σ_{tot}^2 は，3.5 節の最後で述べられているように，各粒子の分散 σ_i^2 の和で与えられる．
$$\sigma_{\text{tot}}^2 = \sum_{i=1}^{N} \sigma_i^2 = N\sigma^2 \tag{4.25}$$

したがって，
$$\frac{\sigma_{\text{tot}}}{\bar{e}_{\text{tot}}} = \sqrt{\frac{2}{3N}} \tag{4.26}$$

と非常に小さな値となり，これが熱力学的な量の平均値（熱力学的平衡値）からのゆらぎが小さな理由である．

各粒子の運動エネルギーの分布は，式 (4.21) で示されるように正規分布ではないが，全エネルギーの分布は中心極限定理によって正規分布で与えられ，その標準偏差は平均値と比べて大変小さくなる．上で得られた結果から，e_{tot} の確率密度関数 $w(x)$ は

$$w(x) = \frac{1}{\sqrt{2\pi\sigma_{\text{tot}}^2}} \exp\left[-\frac{(x-\overline{e_{\text{tot}}})^2}{2\sigma_{\text{tot}}^2}\right] \tag{4.27}$$

となる．

つぎに，部分系の粒子数の確率分布を求めてみよう．系全体の体積を V_0，粒子数を N_0，部分系の体積を V，粒子数を N，$\overline{N} = E[N]$ とする（図 4.4 参照）．

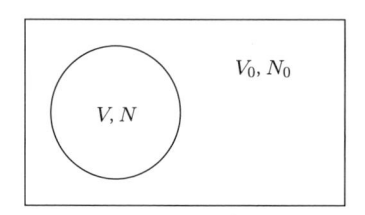

図 4.4 部分系と全体系

分子は互いに区別できないから，体積 V 中に N 個の粒子が存在する確率は，1 個の粒子が存在する確率 V/V_0 の N 乗と，1 個の粒子が存在しない確率 $(V_0-V)/V_0$ の N_0-N 乗をかけ合わせ，N_0 個の粒子から N 個の粒子を選ぶ場合の数をかけたものを w_N とすると

$$w_N = \frac{N_0!}{N!(N_0-N)!} \left(\frac{V}{V_0}\right)^N \left(1-\frac{V}{V_0}\right)^{N_0-N}$$

となり，二項分布となる．$V \ll V_0$，$N \ll N_0$ を仮定すると，

$$N_0! \approx (N_0-N)! N_0^N$$

とすることができるので，

$$w_N \approx \frac{1}{N!} \left(\frac{N_0 V}{V_0}\right)^N \left(1-\frac{V}{V_0}\right)^{N_0}$$

となる．さらに，二項分布であるから，平均値 $\overline{N} = E[N]$ は

$$\overline{N} = N_0 \frac{V}{V_0}$$

であるので，

$$w_N \approx \frac{1}{N!}(\overline{N})^N \left(1 - \frac{\overline{N}}{N_0}\right)^{N_0} \approx \frac{(\overline{N})^N}{N!} e^{-\overline{N}} \tag{4.28}$$

が得られ，w_N は平均値 $\overline{N}$，分散 $\overline{N}$ のポアソン分布となる．

最後に，$|N - \overline{N}| \ll \overline{N}$ の場合の近似式を求めよう．式 (4.28) にスターリングの公式を適用すると，

$$w_N \approx \frac{(\overline{N})^N}{\sqrt{2\pi N} N^N e^{-N}} e^{-\overline{N}} = \frac{1}{\sqrt{2\pi \overline{N}}} \left(\frac{\overline{N}}{N}\right)^{N+1/2} e^{N-\overline{N}}$$

となる．つぎに，

$$\begin{aligned}
\log\left[\left(\frac{\overline{N}}{N}\right)^{N+1/2} e^{N-\overline{N}}\right] &= \left(N + \frac{1}{2}\right) \log \frac{\overline{N}}{N} + N - \overline{N} \\
&= \left(N + \frac{1}{2}\right) \log\left(1 + \frac{\overline{N} - N}{N}\right) + N - \overline{N} \\
&\approx \left(N + \frac{1}{2}\right) \left[\frac{\overline{N} - N}{N} - \frac{1}{2}\frac{(\overline{N} - N)^2}{N^2}\right] + N - \overline{N} \\
&\approx -\frac{(\overline{N} - N)^2}{2N} \approx -\frac{(\overline{N} - N)^2}{2\overline{N}}
\end{aligned}$$

となる．二つの式から，正規分布が再現される．

$$w_N = \frac{1}{\sqrt{2\pi \overline{N}}} \exp\left[-\frac{(N - \overline{N})^2}{2\overline{N}}\right] \tag{4.29}$$

4.6 乱流の間欠性

流体運動では，レイノルズ数が大きくなると，流れは不規則な乱流となる．とくに，大きなレイノルズ数では，小規模な乱れの空間的な分布が間欠的となり，数学的にはフラクタルな構造となる．そのような乱流を取り扱うためには，確率論が重要な役割を果たす．ここでは，そのほんの入り口を紹介するにとどめる．また，第 8 章でも乱流の統計理論について少し説明する．

基本となる量は，乱流の x 方向（または，縦方向，同方向の単位ベクトルを $\boldsymbol{i}$ とする）の速度場 $u(\boldsymbol{x})$ で定義される **p 次構造関数**

$$S_p(l) = E\left[\{u(\boldsymbol{x} + l\boldsymbol{i}) - u(\boldsymbol{x})\}^p\right] = E\left[\delta u_l^p\right] \tag{4.30}$$

である．ここで，$l(> 0)$ は 2 点間の距離で，

$$\delta u_l = u(\boldsymbol{x} + l\boldsymbol{i}) - u(\boldsymbol{x}) \tag{4.31}$$

である．$p=3$ のとき，有名な 4/5 法則

$$S_3(l) = -\frac{4}{5}\varepsilon l \tag{4.32}$$

が知られている．ここで，ε は単位体積あたりの平均散逸率の粘性 $\nu \to 0$ の極限値である．式 (4.32) は，一様等方乱流なら厳密に成立する（参考文献 [13] 参照）．

さて，乱流場が小スケールで相似的なら，h を空間的な**速度場の相似指数**として，

$$\delta u_{\lambda l} = \lambda^h \delta u_l \tag{4.33}$$

が成立する．式 (4.32) は $h = 1/3$ であることを示唆している．一般の p に対して，ζ_p を **p 次構造関数の指数**として

$$S_p(l) \propto l^{\zeta_p} \tag{4.34}$$

と仮定する．式 (4.32) から $\zeta_3 = 1$ で，これは厳密な結果である．

一方，ε と l によって $S_p(l)$ が決定されると考えて次元解析を行うと，C_p を無次元定数として

$$S_p(l) = C_p \varepsilon^{p/3} l^{p/3} \tag{4.35}$$

となる．式 (4.32) より，$C_3 = -4/5$ である．$p = 2$ の場合，

$$S_2(l) = E\left[\{u(\boldsymbol{x} + l\boldsymbol{i}) - u(\boldsymbol{x})\}^2\right]$$

は $S_2(l)$ はエネルギーと同じ次元となり，コルモゴロフの提案した有名な**コルモゴロフの K41 理論**

$$S_2(l) = C_2 \varepsilon^{2/3} l^{2/3} \tag{4.36}$$

となる．式 (4.36) は，乱流のエネルギースペクトルにおいては，波数空間の $k^{-5/3}$ 則に対応していて，数値実験・観測でも相当程度裏付けられている．しかし，大変興味深いことに，$p = 2$ に対する ζ_2 の乱流理論に依存しない厳密な値は得られていない．

一方，ランダウ（参考文献 [11]）は，散逸率 ε の平均操作について注目した．実際，式 (4.35) で $p \neq 3$ の場合には，ε に関して線形でないため，

$$E[\varepsilon^{p/3}] \neq (E[\varepsilon])^{p/3}$$

であり，式 (4.35) で次元解析に用いる ε の確率的（統計的）な性質が曖昧となることに注意していただきたい．つまり，ζ_p を求めるには次元解析だけでは不十分で，

$$\zeta_2 \neq \frac{2}{3}$$

である可能性が考えられる．この背景には，乱流構造の間欠性があると予想される．この難点を解決するため，コルモゴロフ自身も K41 理論の拡張として，ε に対する対数正規分布を用いた拡張理論（**K62 理論**）を提唱した．近年は，単一のフラクタルを仮定するモデル（**ベータモデル**），複数のフラクタルを仮定する**マルチフラクタルモデル**などが研究されているが，ここでは，これ以上触れないことにする．興味のある方は，乱流の専門書を参照してほしい．

練習問題 4

4.1 例 4.2 と同様にして，ベルヌーイ試行に対する中心極限定理を証明せよ．

4.2 互いに独立なコーシー分布に従う n 個の確率変数 $X_1, X_2, \ldots, X_n$ の和を，$S_n = X_1 + X_2 + \cdots + X_n$ とする．S_n/n の $n \to \infty$ の極限が単位分布にならないことを，特性関数を用いて示せ．

4.3 互いに独立なコーシー分布に従う n 個の確率変数 $X_1, X_2, \ldots, X_n$ の和を，$S_n = X_1 + X_2 + \cdots + X_n$ とする．$S_n/\sqrt{n}$ の $n \to \infty$ の極限は正規分布に近づかないことを，特性関数を用いて示せ．

4.4 $X_1, X_2, \ldots, X_n$ を，パラメータ $\lambda = 1$ のポアソン分布に従う互いに独立な n 個の確率変数とし，$S_n = X_1 + X_2 + \cdots + X_n$ とする．S_n に中心極限定理を適用して，n が十分大きいときは

$$\sum_{k=\lfloor n+a\sqrt{n}\rfloor}^{\lfloor n+b\sqrt{n}\rfloor} \frac{n^k}{k!} e^{-n} \approx \frac{1}{\sqrt{2\pi}} \int_a^b e^{-x^2/2} dx$$

が成り立つことを示せ．

4.5 $S_p(l)$ が ε と l で表されると仮定し，次元解析によって式 (4.30) を導け．

4.6 ε が，確率密度関数が

$$\frac{1}{\sqrt{2\pi}\sigma} \frac{1}{\varepsilon} \exp\left[-\frac{(\log\varepsilon - m)^2}{2\sigma^2}\right]$$

である，対数正規分布に従うとする．これに対して $E[\varepsilon^q]$ $(q>0)$ を計算し，

$$E[\varepsilon^q] = (E[\varepsilon])^q \exp\left[\frac{1}{2}\sigma^2 q(q-1)\right]$$

であることを示せ．

4.7 ε が練習問題 4.6 の条件を満足するとし，$\sigma^2 = \mu \log(L/l)$ であるとする．このとき，$S_2(l)$ の l 依存性を求めよ．

4.8 ポアソンの小数の法則を特性関数を利用して，以下のようにして導け．
$p_{nk} = P(X_{nk} = 1)$ とすると

$$E\left[\exp(ikX_n)\right] = \prod_{k=1}^{p(n)} E\left[\exp(ikX_{nk})\right] = \prod_{k=1}^{p(n)} [p_{nk}e^{ik} + (1-p_{nk})]$$

$$= \prod_{k=1}^{p(n)} \exp\left[\log\left(1 + p_{nk}(e^{ik} - 1)\right)\right]$$

$$= \exp\left[\sum_{k=1}^{p(n)} \left[\log\left(1 + p_{nk}(e^{ik} - 1)\right)\right]\right]$$

である．つぎに，$|x| \ll 1$ のとき

$$\log(1 + x) = x + xO(x)$$

となることを用いよ．

第5章

マルコフ連鎖

　本章からは，時間の経過とともに変化する確率変数の説明を行う．これを「確率過程」とよぶ．最初に，その中で数学的取り扱いの最も簡単な，時間的に単位時間の整数倍で変化する，つまり，ステップ単位で変化し，確率変数の大きさもある単位量の整数倍で変化するような，「マルコフ連鎖」について説明する．確率変数のとる値が整数値に限られ，定常な（説明は後に行う）とき，物理学との関連で，ランダムウォークとよぶ．この確率過程の最も基本的な例はベルヌーイ試行で，これから，ギャンブラーが賭けを続けると必ず負けるという破産問題と，長期間勝ち続けたり，負け続けたりする現象が実際に生じることを示す．その後，マルコフ連鎖の数学的分類を行い，2次元マルコフ連鎖についても説明する．

　確率過程とは，時間と共に変化する確率変数の時間発展のことである．時間が離散的に変化する場合を**離散時間確率過程**，時間が連続的に変化する場合を**連続時間確率過程**とよぶ．確率過程は，二つの独立変数によって $X(t,\omega)$ と表される．t は時間で，ω は標本点を表す．$\omega = \omega_0$ を与えたとき，$X(t,\omega_0)$ を $\omega = \omega_0$ に対する**標本過程**という．

　離散時間確率過程では，時間は $t_0 < t_1 < t_2 < \cdots < t_n < \cdots$ と変化する．これに従って，無限個の確率変数 $X(t_0,\omega), X(t_1,\omega), \ldots, X(t_n,\omega), \ldots$ を同時に取り扱わなければいけない．つまり，無限個の確率変数の結合確率分布が，解析の対象となる．このためには，最初に無限次元空間に確率測度を導入しないといけないが，この問題は**コルモゴロフの拡張定理**によって解決されている．ここでは証明を省略するが，基本的な方針は，可算無限個（自然数全体のように，順に数え上げることができる無限集合）の時間の中から任意の有限個数の時間を取り出して，その結合確率分布を作り，個数を無限大とした極限操作を行うというものである．その結果，$X_i = X(t_i,\omega)$ として，$X_1, X_2, \ldots, X_n, \ldots$ に対する分布関数

$$F(x_1, x_2, \ldots, x_i, \ldots) = P(\{X_0 \leq x_0\} \cap \{X_1 \leq x_1\} \cap \cdots \cap \{X_n \leq x_i\} \cap \cdots) \tag{5.1}$$

が存在し，X_i の分布関数 $F_i(x_i)$ は

$$F_i(x_i) = P(\{X_i \leq x_i\}) = F(\infty, \ldots, \infty, x_i, \infty, \ldots) \tag{5.2}$$

となる．また，結合確率密度関数は，もし存在するなら，

$$\int_{-\infty}^{x_0} dx_0 \int_{-\infty}^{x_1} dx_1 \cdots \int_{-\infty}^{x_i} dx_i \cdots f(x_0, x_1, \ldots, x_i, \ldots) = F(x_0, x_1, \ldots, x_i, \ldots) \tag{5.3}$$

となるような関数 $f(x_0, x_1, \ldots, x_i, \ldots)$ で与えられる．このように，たとえ無限個の確率変数を扱う場合でも，形式的には有限個に対する方法が自然に拡張されていて，確率変数の個数が無限であることを，とくに意識する必要はない．なお，物理的な過程であれば，$t_i < t_j$ のとき，X_i は X_j に依存しないことが考えられるから，そのような確率過程に対しては

$$F(x_0, x_1, \ldots, x_n, x_{n+1}, \ldots) = F(x_0, x_1, \ldots, x_n, \infty, \ldots) \tag{5.4}$$

となることが予想される．

一方，連続時間確率過程では，時間が連続的に変化するため，非可算無限個（可算無限個でない集合で，数え上げることができない）の確率変数を同時に取り扱わなければいけない．しかし，この場合も，コルモゴロフの拡張定理によって理論的な基礎づけがなされている．

離散時間確率過程の代表的な例として，**離散時間マルコフ過程**がある．離散時間マルコフ過程は，ある時間ステップ $t = t_n$ における確率変数の値 $X_n = X(t_n)$ の確率分布が，直前の時間ステップ $t = t_{n-1}$ の確率変数の確率分布だけで決定される離散確率過程である[1]．$X_k = X(t_k)$ として，これを条件付き確率で表すと，

$$\begin{aligned} & P(\{X_n \leq x_n\} | \{X_0 = x_0\} \cap \{X_1 = x_1\} \cap \cdots \cap \{X_{n-1} = x_{n-1}\}) \\ & = P(\{X_n \leq x_n\} | \{X_{n-1} = x_{n-1}\}) \end{aligned} \tag{5.5}$$

が離散時間マルコフ過程の定義となる．したがって，離散時間マルコフ過程では，**推移確率分布**とよばれる

$$F(x, m; y, n) = P(\{X_n \leq y\} | \{X_m = x\}) \quad (m < n) \tag{5.6}$$

が重要となる．$F(x, m; y, n)$ が $n - m$ だけに依存するとき，**定常離散時間マルコフ過程**という．なお，推移確率が定常であっても，確率過程が必ずしも定常でないことはいうまでもない．

例 5.1　遺伝の法則

離散時間マルコフ過程の例として，**遺伝の法則**がある．一対の対立遺伝子 A, a をもつ人間が子供を生んだ結果，後の世代がもつ対立遺伝子の種類について考えてみよ

---

[1] 離散時間確率過程では，時間単位を**ステップ**とよぶことにする．試行回数と同じようなものと考えてよい．

う．対象とする人間の集団において，AA, Aa, aa をもつ個体の割合を $\alpha : \beta : \gamma$ とする ($\alpha + \beta + \gamma = 1$)．この集団内のある家系を考え，代々長子が家を継ぎ家主になり，集団内の人間と結婚をするとする．家主の対立遺伝子が AA である状態を 1，Aa である状態を 2，aa である状態を 3 とする．第 n 世代の家主が状態 i ($1 \leq i \leq 3$) となる確率を $P_n(i)$ とすると，$P_n(i)$ は第 $n-1$ 世代の家主がどの状態にあるかによって，つぎのように確率的に決定される．

$$P_n(1) = P_{n-1}(1)\left(\alpha + \frac{1}{2}\beta\right) + \frac{1}{2}P_{n-1}(2)\left(\alpha + \frac{1}{2}\beta\right)$$

$$P_n(2) = P_{n-1}(1)\left(\frac{1}{2}\beta + \gamma\right) + \frac{1}{2}P_{n-1}(2)\left(\alpha + \beta + \gamma\right) + P_{n-1}(3)\left(\alpha + \frac{1}{2}\beta\right)$$

$$P_n(3) = \frac{1}{2}P_{n-1}(2)\left(\frac{1}{2}\beta + \gamma\right) + P_{n-1}(3)\left(\frac{1}{2}\beta + \gamma\right)$$

したがって，第 n 世代の家主の状態 X_n を $t = n$ における確率変数とみなすと，これは離散時間マルコフ過程となる．

つぎに，条件付き期待値が

$$E[|X_n|] < \infty, \quad E[X_n | X_0 = x_0, X_1 = x_1, \cdots, X_{n-1} = x_{n-1}] = x_{n-1} \quad (5.7)$$

を満たす確率過程を**マルチンゲール**とよぶ[1]．ここで，$E[X_n | X_0 \cdots]$ は条件付き期待値（式 (2.37)）である．マルチンゲールはある意味で，期待値に関するマルコフ性をもつ確率過程である．なお，さらに，X_n の実現値が x_{n-1} なら

$$E[X_{n+1} | X_0 = x_0, X_1 = x_1, \cdots, X_{n-1} = x_{n-1}, X_n = x_{n-1}] = x_{n-1}$$

となるが，X_n の期待値が x_{n-1} である（式 (5.7)）ことからだけでは，上式は必ずしも成立しないことに注意してほしい．

5.1 マルコフ連鎖

離散時間マルコフ過程の中で，とくに，確率変数の値が離散的である場合を**マルコフ連鎖**とよぶ．マルコフ連鎖では，X が整数値のみをとるとすると，i, j を整数として，行列要素

$$P(i, m; j, m+1) = p_{ij}^{(m)} = P(\{X_{m+1} = j\} | \{X_m = i\}) \quad (5.8)$$

---

[1] マルチンゲールの語源は，18 世紀のフランスで流行した，最終的には絶対に勝利する賭けの方法である（現実的には不可能だが）．確率過程をマルチンゲールに基づいて構成する方法は，現代確率過程論の一つの大きな流れとなっているが，数学的な面に偏るため，応用を目指す本書ではこの方法は採用しない．

が**推移確率**となり，確率過程はこの行列によって決定される．もし，マルコフ連鎖が定常なら，推移確率

$$p_{ij} = p_{ij}^{(m)} \tag{5.9}$$

は時間 m に依存しない．このような過程には，独立な確率変数の和，ランダムウォーク，待ち行列，分枝過程などの重要な確率過程が含まれる．本章では断りのない限り，定常な推移確率をもつマルコフ連鎖を取り扱うものとする．なお，確率変数 X の実現値 j を**状態**とよぶことにする．

例 5.2 独立な確率変数の和

Z_n を，同じ分布をもち，互いに独立な確率変数 $X_1, X_2, \ldots, X_n$ の和

$$Z_n = X_1 + X_2 + \cdots + X_n$$

とし，$Z_0 = 0$ とする．また，X_i の取り得る値は離散値 $j = 0, \pm 1, \pm 2, \ldots$ であるとする．このとき，Z_n は定常なマルコフ連鎖となる．なぜなら，

$$
\begin{aligned}
&P(\{Z_n = j_n\} | \{Z_0 = j_0, Z_1 = j_1, \cdots, Z_{n-1} = j_{n-1}\}) \\
&= P(\{Z_n = j_n\} | \{Z_{n-1} = j_{n-1}\}) \\
&= P(\{Z_n - Z_{n-1} = X_n = j_n - j_{n-1}\})
\end{aligned}
$$

で，この確率分布は n に依存しないからである．

例 5.3 ファイナンスの例

時刻 $t = 0$ に所持金が X_0 円であったとし，時間が $t = 1, 2, \ldots$ と離散的に進み，$t = n$ における所持金は X_n 円となったとする．ある時刻において，所持金のうち 50% を株式に投資し，50% を 1 ステップ ("1"単位時間，たとえば，1 週間) につき $100r$% の固定利子の投資に用いるとする．時刻 $t = n$ における株価の変動率が p_n であるとし，その変動率は過去の履歴に関係しないとする．すると，$\lfloor \ \rfloor$ をガウスの括弧として，

$$X_{n+1} = \left\lfloor \frac{1}{2}(1+r)X_n + \frac{1}{2}(1+p_n)X_n \right\rfloor$$

となる．X_{n+1} の確率分布は $X_m\ (m \leq n-1)$ と独立であり，X_n の取り得る値は離散的（円）となるため，マルコフ連鎖となる．なお，このように投資の危険分散をすることを，ポートフォリオとよぶ．

例 5.4　集団遺伝学の例

ある遺伝的形質をもつ集団があり，遺伝的形質の中から二つの対立遺伝子 A, a を考える．すべての人は，この形質を AA, Aa または aa の形で保有する．集団の中から N 人を無作為に選ぶ．その中の A の遺伝子頻度 x は

$$x = 0, \frac{1}{2N}, \frac{2}{2N}, \cdots, \frac{2N-1}{2N}, 1$$

の値をとる．$x = j/(2N)$ であるとし，これが集団全体の遺伝子 A の頻度であるとする．集団内のランダムな婚姻の結果生まれたつぎの世代から N 人を無作為に選ぶ．その N 人中の遺伝子 A の頻度を y とすると，$y = k/(2N)$ となる確率は，$2N$ 個の遺伝子座に対する，確率が $x = j/(2N)$ の $2N$ 回のベルヌーイ試行で与えられる．したがって，A の遺伝子頻度の x から y（状態 j から状態 k）への遷移確率は，二項分布

$$p_{jk} = {}_{2N}C_k x^k (1-x)^{2N-k}$$

となる．これは $2N+1$ 点からなる空間

$$\left\{ 0, \frac{1}{2N}, \frac{2}{2N}, \cdots, \frac{2N-1}{2N}, 1 \right\}$$

上のマルコフ過程で，その遷移確率が p_{jk} である．

5.2　対称なランダムウォーク

定常なマルコフ連鎖で，確率変数のとる値が整数値に限られるとき，**ランダムウォーク**（正確には 1 次元ランダムウォーク）とよばれる．とくに，1 ステップで確率変数の変化する値が ± 1 に限られるとき，推移確率は $p + q = 1$ $(p, q \geq 0)$ として，

$$p_{ij} = \begin{cases} p & (j = i+1) \\ q & (j = i-1) \\ 0 & (その他) \end{cases} \tag{5.10}$$

となり，ブラウン運動の最も簡単なモデルである．このとき，ランダムウォークはベルヌーイ試行に一致する．さらに，$j = i$ から $j = i \pm 1$ までの推移確率が $1/2$ の場合，**対称なランダムウォーク**とよぶ[1]．一般のランダムウォークはマルチンゲールではないが，対称なランダムウォークはマルチンゲールとなっている．

対称なランダムウォークは，賭け事と深い関係がある．その例として，「賭け事に必

---

[1] これは，表裏の出る確率が等しい**コイン投げ**の確率モデルとなっている．

勝法はなく，ほぼ確実に負ける」ことと，「一度勝ち続けるか，または負け続けると止まらない」という二つの興味深い例を示す．賭け事に関心をもった研究は，古くパスカル (1656) に始まる（参考文献 [4]）が，フェラーが確率論とその応用 I（参考文献 [3]）で，独創的な議論を展開している．5.2 節と 5.3 節では，フェラーの説明に基づいて紹介する．

例 5.5　破産ゲーム

ギャンブラーが，胴元を相手に賭け事をしていると考える．話を簡単にするために，賭けは，コインの表裏で表が出たらギャンブラーに 1 円入り，裏が出たら 1 円は胴元のもとに入るとする（**コイン投げゲーム**とよぶ）．ギャンブラーの最初の元手は $g = g_0$ 円とし，n 回のゲーム終了時の所持金を $g = g_n$ 円とする．胴元は，最初に $b - g_0$ 円所有しているとする．なお，最後には，$b/g \to \infty$ の極限を考える．

コイン投げゲームは，表と裏が均等に出るように行われ，したがって，一度のゲームでギャンブラーの勝つ確率は $1/2$，負ける確率は $1/2$ である．ゲームはギャンブラーが胴元の所持金をすべて獲得するか，または胴元に巻き上げられた場合（**破産状態**）に終了する．つまり，$g_n = 0$ または $g_n = b$ で終了する．この問題は，物理学的には $g = 0$ と $g = b$ に吸収壁のあるランダムウォークと等価である．フェラーに従い，所持金が g 円でゲームを行ったときの破産の確率を R_g，胴元から全金額を取得して賭けに勝利する確率を W_g とする．明らかに，$R_g + W_g = 1$ である．g 円所有する状況でゲームを一度行うと，確率 $1/2$ で勝てば所有金は $g + 1$ 円，確率 $1/2$ で負ければ $g - 1$ 円が所有金となる．したがって，$1 \leq g \leq b - 1$ で，以下の等式が成り立つ．

$$R_g = \frac{1}{2} R_{g+1} + \frac{1}{2} R_{g-1} \tag{5.11}$$

なお，$R_0 = 1$, $R_b = 0$ とする．

式 (5.11) は，独立変数を g とする差分方程式で，境界条件は $R_0 = 1$, $R_b = 0$ である．特別解として容易に

$$R_g = A + Bg \tag{5.12}$$

を見つけることができる．ここで，A, B は任意定数である．境界条件を考慮すると，$A = 1$, $A + Bb = 0$ より，

$$R_g = 1 - \frac{g}{b} \tag{5.13}$$

となる．なお，解 (5.12) の唯一性は，方程式 (5.11) の解が，初期条件 R_0, R_1 を与えるとユニークに定まることと，$R_1 = 1 - 1/b$ より明らかである．ここで，$b/g \to \infty$ の極限をとれば，$R_g \to 1$ となり，確率的には確実に破産することがわかる．ただし，

破産するまでのゲームの平均持続時間を D_g とすると，同様な計算結果から

$$D_g = g(b-g) \tag{5.14}$$

となり，$b \to \infty$ の極限では，破産するのに無限時間を要することがわかる．また，容易に予想できるように，$g = b/2$ のとき，ゲームの平均持続時間が最長となる．

なお，このゲームはベルヌーイ試行であるため，所持金の分布は $g = g_0$ を中心とする二項分布であるが，所持金 g は変動するため，$g = 0$ となる確率は 1 となり，それでゲームが終了する．

5.3 ランダムウォークの理論解析

1次元ランダムウォークの例として，2人のギャンブラーによるコイン投げゲームを考える．例 5.5 と同様に，コイン投げで表が出たら 1 円獲得するとし，裏が出たら 1 円失うとする．今回は，ゲームを双方の所持金がゼロ円の状態から始め，負の所持金（借金）の状態も許すことにする．このとき，一度勝っている状態（正の所持金状態）となると，長時間ゲームを続けても，所持金がなかなかゼロになることはなく，一方，負けているほうの所持金もプラスに転じることがない様子を示すことができる．

基本的な方法は，コイン投げの過程を折れ線で表現することである．横軸をコイン投げの回数 x，縦軸を所持金 y 円とし，x 回目のコイン投げを行った結果の所持金を，S_x 円とする．最初，所持金は 0 円である．すると，図 5.1 に示すように，x-y 空間に，原点 O $(0,0)$ と点 R (x,y) を結ぶ折れ線が描かれる．ただし，$x (\geq 0)$ と y は整数値のみをとる．

これを**経路** $\{S_0 = 0, S_1, \ldots, S_{x-1}, S_x = y\}$ とよび，x を経路の長さということにする．もし，x 回のコイン投げのうち P 回表が出て，Q 回裏が出たとすると，

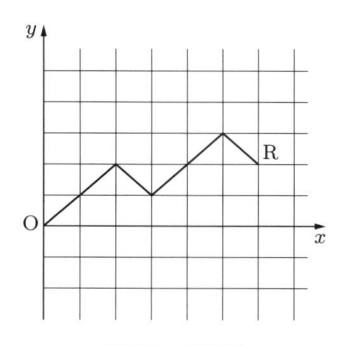

図 5.1 経路図

$$x = P+Q, \quad y = P-Q \quad \left(P = \frac{x+y}{2}, \quad Q = \frac{x-y}{2}\right)$$

である．このような割合で表裏の出る場合の数は，

$$L(x,y) = {}_{P+Q}\mathrm{C}_P = {}_{P+Q}\mathrm{C}_Q \tag{5.15}$$

である．これは，原点と点 R を結ぶ折れ線の本数と一致する．

図 5.2 のような経路において，点 $\mathrm{A}(a,\alpha)$ と点 $\mathrm{B}(b,\beta)$ を結ぶ経路 $\{S_a = \alpha, S_{a+1} =, \cdots, S_b = \beta\}$ を考える，点 A と y 軸に関して反転対称な位置にある点を $\mathrm{A}'(a,-\alpha)$ とする．このとき，「点 A と点 B を結ぶ経路のうち，x 軸と共有点をもつ（交差または反射する）経路の数は，点 A' と点 B を結ぶ経路の総数に等しい」という結果が成り立つ．これを**鏡像の原理**とよぶ．これを用いると，つぎの定理を証明することができる．

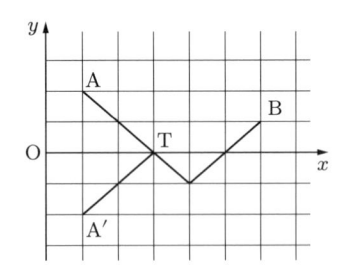

図 5.2　経路の鏡像図

定理 5.1　$y > 0$ のとき，すべての z $(1 \leq z \leq x)$ に対して $S_z > 0$ を満たす経路で，点 R (x,y) にたどり着くものの個数は $(y/x)L(x,y)$ となる．

証明　$S_0 = 0$ であるから，$S_1 = 1$ となる．点 Q $(1,1)$ と点 R (x,y) を結ぶ経路のうち，x 軸と共有点をもつ経路の個数は，鏡像の原理より，点 $(1,-1)$ と点 R (x,y) を結ぶ経路の個数に等しい．したがって，x 軸と共有点をもたない経路の個数は，経路の全個数からこれを差し引いたものとなるから，

$$L(x-1, y-1) - L(x-1, y+1) = {}_{P+Q-1}\mathrm{C}_{P-1} - {}_{P+Q-1}\mathrm{C}_{Q-1}$$
$$= \frac{P-Q}{P+Q} {}_{P+Q}\mathrm{C}_P = \frac{y}{x} L(x,y)$$

となり，定理 5.1 が示された．　□

定理 5.1 を利用すると，原点 O $(0,0)$ と点 P $(2n,0)$ を結ぶ経路の数を計算することができる．

> **定理 5.2** 最初に，N_{2n} を
> $$N_{2n} = \frac{1}{n+1} {}_{2n}C_n \tag{5.16}$$
> と定義する[1]．すると，点 O と点 P を結ぶ経路の数は，
> (i) $S_1 > 0, S_2 > 0, \cdots, S_{2n-1} > 0$ の場合：$N_{2n-2} = \frac{1}{n} {}_{2n-2}C_{n-1}$ 個
> (ii) $S_1 \geq 0, S_2 \geq 0, \cdots, S_{2n-1} \geq 0$ の場合：N_{2n} 個
> となる．

証明 (i) の条件を満たす経路は $S_{2n}=0$ であるから，原点を出発した後途中の所持金は常に正で，必ず点 P_1 $(2n-1,1)$ を通る．定理 5.1 により，点 Q $(1,1)$ と点 P_1 を常に正値をとって結ぶ経路の数は，

$$\frac{1}{2n-1} {}_{2n-1}C_{n-1} = \frac{1}{n} {}_{2n-2}C_{n-1} = N_{2n-2}$$

である．したがって，(i) の場合が証明された．
(ii) の条件を満たす経路に対して，x 座標を y 方向へ -1 移動した新しい座標系 x' を考える．この座標系では，(ii) の経路は (i) の経路に帰着されるが，さらに前後に点を追加し，

$$S_{-1}=0,\ S_0>0,\ S_1>0,\ \cdots,\ S_{2n-1}>0,\ S_{2n}>0,\ S_{2n+1}=0$$

とする．これは，(i) で $n-1$ を n とした場合にあたるので，この経路の数は N_{2n} となる． □

ここで，いくつかの用語を定義しておく．**元点への再帰**とは，所持点数がゼロとなることである．**最初の元点への再帰**とは，ステップ 1 から所持点数が正値または負値を続けた後，初めて点数がゼロとなることである．**最初の $r>0$ への到達**とは，ステップ 1 から所持点数が r より小さい値を続けた後，初めて r となることである．以下に，これらの事象の生じる確率が簡単な公式で表されることを示す．

u_n を，$2n$ ステップで元点に再帰する確率とする．なお，それまでに何回でも元点

---

[1] 原点 O と y 座標がゼロの点を結ぶ経路の長さは明らかに偶数である．したがって，元点への再帰が生じるのは，偶数回のステップ後であることに注意してほしい．

に再帰していてもよい．
$$P(\{S_{2n}=0\}) = u_{2n} \tag{5.17}$$

このとき，次式が成り立つ．
$$u_{2n} = 2^{-2n} {}_{2n}\mathrm{C}_n = \frac{n+1}{2^{2n}} N_{2n} \quad (n \geq 1) \tag{5.18}$$

ただし，$u_0 = 1$ とする．上式は，原点 O と点 P $(2n,0)$ を結ぶ経路の個数が，式 (5.15) より，$x=2n, y=0$ とすると $P=n, Q=n$ となるから，
$$L(x,y) = {}_{2n}\mathrm{C}_n$$

で与えられ，$2n$ ステップ後のすべてのコイン投げの場合の数が 2^{2n} となることから示される．

f_{2n} を，$2n$ ステップで初めて元点に再帰する確率とすると，以下のように表される．
$$f_{2n} = P(\{S_1 \neq 0, S_2 \neq 0, \cdots, S_{2n-1} \neq 0, S_{2n}=0\}) \tag{5.19}$$

このとき，次式が成り立つ．
$$f_{2n} = \frac{1}{2n} u_{2n-2} = \frac{1}{2^{2n-1}} N_{2n-2} \quad (n \geq 1) \tag{5.20}$$

ただし，$f_0 = 0$ とする．上式は，つぎのようにして示される．定理 5.2 の (i) より，原点 O と点 P を正値のみで結ぶ経路の個数は N_{2n-2} である．式 (5.19) の条件を満たす経路の個数は，正負を合わせるとこれの 2 倍となる．したがって，確率は
$$f_{2n} = 2N_{2n-2} \cdot 2^{-2n}$$

となる．

式 (5.18) から簡単にわかるように，
$$f_{2n} = u_{2n-2} - u_{2n} \tag{5.21}$$

である．

問 5.1 式 (5.21) を証明せよ．

証明は省略するが，以下の結果も成り立っている．

補題 5.1

1 度も元点に再帰しない確率：

$$P(\{S_1 \neq 0, S_2 \neq 0, \ldots, S_{2n} \neq 0\}) = u_{2n} \qquad (5.22)$$

所持金が常に非負である確率:

$$P(\{S_1 \geq 0, S_2 \geq 0, \ldots, S_{2n} \geq 0\}) = u_{2n} \qquad (5.23)$$

$2n-1$ ステップで初めて所持金が負となる確率:

$$P(\{S_1 \geq 0, S_2 \geq 0, \cdots, S_{2n-3} \geq 0, S_{2n-2} = 0, S_{2n-1} < 0\}) = f_{2n} \quad (5.24)$$

u_{2n} と f_{2n} の定義を用いて,つぎの等式が証明される.

補題 5.2

$$u_{2n} = \sum_{r=1}^{n} f_{2r} u_{2n-2r} \quad (n \geq 1) \qquad (5.25)$$

証明 u_{2n} は $2r$ 回の試行で初めて元点へ再帰し,残りの $2n-2r$ 回で再び元点へ再帰する経路の確率の,r に関する総和であると考えられる.$2r$ 回の試行で初めて元点へ再帰する確率は f_{2r} であり,$2n-2r$ 回の試行で元点へ再帰する確率は u_{2n-2r} である.r に関する和をとれば,式 (5.25) が求められる. □

以上の結果に基づき,目標とするつぎの定理が証明される.

定理 5.3 所持金がゼロからコイン投げを始め,$2n$ ステップコイン投げを行った後,所持金が $2k$ 区間で正側で,$2n-2k$ 区間で負側である確率を $p_{2k,2n}$ とする.ここで,**区間**とは,隣り合うステップ間の線分を意味する.このとき,

$$p_{2k,2n} = u_{2k} u_{2n-2k} \quad (0 \leq k \leq n) \qquad (5.26)$$

となる.所持金が正側(負側)の区間数は常に偶数となることに注意してほしい.

証明 証明の道筋を述べる.

1. $k=0$ または $k=n$ のときは,式 (5.26) は明らかに成立している(問 5.2 参照).
2. すべての n,$1 \leq k \leq n-1$ を満たす k について証明する.n について数学的帰納法を利用する.
3. 経路の分類を行う.

$1 \leq k \leq n-1$ に対しては，区間は必ず x 軸を横切るので，$2r$ ステップで初めて x 軸を横切るとする．ケース 1 では，x 軸を通過するまで常に正側であり，その後の $2r$ ステップから $2n$ ステップまでの間に $2k-2r$ 区間正側にあるとする．ケース 2 では，x 軸を通過するまで常に負側であり，その後の $2r$ ステップから $2n$ ステップまでの間に $2k$ 区間正側にあるとする．

4. f_{2r} と $p_{2k,2n}$ の定義より，r を固定したときのケース 1，ケース 2 の確率を求める．

$$\text{ケース } 1: \frac{1}{2}f_{2r}p_{2k-2r,2n-2r}, \quad \text{ケース } 2: \frac{1}{2}f_{2r}p_{2k,2n-2r}$$

5. r に関する和をとった後，ケース 1 とケース 2 の確率を加えると

$$p_{2k,2n} = \frac{1}{2}\sum_{r=1}^{k} f_{2r}p_{2k-2r,2n-2r} + \frac{1}{2}\sum_{r=1}^{n-k} f_{2r}p_{2k,2n-2r}$$

を得る．

6. n に関する帰納法を実行する．まず，$n=1$ に対しては明らかに成立している．すべての $\nu \leq n-1$ に対して

$$p_{2k,2\nu} = u_{2k}u_{2\nu-2k} \quad (0 \leq k \leq \nu)$$

と仮定すると，

$$p_{2k-2r,2n-2r} = u_{2k-2r}u_{2n-2k}, \quad p_{2k,2n-2r} = u_{2k}u_{2n-2k-2r}$$

が成り立つ．

7. 式 (5.25) を利用すると

$$\sum_{r=1}^{k} f_{2r}u_{2k-2r} = u_{2k}, \quad \sum_{r=1}^{n-k} f_{2r}u_{2n-2k-2r} = u_{2n-2k}$$

が成り立つので，証明が完成する．

□

問 5.2 $p_{2k,2} = u_{2k}u_{2-2k}$ $(k=0,1)$ となることを，経路を描いて示せ．

定理 5.3 において，k/n は，$2n$ 回のコイン投げの間，区間が正側にある割合で，その確率は，常識的に考えれば，$1/2$ に近いと思われる．すなわち，$p_{2k,2n}$ は $k \approx n/2$ で最大となり，$k=0$ や $k=n$ の確率は小さくなるように思われる．ところが，$p_{2k,2n}$ を計算してみると逆で，$n=50$ の場合を示した図 5.3 に見られるように，$k=0$ や $k=n$ の確率が最大となる．

$n \to \infty$ の極限では，分布関数に対してアークサイン (arcsin) で表される解析的な

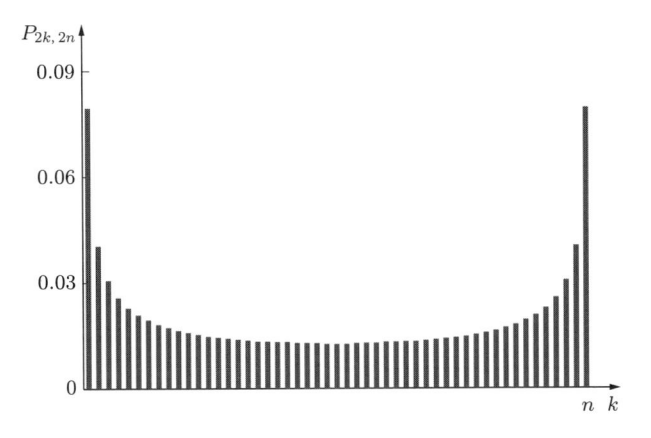

図 5.3 $p_{2n,2k}$ のグラフ ($n = 50$)

表現が得られていて，**第一アークサイン公式**とよばれている（練習問題 5.15, 5.16 参照）．さらに，図 5.3 の分布は，第 8 章で説明する，ロジスティック写像の平衡分布と非常に類似していて，両者に深い関係があることがわかる．

コイン投げを，計算機で Fortran を使って数値的に乱数を発生させて再現すると，獲得金（円）は図 5.4 に示すようになり，一度正値または負値となると，容易には変化しないことがわかる（Fortran のプログラムは，オンライン補遺参照）．

また，証明は省くが，つぎの結果は大変興味深い内容である．

定理 5.4 $2n$ ステップのコイン投げを行う．与えられた $\alpha > 0$ に対して，元点に再帰する回数が $\alpha\sqrt{2n}$ よりも少ない確率は，

$$f(\alpha) = \sqrt{2/\pi} \int_0^\alpha e^{-s^2/2} ds \tag{5.27}$$

である．大まかにいえば，元点に再帰する場合の数は，平均的にコイン投げの回数の約 $1/\sqrt{n}$ であり，非常に少ないことがわかる．

5.4 非対称ランダムウォーク

前節では，対称なランダムウォークについて詳しく説明したが，本節では，対称性を仮定しないランダムウォーク，すなわち，$p \neq q$ であるベルヌーイ試行に対して元点への再帰の問題などを調べてみる．コイン投げの場合の呼び方を流用して，ランダムウォークする粒子の位置を所持金とよぶことにする．ベルヌーイ試行を，最初は所持金ゼロから始めるとし，コインが表なら 1 円獲得し，裏なら 1 円失うとする．S_x を x

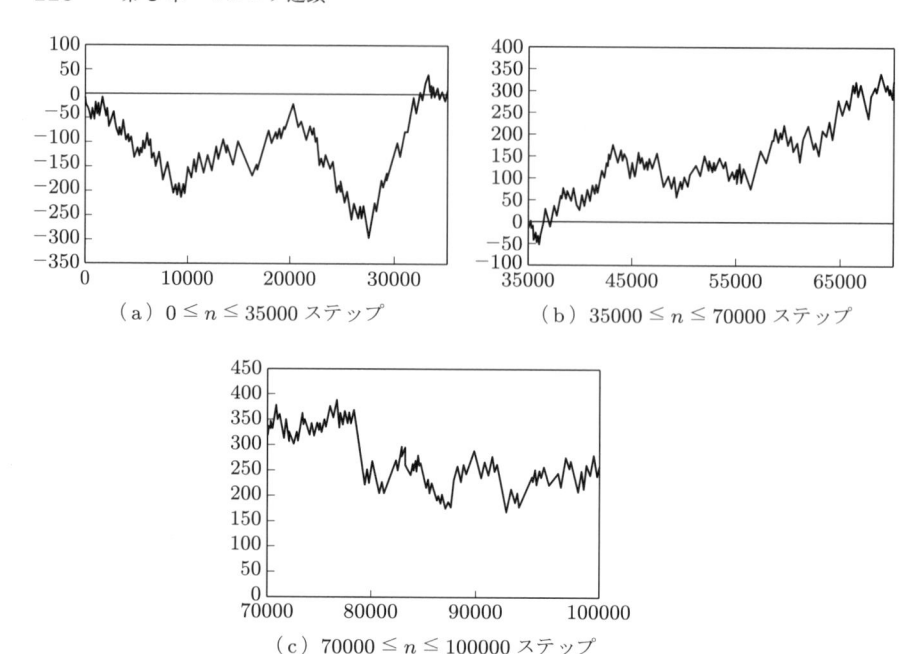

図 5.4 ベルヌーイ試行の数値実験例

ステップ後の所持金とする．まず，前節と同様な確率の定義を行う．

$$\lambda_n = P(\{S_1 \leq 0, S_2 \leq 0, \ldots, S_{n-1} \leq 0, S_n = 1\}) \tag{5.28}$$

さらに，一般的に $y > 0$ に対して，

$$\lambda_n^{(y)} = P(\{S_1 < y, S_2 < y, \ldots, S_{n-1} < y, S_n = y\}) \tag{5.29}$$

と定義する．$\lambda_0 = 0$ とする．$\lambda_n^{(1)} = \lambda_n$ である．$\lambda_n^{(y)}$ は n 回のコイン投げの後，初めて所持金が y を超える確率，すなわち，最初の $y > 0$ への到達の確率である．

つぎに，$\lambda_n^{(y)}$ を求めてみよう．まず，$\lambda_n^{(2)}$ を計算する．最初の第 r ステップで初めて所持金が 1 円に到達し，その後の第 $n-r$ ステップで 2 円に到達するとする．最初の第 r ステップで初めて所持金が 1 円に到達する確率は λ_r であり，その後の第 $n-r$ ステップで初めて 1 円を獲得する確率は λ_{n-r} であるから，このような過程が起きる確率は $\lambda_r \lambda_{n-r}$ となる．これを r について 1 から $n-1$ まで加え合わせると，第 n ステップで最初の $y = 2$ への到達が発生する確率は，

$$\lambda_n^{(2)} = \lambda_1 \lambda_{n-1} + \lambda_2 \lambda_{n-2} + \cdots + \lambda_{n-1} \lambda_1$$

となる．$\lambda_0 = 0$ を考慮すると，上の式は

$$\{\lambda_n^{(2)}\} = \{\lambda_n\} * \{\lambda_n\} \tag{5.30}$$

であることを示している[1]．これを繰り返すと，$\{\lambda_n^{(y)}\}$ は

$$\{\lambda_n^{(y)}\} = \underbrace{\{\lambda_n\} * \{\lambda_n\} * \cdots * \{\lambda_n\}}_{y\text{ 回}} \tag{5.31}$$

と，y 回の $\{\lambda_n\}$ の合成積になることがわかる（2.6 節参照）．したがって，$\{\lambda_n\}$ の母関数を $\lambda(s)$，$\{\lambda_n^{(y)}\}$ の母関数を $\lambda^{(y)}(s)$ とすると，

$$\lambda^{(y)}(s) = \lambda(s)^y \tag{5.32}$$

となる．

上の解析結果から，λ_n が求まれば $\lambda_n^{(y)}$ が求められることがわかった．もし，第 1 ステップでの獲得金が 1 円なら，最初の $y=1$ への到達は第 1 ステップで発生する．一方，第 1 ステップでの獲得金が -1 円なら，つぎのステップからの積算で 2 円増加しないと $y=1$ に届かないことになる．したがって，

$$\lambda_1 = p, \quad \lambda_n = q\lambda_{n-1}^{(2)}$$

が成立する．上式は，母関数において

$$\lambda(s) = ps + qs\lambda(s)^2 \tag{5.33}$$

が成り立っていることを示している．2 次方程式 (5.33) の根のうち，$\lambda(0) = \lambda_0 = 0$ を満たすものは

$$\lambda(s) = \frac{1 - \sqrt{1 - 4pqs^2}}{2qs} \tag{5.34}$$

であることがわかる．式 (5.34) から，様々な統計量が計算できる．たとえば，二項展開を適用すると

$$\lambda_{2m-1} = \frac{1}{2q} \,_{1/2}\mathrm{C}_m (4pq)^m (-1)^{m-1}, \quad \lambda_{2m} = 0 \tag{5.35}$$

となる．しかし，ここではつぎの量に注目する．

$$\lambda(1) = \frac{1 - |p-q|}{2q} \tag{5.36}$$

ここで，$p+q=1$ を利用した．つまり，$p \geq q$ なら $\lambda(1) = 1$ で，$p < q$ なら

---

[1] $\{\lambda_n\}$ は，集合 $\{\lambda_0, \lambda_1, \ldots, \lambda_n, \ldots\}$ を示す．

$\lambda(1) = p/q < 1$ となる．$\lambda(1) = \sum_{k=1}^{\infty} \lambda_k$ は，無限に試行を繰り返し，最終的に所持金が1度でもプラスになる確率を示している．したがって，$p \geq q$ ならこのようなことが確実に起きることを示していて，$p < q$ ならそうではないことを示している．たとえば，$p = q = 1/2$ のときは，確実に，少なくとも一度は所持金がプラスになる．しかし，そのために必要な時間を計算してみると，たとえば，

$$E[n] = \sum_{n=1}^{\infty} n\lambda_n = \lambda'(1) = \lim_{p \to q} \frac{1}{2q}\left(\frac{1}{\sqrt{1-4pq}} - 1\right) \quad (5.37)$$

と計算され，実現に必要なステップ数の期待値は無限大となる．

つぎに，最初の元点への再帰の確率を計算しよう．式 (5.23) にならって，$p \neq q$ の場合を含めて

$$P(\{S_1 \neq 0, S_2 \neq 0, \cdots, S_{n-1} \neq 0, S_n = 0\}) = f_n \quad (5.38)$$

と定義する．もちろん，$f_{2n-1} = 0$ である．さらに，$\lambda_n^{(y)}$ を $y = -1$ へも拡張して定義し，$\lambda_n^{(-1)}$ を最初の $y = -1$ への到達の確率とする．すると，明らかに $\lambda_n^{(-1)}$ は $\lambda_n^{(1)} = \lambda_n$ を与える式で p と q を入れ替えたものとなっている．つぎに，第 n ステップでの初めての元点への再帰は，第 $n-1$ ステップで所有金が 1 円または -1 円であることを示していて，

$$f_n = q\lambda_{n-1} + p\lambda_{n-1}^{(-1)} \quad (5.39)$$

が帰結される．さらに，$\{\lambda_n^{(-1)}\}$ の母関数は $\{\lambda_n\}$ の母関数で，p と q を入れ替えればよいから，$\{f_n\}$ の母関数 $F(s)$ は

$$F(s) = \sum_{n=0}^{\infty} f_n s^n = 1 - \sqrt{1 - 4pqs^2} \quad (5.40)$$

が得られる．$p + q = 1$ を考慮すると

$$F(1) = \sum_{n=0}^{\infty} f_n = 1 - |p - q| \quad (5.41)$$

となる．これは，いつかは元点に再帰する確率である．$p = q = 1/2$ の場合

$$\sum_{n=0}^{\infty} f_n = 1$$

となり，いつかは元点に再帰する確率が 1 で，確実に元点に再帰する．しかし，先ほどと同様に

$$F'(1) = \frac{4pq}{\sqrt{1-4pq}}$$

であるから，$p = q$ の場合は元点への回帰に必要なステップ数は無限大となる．

5.5　有限領域でのランダムウォーク

ランダムウォークを，有限の領域で行うとする．なお，対称性は仮定しない．このとき問題となるのは，領域の端にたどり着いたとき，どのような動きをするかであり，3通りの場合が考えられる．

1. **吸収壁**：端点にたどり着いた時点で動かなくなる．
2. **反射壁**：端点にたどり着いた後，端点の隣の領域内の点（内点）に一定の確率で戻る．
3. **周期軌道**：二つの端点を同一視し，輪を描くような状態をたどる．

この節では，これらについて簡単に説明する．

1. 吸収壁

これは，破産ゲーム（例5.5）ですでに登場している．ランダムウォークの通過する状態を，$0, 1, 2, \ldots, n$ とする．$0, n$ は端点で，それ以外は内点とする．内点からランダムウォークを始め，有限ステップ後，端点にたどり着いたら**破産した**ということにして，ランダムウォークを停止する．これは，A, B 2人のゲームに対応させることができる．A, B は，最初ある所持点数をもち，その合計が n であるとする．A, B がベルヌーイ試行による賭けを行い，確率 p で事象 E_A が発生したらAが1点獲得し，Bは1点失う．確率 q で事象 E_B が発生したらBが1点獲得し，Aは1点失う．AまたはBのいずれかの所持点数がゼロとなったら，その時点でAまたはBは破産したとする．これをランダムウォークとして捉えると，状態 i は，Aの所持点が i，Bの所持点が $n-i$ の場合を示す．このとき，$i = 0$ がAの破産状態，$i = n$ がBの破産状態と考えられる．このとき，$i = 0, i = n$ を**吸収壁**とよぶ（図5.5参照）．この問題での推移確率でゼロでないものは

$$p_{i,i+1} = p, \quad p_{i,i-1} = q \quad (1 \leq i \leq n-1)$$

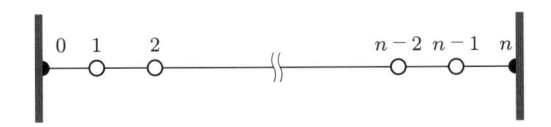

図 5.5　吸収壁

のみで，
$$p_{01} = p_{n,n-1} = 0$$
である．例 5.5 で説明したように，初期条件を与えたときの A, B の破産の確率や，それまでのゲームの平均持続時間が，差分方程式を解くことにより得られる．

2. 反射壁

ランダムウォークが端点にたどり着いたら，ある一定の確率で反射し，端点の隣の点へ移る．このとき，$i = 0$, $i = n$ を**反射壁**とよぶ．この問題での推移確率で，ゼロでない要素は

$$p_{i,i+1} = p, \quad p_{i,i-1} = q \quad (1 \leq i \leq n-1)$$
$$p_{01} = \delta_a, \quad p_{00} = 1 - \delta_a, \quad p_{n,n-1} = \delta_b, \quad p_{nn} = 1 - \delta_b$$

である．ここで，$\delta_a > 0, \delta_b > 0$ を**反射率**とよぶ．

反射壁間のランダムウォークを一般化した例として，**エーレンフェストのモデル**が挙げられる．これは，熱力学的への応用のために導入されたモデルで[1]，図 5.6 に示すように，I, II と番号をつけた二つの容器の中に合計 n 個の分子を入れる．I には j 個，II には $n-j$ 個入っているとする．二つの容器のうちから無作為に一つの容器を選び，その中から 1 個の分子を取り出し，他方の容器に移す動作を繰り返す．容器 I の中の分子数を確率変数とみなし，m 回の動作後，容器 I に X_m 個の分子が入っていたとする．すると，X_m はマルコフ連鎖であり，推移確率は

$$p_{j,j+1} = 1 - \frac{j}{n}, \quad p_{j,j-1} = \frac{j}{n}$$

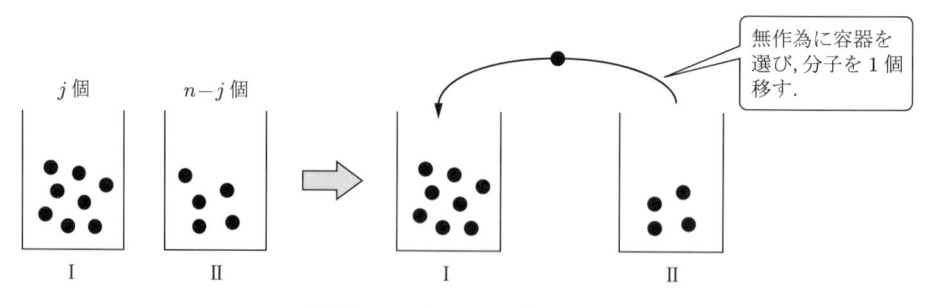

図 5.6 エーレンフェストのモデル

---

[1] このモデルの結果から，直接的にニュートンの冷却法則が導かれる．また，熱力学を気体分子論的に導いた場合に発生する，時間反転に関する可逆性のパラドックス（熱力学第 2 法則では非可逆）を確率論的に解決するためにも用いられる．

となる．どちらかの容器内の分子数がゼロとなったら，もうそこからは取り出すことができないから，

$$p_{01} = 1, \quad p_{00} = 0, \quad p_{n,n-1} = 1, \quad p_{nn} = 0$$

すなわち，$\delta_a = \delta_b = 1$ の反射壁間のランダムウォークと同等となる．

3. 周期軌道

二つの端点 $0, n$ を同一視し，図 5.7 のように輪を描くようなランダムウォークの経路を考える．この問題での推移確率で，ゼロでないものは

$$p_{i,i+1} = p, \quad p_{i,i-1} = q \quad (1 \leq i \leq n)$$

である．ただし，$p_{n,n+1} = p_{n1}$, $p_{10} = p_{1n}$ である．

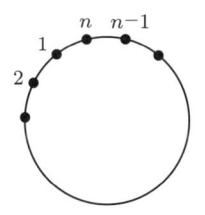

図 5.7 周期軌道

5.6 マルコフ連鎖の数学的理論

定常な推移確率をもつマルコフ連鎖の，n ステップ後の推移確率は

$$p_{ij}(n) := P(\{X_{m+n} = j\} | \{X_m = i\}) \tag{5.42}$$

である．なお，

$$p_{ij}(0) = \begin{cases} 0 & (i \neq j) \\ 1 & (i = j) \end{cases} \tag{5.43}$$

と定義する．$p_{ij}(0)$, $p_{ij}(n)$ は

$$p_{ij}(n) \geq 0, \quad \sum_{j=-\infty}^{\infty} p_{ij}(n) = 1$$

を満たしている．$p_{ij}(n)$ を p_{ij} を用いて表現してみよう．まず，

$$p_{ij}(2) = \sum_{k=-\infty}^{\infty} p_{ik} p_{kj} \tag{5.44}$$

が成立することは，定義により，以下のように示される．

$$
\begin{aligned}
p_{ij}(2) &= P(\{X_{m+2}=j\}|\{X_m=i\}) \\
&= \sum_{k=-\infty}^{\infty} P(\{X_{m+2}=j\}|\{X_{m+1}=k\})P(\{X_{m+1}=k\}|\{X_m=i\}) \\
&= \sum_{k=-\infty}^{\infty} p_{kj}p_{ik}
\end{aligned}
$$

上の計算を繰り返すと，

$$p_{ij}(n) = \sum_{k_1=-\infty}^{\infty}\sum_{k_2=-\infty}^{\infty}\cdots\sum_{k_{n-1}=-\infty}^{\infty} p_{ik_1}p_{k_1k_2}\cdots p_{k_{n-1}j} \tag{5.45}$$

が得られる．これを行列の形で表す．

$$\boldsymbol{P} = \begin{pmatrix} \cdots & \cdots & \cdots & \cdots & \cdots & \cdots & \cdots \\ \cdots & \cdots & \cdots & p_{-2\,0} & \cdots & \cdots & \cdots \\ \cdots & \cdots & \cdots & p_{-1\,0} & \cdots & \cdots & \cdots \\ \cdots & p_{0\,-2} & p_{0\,-1} & p_{0\,0} & p_{0\,1} & p_{0\,2} & \cdots \\ \cdots & \cdots & \cdots & p_{1\,0} & \cdots & \cdots & \cdots \\ \cdots & \cdots & \cdots & p_{2\,0} & \cdots & \cdots & \cdots \\ \cdots & \cdots & \cdots & \cdots & \cdots & \cdots & \cdots \end{pmatrix} \tag{5.46}$$

$$\boldsymbol{P}(n) = \begin{pmatrix} \cdots & \cdots & \cdots & \cdots & \cdots & \cdots & \cdots \\ \cdots & \cdots & \cdots & p_{-2\,0}(n) & \cdots & \cdots & \cdots \\ \cdots & \cdots & \cdots & p_{-1\,0}(n) & \cdots & \cdots & \cdots \\ \cdots & p_{0\,-2}(n) & p_{0\,-1}(n) & p_{0\,0}(n) & p_{0\,1}(n) & p_{0\,2}(n) & \cdots \\ \cdots & \cdots & \cdots & p_{1\,0}(n) & \cdots & \cdots & \cdots \\ \cdots & \cdots & \cdots & p_{2\,0}(n) & \cdots & \cdots & \cdots \\ \cdots & \cdots & \cdots & \cdots & \cdots & \cdots & \cdots \end{pmatrix} \tag{5.47}$$

すると，

$$\boldsymbol{P}(n) = \boldsymbol{P}^n \tag{5.48}$$

$$\boldsymbol{P}^{m+n} = \boldsymbol{P}^m \boldsymbol{P}^n \tag{5.49}$$

$$\boldsymbol{P}(m+n) = \boldsymbol{P}(m)\boldsymbol{P}(n) \tag{5.50}$$

が得られる．式 (5.50) を，チャップマン・コルモゴロフの方程式とよぶ．

マルコフ連鎖では，推移確率が与えられれば，任意の時間ステップ n における状態 j の確率分布が，行列の演算で計算できる．時刻 0 において

$$P(\{X_0 = j\}) = a_j$$

であったとする．すると，

$$\begin{aligned} a_j(n) &= P(\{X_n = j\}) \\ &= \sum_{i=-\infty}^{\infty} P(\{X_0 = i\}) P(\{X_n = j\} | \{X_0 = i\}) \\ &= \sum_{i=-\infty}^{\infty} a_i p_{ij}(n) \end{aligned}$$

となる．初期ベクトル $\boldsymbol{a}$，時刻 n でのベクトル $\boldsymbol{a}(n)$ を

$$\boldsymbol{a} = (\cdots, a_{-2}, a_{-1}, a_0, a_1, a_2, \cdots) \tag{5.51}$$

$$\boldsymbol{a}(n) = (\cdots, a_{-2}(n), a_{-1}(n), a_0(n), a_1(n), a_2(n), \cdots) \tag{5.52}$$

と定義すると，

$$\boldsymbol{a}(n) = \boldsymbol{a}\boldsymbol{P}(n) = \boldsymbol{a}\boldsymbol{P}^n \tag{5.53}$$

が得られる．したがって，初期時刻における確率分布が与えられれば，任意の時刻における確率分布が容易に計算できる．

5.6.1 推移確率による状態の分類

マルコフ連鎖では，状態全体を推移確率で分類することが可能である．ある正整数 n に対して

$$p_{ij}(n) > 0 \tag{5.54}$$

のとき，状態 j は状態 i から**到達可能**であるといい，

$$i \to j \tag{5.55}$$

とかく．

$$p_{ij}(n) > 0 \quad \text{かつ} \quad p_{ji}(n) > 0 \tag{5.56}$$

のとき，状態 i と状態 j は互いに**伝達可能**であるといい，

$$i \leftrightarrow j \tag{5.57}$$

とかく．簡単にわかるように，$\leftrightarrow$ は同値関係であるから，これを用いて状態全体を同

値な組に類別することができる．たとえば，$p_{ii} = 1$ である状態は，それ自身で一つの組を作る．$p_{ii} = 1$ である組は，**吸収的である**といわれる．ランダムウォークにおける吸収壁が，典型的な例である．また，任意の正整数 n に対して $p_{ii}(n) = 0$ となる状態も，それ自身で一つの組を作る．なぜなら，ほかに伝達可能な状態があったら，その状態を経由して有限ステップ後にもとの状態に戻れることになってしまうからである．同値な組がただ一つであるとき，すべての状態がほかの状態から到達可能である．このとき，マルコフ連鎖は**既約である**という．

5.2 節では，ランダムウォークに対してあるステップ後にある状態に到達する確率を考えたが，ここでは，一般的なマルコフ連鎖に対して**条件的推移確率**を定義する．

$$f_{ij}(n) = P(\{X_n = j, X_{n-1} \neq j, \ldots, X_1 \neq j | X_0 = i\})$$
$$= P(\{X_0 = i, X_1 \neq j, \ldots, X_{n-1} \neq j, X_n = j\}) \quad (5.58)$$

$f_{ij}(n)$ は，状態 i から出発して n ステップ後に初めて状態 j に到達する確率である．なお，$f_{ij}(0) = 0$ と定義する．簡単にわかるように，

$$p_{ij}(n) = \sum_{k=0}^{n} f_{ij}(k) p_{jj}(n-k) \quad (5.59)$$

が成り立つ．$\{p_{ij}(n)\}$ の母関数を $P_{ij}(s)$，$\{f_{ij}(n)\}$ の母関数を $F_{ij}(s)$

$$P_{ij}(s) = \sum_{n=0}^{\infty} p_{ij}(n) s^n, \quad F_{ij}(s) = \sum_{n=0}^{\infty} f_{ij}(n) s^n \quad (|s| < 1) \quad (5.60)$$

とすると，式 (5.59) より，合成積の性質を用い，また，式 (5.43) を考慮すると，$i \neq j$ のとき

$$P_{ij}(s) = F_{ij}(s) P_{jj}(s) \quad (5.61)$$

となる．また，$i = j$ のときは，

$$P_{ii}(s) - 1 = F_{ii}(s) P_{ii}(s) \quad (5.62)$$

である．式 (5.62) より，

$$P_{ii}(s) = \frac{1}{1 - F_{ii}(s)} \quad (5.63)$$

が得られる．

5.6.2 再帰的と一時的による状態の分類

$f_{ij}(n)$ を利用して，マルコフ連鎖の状態を以下のように分類する．

$$\overline{f}_{ii} = \begin{cases} \sum_{n=1}^{\infty} f_{ii}(n) = 1 & : i\text{ は再帰的} \\ \sum_{n=1}^{\infty} f_{ii}(n) < 1 & : i\text{ は一時的} \end{cases} \tag{5.64}$$

状態が再帰的なら，過程の進行と共に確実にもとの状態に戻るが，一時的ならもとの状態に戻らない確率がゼロではない．状態 i が再帰的である場合，平均再帰時間

$$\mu_i = \sum_{n=1}^{\infty} n f_{ii}(n) \tag{5.65}$$

によって，さらに，以下のように分類することができる．

$$\begin{aligned} \mu_i < \infty & \quad (i\text{ は正状態}) \\ \mu_i = \infty & \quad (i\text{ はゼロ状態}) \end{aligned} \tag{5.66}$$

式 (5.64) で導入した

$$\overline{f}_{ii} = \sum_{n=1}^{\infty} f_{ii}(n) \tag{5.67}$$

および，以下に定義する $\overline{f}_{ij}$

$$\overline{f}_{ij} = \sum_{n=1}^{\infty} f_{ij}(n) \tag{5.68}$$

は，それぞれ状態 i から出発していつかは状態 i に戻る確率と，状態 i から出発していつかは状態 j に到達する確率を表す．

これらの状態の分類を，図 5.8 にまとめた．マルコフ連鎖は，まず，周期的か非周期的と，再帰的か一時的かで分類される．また，再帰的状態は，正状態とゼロ状態に分類される．なお，周期による分類は，定理 5.8 の後で述べる．

つぎに，$f_{ii}[m]$ を状態 i から出発して，少なくとも m 回状態 i に戻る確率とする．また，$f_{ij}[m]$ を状態 i から出発して，少なくとも m 回状態 j に到達する確率とする．すると，

$$f_{ii}[\infty] = \lim_{m \to \infty} f_{ii}[m] \tag{5.69}$$

$$f_{ij}[\infty] = \lim_{m \to \infty} f_{ij}[m] \tag{5.70}$$

で定義される $f_{ii}[\infty]$, $f_{ij}[\infty]$ は，それぞれ状態 i から出発して無限回状態 i に戻る確率，状態 i から出発して無限回状態 j に到達する確率である．このとき，つぎの定理が成立する．

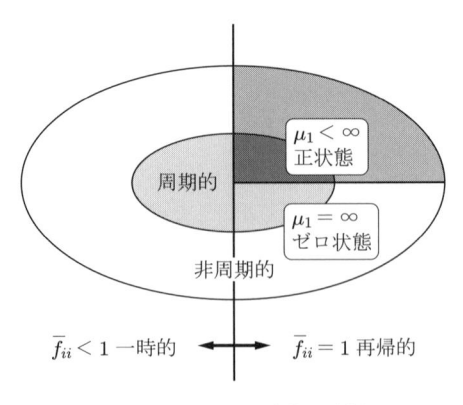

図 5.8 マルコフ連鎖の分類

> **定理 5.5　0-1 法則**　状態 i が再帰的なら $f_{ii}[\infty] = 1$, 状態 i が一時的なら $f_{ii}[\infty] = 0$ となる.

証明　$f_{ii}[m]$ と $\overline{f}_{ii}$ の定義から, すべての状態 i, j に対して

$$f_{ii}[m] = \overline{f}_{ii}\, f_{ii}[m-1] \tag{5.71}$$

が成立する. これから, 帰納的に

$$f_{ii}[m] = (\overline{f}_{ii})^{m-1} f_{ii}[1]$$

となる. 定義から $f_{ii}[1] = \overline{f}_{ii}$ であるから,

$$f_{ii}[m] = (\overline{f}_{ii})^m$$

となる. $m \to \infty$ とすると, 状態 i が再帰的なら, $\overline{f}_{ii} = 1$ だから $f_{ii}[\infty] = 1$ となり, 状態 i が一時的なら, $\overline{f}_{ii} < 1$ だから $f_{ii}[\infty] = 0$ が結論される. なお, 式 (5.71) で $m \to \infty$ とすると,

$$f_{ii}[\infty] = \overline{f}_{ii}\, f_{ii}[\infty] \tag{5.72}$$

が得られる. □

また, 式 (5.71) と同様にして, すべての状態 i, j に対して

$$f_{ij}[m] = \sum_{n=1}^{\infty} f_{ij}(n) f_{jj}[m-1] = \overline{f}_{ij}\, f_{jj}[m-1] \tag{5.73}$$

が成り立ち，$m \to \infty$ とすると

$$f_{ij}[\infty] = \overline{f}_{ij}\, f_{jj}[\infty] \tag{5.74}$$

が得られる．

推移確率 $p_{ij}(n)$ に関して，以下の定理が成立する．

定理 5.6 状態 i が再帰的なら

$$\sum_{n=1}^{\infty} p_{ii}(n) = \infty$$

となり，状態 i が一時的なら

$$\sum_{n=1}^{\infty} p_{ii}(n) < \infty$$

となる．

証明 状態 i が再帰的なら，$\sum_{n=1}^{\infty} f_{ii}(n) = 1$ が成り立つ．母関数の定義 (5.60) より，

$$\lim_{s \to 1-0} F_{ii}(s) = 1$$

となり，式 (5.63) より，

$$\lim_{s \to 1-0} P_{ii}(s) = \infty$$

となる．状態 i が一時的なら，$\sum_{n=1}^{\infty} f_{ii}(n) < 1$ であるから，同様にして定理が成立する． $\square$

同値による類別で作られた組のすべての状態は，定理 5.7 で示されるように，ともに再帰的であるか，ともに一時的であるかのどちらかとなっている．したがって，再帰的な組ではすべての状態が繰り返し実現されるが，一時的な組ではそうはならない．明らかに，状態数が有限な既約マルコフ連鎖は，一時的ではありえない．

定理 5.7 状態 i が再帰的で，$i \leftrightarrow j$ なら，状態 j も再帰的である．

証明 $i \leftrightarrow j$ なら，$m, n > 0$ が存在して

$$p_{ij}(m) > 0, \quad p_{ji}(n) > 0$$

となる．$l \geq 0$ とすると

$$p_{jj}(n+l+m) = \sum_r \sum_s p_{jr}(n)p_{rs}(l)p_{sj}(m) \geq p_{ji}(n)p_{ii}(l)p_{ij}(m)$$

が得られる．よって，

$$\sum_{l=0}^{\infty} p_{jj}(n+l+m) \geq p_{ji}(n)p_{ij}(m) \sum_{l=0}^{\infty} p_{ii}(l)$$

がわかる．これから，

$$\sum_{l=0}^{\infty} p_{ii}(l) = \infty \quad \text{なら} \quad \sum_{l=0}^{\infty} p_{jj}(l) = \infty$$

が得られる． □

再帰的と一時的は互いに排他的であるから，状態 i が一時的なら，状態 j も一時的であることがわかる．

状態 i が再帰的なら，$\sum_{n=1}^{\infty} f_{ii}(n) = 1$ が成り立っているが，それに加えて，つぎの定理が存在する．

> **定理 5.8** 状態 i が再帰的で $i \to j$ なら，以下が成り立つ．
>
> $$\overline{f}_{ji} = \sum_{n=1}^{\infty} f_{ji}(n) = 1$$

証明 最初に，$f_{ij}[\infty]$ の定義から

$$f_{ij}[\infty] = \sum_{k=-\infty}^{\infty} p_{ik}(m) f_{kj}[\infty] \tag{5.75}$$

が成り立つことがわかる．上式で $i = j$ とおくと

$$f_{ii}[\infty] = \sum_{k=-\infty}^{\infty} p_{ik}(m) f_{ki}[\infty] \tag{5.76}$$

である．一方，状態 i は再帰的であるから，定理 5.5 より，$f_{ii}[\infty] = 1$ である．$\sum_{k=-\infty}^{\infty} p_{ik}(m) = 1$ に注意すると，

$$\sum_{k=-\infty}^{\infty} p_{ik}(m)(1 - f_{ki}[\infty]) = 0$$

となる．$1 - f_{ki}[\infty] \geq 0$ であるから，任意の $m > 0$ に対して

$$p_{ik}(m)(1 - f_{ki}[\infty]) = 0$$

が得られる．$i \to j$ であるから，ある $m > 0$ に対して $p_{ij}(m) > 0$ となる．したがって，

$$f_{ji}[\infty] = 1$$

が結論される．また，式 (5.74) より，

$$f_{ji}[\infty] = \overline{f}_{ji}\, f_{ii}[\infty]$$

となる．状態 i が再帰的だから，$f_{ii}[\infty] = 1$ より，

$$f_{ji}[\infty] = \overline{f}_{ji}$$

がわかる．ゆえに，以下が成り立つ．

$$\overline{f}_{ji} = 1$$

□

さらに，状態 i と j が互いに伝達可能 $(i \leftrightarrow j)$ なら，一方が正状態またはゼロ状態なら他方も同じであることが証明できるので，状態がゼロであるか正であるかは組の性質となる．したがって，図 5.8 で示した状態の分類は，既約マルコフ過程に対してもまったく同様にあてはまる．

$p_{ii}(n) > 0 \ (n \geq 1)$ なる正整数 n 全体の最大公約数を状態 i の**周期**といい，d_i で表す．すべての $n \geq 1$ に対して $p_{ii}(n) = 0$ のとき，**非復帰的**であるといい，$d_i = 0$ とする．$d_i = 1$ のとき，状態 i は**非周期的**であるという．定義から明らかなように，l を正整数としたとき，必ずしも $p_{ii}(ld_i) > 0$ とはならず，通常の意味での周期とはやや異なる．ただし，$m \neq l d_i$ なら $p_{ii}(m) = 0$ である．

定理 5.9 $i \leftrightarrow j$ なら，$d_i = d_j$ が成り立つ．

証明 $i \leftrightarrow j$ なら，$m, n > 0$ が存在して

$$p_{ij}(m) > 0, \quad p_{ji}(n) > 0$$

となる．l を d_i の倍数の一つとして，$p_{ii}(l) > 0$ とすると，定理 5.7 と同様にして

$$p_{jj}(n+l+m) \geq p_{ji}(n)p_{ii}(l)p_{ij}(m) > 0$$

が成り立つ．したがって，d_j は $n+l+m$ の約数である．つぎに，

$$p_{jj}(l+l) = \sum_r p_{jr}(l)p_{rj}(l) \geq p_{jj}(l)p_{jj}(l) > 0$$

であるから，

$$p_{jj}(n+2l+m) \geq p_{ji}(n)p_{ii}(2l)p_{ij}(m) \geq p_{ji}(n)p_{ij}(m) > 0$$

である．したがって，d_j は $n+2l+m$ の約数となる．ゆえに，d_j は $n+2l+m-(n+l+m)=l$ の約数となる．これから，$d_j \leq d_i$ となる．i と j を入れ替えて同様の計算を行うと，$d_j \geq d_i$ となる．以上より，$d_j = d_i$ となる． □

したがって，周期も組の性質となる．証明は省略するが，十分大きなすべての $n > 0$ に対して

$$p_{ii}(nd_i) > 0 \tag{5.77}$$

であることが知られている．

例 5.6　1 次元ランダムウォーク

5.2〜5.4 節で詳しく説明した 1 次元ランダムウォークを，改めて見直してみよう．推移確率は，$p, q > 0$，$p+q=1$ として

$$p_{i\,i+1} = p, \quad p_{i\,i-1} = q$$

である．明らかに，どの状態もほかの状態から到達可能であるから，このマルコフ連鎖は既約であり，全状態が一つの組を作る．また，任意の状態は，偶数ステップ後に戻ることが有限の確率で可能であるから，周期は 2 で周期的である．つぎに，再帰性を調べる．壁のない 1 次元ランダムウォークは空間的に一様であるから，状態 0 だけを調べればよい．定理 5.6 より，$\sum_{n=1}^{\infty} p_{00}(n)$ が発散するか収束するかを調べる．二項分布より，

$$p_{00}(2n+1) = 0, \quad p_{00}(2n) = {}_{2n}C_n p^n q^n = \frac{(2n)!}{n!n!}p^n q^n$$

である（問 5.3 とする）．スターリングの公式を利用すると，

$$p_{00}(2n) \approx \frac{(4pq)^n}{\sqrt{\pi n}}$$

となる．$pq = p(1-p) \leq 1/4$ で，等号は $p=1/2$ のときだけ成り立つ．したがって，

$p=1/2$ のとき，$\sum_{n=1}^{\infty} p_{00}(n) = \infty$ となる．ゆえに，定理 5.2 より，$p=q=1/2$ のときすべての状態は再帰的で，$p \neq q$ では一時的である．

つぎに，原点に再帰する確率を調べてみよう．5.4 節の結果では，0 から出発したランダムウォークがいつかは原点に再帰する確率は，式 (5.41) で与えられた．条件的推移確率 $f_{ij}(n)$ を用いると，この確率はまったく同様の式

$$\sum_{n=1}^{\infty} f_{00}(n) = 1 - |p-q|$$

で与えられる．したがって，原点から出発したランダムウォークは，$p=q$ のときは原点に何回でも戻ってくるが，$p \neq q$ のときは原点に戻らない確率がゼロではない．また，$p=q$ のとき，5.4 節の結果から状態 0 の平均再帰時間は ∞ であるから，すべての状態はゼロ状態である．

問 5.3 例 5.6 で用いた結果

$$p_{00}(2n+1) = 0, \quad p_{00}(2n) = {}_{2n}\mathrm{C}_n p^n q^n$$

を示せ．

例 5.7 2 次元対称ランダムウォーク

2 次元対称ランダムウォークは，状態が平面上の整数格子点 $\boldsymbol{k} = (k_1, k_2)$ 全体で，$\boldsymbol{l} = (l_1, l_2)$ とすると，推移確率は

$$p_{\boldsymbol{k}\boldsymbol{l}} = \begin{cases} \dfrac{1}{4} & (|k_1 - l_1| + |k_2 - l_2| = 1) \\ 0 & (その他) \end{cases} \tag{5.78}$$

で与えられる．2 次元対称ランダムウォークは既約で，任意の状態は偶数ステップ後に戻ることが有限の確率で可能であるから，周期が 2 である．また，再帰的あることが知られている．

問 5.4 2 次元対称ランダムウォークにおいて

$$p_{\boldsymbol{0}\boldsymbol{0}}(2n+1) = 0, \quad p_{\boldsymbol{0}\boldsymbol{0}}(2n) = \sum_{l+m=n} \frac{2n!}{(l!)^2 (m!)^2} \left(\frac{1}{4}\right)^{2n}$$

となることを示せ．

練習問題 5

5.1 例 5.1 における遷移確率を求めよ．

5.2 二つの壷 A，B があり，5 個の黒玉と 5 個の白玉がランダムに 5 個ずつ壷に入っているとする．両方の壷から無作為に 1 個玉を選んで入れ替える．このとき，壷 A に入っている黒玉の数を確率変数とし，玉の入れ替えの回数を離散時間とすると，反射壁をもつランダムウォークとなることを示し，推移確率と反射率を求めよ．

5.3 練習問題 5.2 で玉を無作為に 2 個選んで入れ替える場合，p_{2j} $(0 \leq j \leq 5)$ を求めよ．

5.4 例 5.5 の破産ゲームで，勝つ確率が p，負ける確率が q の場合を考える $(p+q=1)$．このとき，式 (5.11) は
$$R_g = pR_{g+1} + qR_{g-1}$$
と変化する．この差分方程式の解を，境界条件 $R_0 = 1$, $R_b = 0$ のもとで求めよ．

5.5 時計の文字盤を考える．1 時から 12 時までの位置を点がランダムに移動する．ある時刻から 1 時間進む確率と 1 時間戻る確率が，等しく 1/2 であるとする．これをマルコフ連鎖として扱い，推移確率を求めよ．また，14 回のステップ（移動）によって初めてもとの位置に戻る確率を求めよ．

5.6 2 次元の対称なランダムウォークで，M, N を正整数として $x=0, M$, $y=0, N$ に吸収壁があるときの推移確率を求めよ．

5.7 3 次元無限領域の対称なランダムウォークを考えたとき，その推移確率を求めよ．

5.8 サイコロを投げ続ける．出た目が 2 または 4 なら 2 点を得て，奇数なら 1 点を失い，6 では所持点は変わらないとする．n 回試行を行った後の所持点数を X_n とする．このとき，X_n はマルコフ連鎖となることを示し，推移確率を求めよ．

5.9 サイコロを投げ続ける．n 回目の試行までで，出た目が 3 の倍数である回数を X_n，それ以外の目が出る回数を Y_n とする．$Z_n = Y_n - X_n$ とすると，Z_n はマルコフ連鎖であることを示し，その推移確率を求めよ．

5.10 サイコロを投げ続ける．n 回目の試行までで，出た目が奇数である回数を X_n，偶数である回数を Y_n とする．$Z_n = |Y_n - X_n|$ とすると，Z_n はマルコフ連鎖となるかどうか考えよ．

5.11 反射壁間のランダムウォーク
$$p_{i,i+1} = p, \quad p_{i,i-1} = q \quad (1 \leq i \leq n-1)$$
$$p_{01} = \delta_a, \quad p_{00} = 1 - \delta_a, \quad p_{n,n-1} = \delta_b, \quad p_{nn} = 1 - \delta_b$$
で，$\delta_a = \delta_b = 1$ とした場合の定常な分布を求めよ．

5.12 エーレンフェストのモデルに対する定常な分布を求めよ．つぎに，n が非常に大きい場合の極限的な分布を求めよ．

5.13 反射壁間のランダムウォークで，推移確率が

$$p_{j,j+1} = \frac{j}{n}, \quad p_{j,j-1} = 1 - \frac{j}{n} \quad (1 \leq i \leq n-1)$$
$$p_{01} = 1, \quad p_{00} = 0, \quad p_{n,n-1} = 1, \quad p_{nn} = 0$$

で与えられるとき，定常な分布はあるか，もしあるとすれば，どのようなものか求めよ．

5.14 2次元対称ランダムウォークは再帰的であることを示せ．[ヒント：公式

$$\sum_{j=0}^{n} \left({}_n C_j\right)^2 = {}_{2n} C_n$$

を利用せよ（参考文献 [6], [9]）.]

5.15 式 (5.13), (5.22) において，スターリングの公式を用いて $n \to \infty$ の極限で

$$u_{2n} \approx \frac{1}{\sqrt{n\pi}}, \quad p_{2k,2n} \approx \frac{1}{\pi\sqrt{k(n-k)}}$$

となることを示せ．

5.16 第一アークサイン公式

α を $1/2 < \alpha < 1$ を満たす定数とする．長さが $2n$ の経路全体で，正側にある区間の個数 $2k$ が $2k/2n < \alpha$ となる場合の確率が，$n \to \infty$ の極限で

$$\frac{1}{\pi} \int_0^{\alpha} \frac{1}{\sqrt{x(1-x)}} dx = \frac{2}{\pi} \arcsin \sqrt{\alpha}$$

となることを示せ．

第6章

加法過程

　本章では，連続的な時間に関して変化する確率過程を取り扱う．その中で，確率変数の増分が常に互いに独立な過程を「加法過程」とよぶ．また，加法過程の中でほとんど確実に連続な過程を「ガウス型加法過程」とよぶ．中でもとくに重要な，「ウィーナー過程」または「ブラウン運動」については詳しい説明を行う．じつは，ウィーナー過程は，ベルヌーイ試行のある意味での極限となっている．また，ウィーナー過程の時間微分が定義でき，その確率過程が，いわゆる「ホワイトノイズ」となっていることを説明する．一方，ほとんど確実に高さ1の不連続な増加をする確率過程を「ポアソン過程」とよび，多くの重要な物理現象・社会現象を表すことができる．待ち行列理論，出生死滅過程についても紹介する．

　本章から，時間が連続的に変化する確率過程を取り扱う．そのためには，微分・積分の概念を確率的な場合へ拡張する必要がある．確率変数 ω のほとんどすべての値（確率測度ゼロの集合を除いて）に対して，確率過程の標本過程 $X(t,\omega)$ が連続，微分可能，可測であるとき，それぞれ，標本過程が**ほとんど確実に（確率1で）**連続，微分可能，可測であるという．つぎに，**確率連続**を定義する．

> **定義 6.1 確率連続**　$X(t,\omega)$ が $t = t_0$ で確率連続であるとは，任意の $\varepsilon > 0$ に対して
> $$\lim_{t \to t_0} P(\{|X(t,\omega) - X(t_0,\omega)| > \varepsilon\}) = 0$$
> であることを意味する．この収束は，確率収束である．また，t のすべての値に対して確率連続であるとき，$X(t,\omega)$ は確率連続であるという．

　今後，多くの場合，確率過程の標本過程 $X(t,\omega)$ に対して表記を簡単にするために，確率変数 ω を省略し，単に確率過程とよぶことにする．確率連続に関して，以下の定理が成立している（証明略）．

> **定理 6.1**　$X(t,\omega)$ が開区間 (a,b) で確率連続なら，(a,b) に含まれる任意の閉区間 $[\alpha,\beta]$ で**一様確率連続**となる．

　ほとんど確実に連続な標本過程をもつ確率過程は確率連続であるが，逆は必ずしも

成り立たない．これは，ほとんど至る所収束と，確率収束の関係と同様である．

問 6.1 $X(t,\omega)$ が
$$\lim_{t \to t_0} P(\{|X(t,\omega) - X(t_0,\omega)| > \varepsilon\}) = 0$$
を満たすが，実際は確率変数でない場合，通常の連続関数となることを示せ．

確率過程でも，確率変数と同様に，平均，分散が定義できるが，時間 t の変数であるので，それらは時間の関数となる．とくに，分散は二つの時間の関数となる．

確率過程 $X(t,\omega)$ の**共分散** $C[X(s), X(t)]$ は，つぎのように定義され，確率過程ではない確率変数での共分散に対応している．

$$C[X(s), X(t)] = E[\{X(s) - E[X(s)]\}\{X(t) - E[X(t)]\}]$$

分散 $V[X(t)]$ は

$$V[X(t)] = C[X(t), X(t)]$$

で定義され，さらに，**相関** $R[X(s), X(t)]$ は

$$R[X(s), X(t)] = E[X(s)X(t)] = C[X(s), X(t)] + E[X(s)]E[X(t)]$$

で定義される．

区間 (a,b) で定義された確率過程 $X(t,\omega)$ において，

$$a < t_1 < t_2 < \cdots < t_n < b$$

となる任意の $\{t_k\}$ に対して

$$X(t_k, \omega) - X(t_{k-1}, \omega) \quad (k = 2, 3, \ldots, n)$$

が互いに独立であるとき，$X(t,\omega)$ は**加法過程**あるいは**独立加法過程**であるという．確率連続性は仮定しない．

この加法過程の定義は，ベルヌーイ試行の拡張になっていることに注意してほしい．2.2 節で述べたように，ベルヌーイ試行は，n 個の独立な確率変数の和となっている．この n を連続的な時間とし，確率変数 X_i の取り得る値を連続的にすればよい．また，4.2, 4.3 節で述べた n 個の独立な確率変数の和で，n を連続的な時間とすることに対応している．さらに，1.4.2 項で述べたベルヌーイ試行において，試行回数を非常に大きくした場合に正規分布 (1.14) で近似される事実が，中心極限定理に対応していることは，すでに説明した．さらに，ポアソン分布は，やはりベルヌーイ試行の極限として得られ，これがポアソンの小数の法則の特別な場合にあたることを，1.4.5 項と 4.4 節で説明した．これらと同様な現象が加法過程においても成り立っていることを，以下，順次説明していく．

6.1 ウィーナー過程

標本過程がほとんど確実に連続であるような加法過程を，**ガウス型加法過程**とよぶ．確率過程でとくに重要なウィーナー過程が，その代表的なものである．なお，第7章で説明するガウス過程と混同しないように注意してほしい[1]．ガウス型加法過程は，明らかに確率連続である．また，ある条件を満足する n 個の独立な確率変数の和において，n を無限に大きくしたときに正規分布に近づくのと同様な性質をもっている．それを説明するために，中心極限定理をこの場合に適用できるような形で与える．

定理 6.2 独立変数系 $X_{nk}(t,\omega)$ $(k=1,2,\ldots,p(n),\ n=1,2,\ldots)$ と正数列 $\{\varepsilon_n\}$ が与えられていて，$n \to \infty$ のとき $p(n) \to \infty,\ \varepsilon_n \to 0$ であるとし，

(i) $X_{n1}, X_{n2}, \ldots, X_{n\,p(n)}$ は独立である．

(ii) $|X_{n1}|, |X_{n2}|, \ldots, |X_{n\,p(n)}| < \varepsilon_n$

と仮定する．つぎに，$X_n = X_{n1} + X_{n2} + \cdots + X_{n\,p(n)}$ と定義し，$n \to \infty$ の極限を

$$X_n \to X \quad (\text{a.e.})$$

とおく．このとき，X が存在し，正規分布に従うことが知られている（証明略，参考文献 [1] 定理 26.2 の補題参照）．

定理 6.2 は，分散の大きさを考えなくても，それぞれの確率変数の絶対値が小さければ，中心極限定理が成り立つことを示している．

定理 6.3 $X(t,\omega)$ が開区間 (a,b) でガウス型加法過程なら，関数 $m(t)$，単調増加関数 $v(t)$ が存在して，$X(t)-X(s)$ $(t>s)$ が正規分布 $N(m(t)-m(s), v(t)-v(s))$ に従う．

証明 区間 (a,b) に含まれる区間 $[s,t]$ の n 等分点を

$$s = t_0^n < t_1^n < \cdots < t_n^n = t$$

とする．$X(t,\omega)$ はほとんどすべての ω に対して t の連続関数であるから，定理 6.1 より，$[s,t]$ の上で一様確率連続である．したがって，任意の ε に対して s_1, t_1 $(s < s_1 < t_1 < t)$ の値に依存せずに δ を十分に小さくすると，定義 6.1 より

---

[1] 実際には，例 7.1 で説明されるように，ガウス型加法過程はガウス過程に含まれる．また，例 7.5 で説明があるように，加法過程はマルコフ過程となる．

$$|t_1 - s_1| < \delta \Rightarrow P(\{|X(t_1) - X(s_1)| > \varepsilon\}) < \varepsilon$$

となる．これは，正整数 m を十分に大きくすると，任意の $\varepsilon > 0$ に対して

$$P(\{\operatorname*{Max}_{k} |X(t_k^m) - X(t_{k-1}^m)| > \varepsilon\}) < \varepsilon \tag{6.1}$$

が成立することを意味する．これから，

$$P(\{\operatorname*{Max}_{k} |X(t_k^n) - X(t_{k-1}^n)| > \varepsilon_n\}) < \varepsilon_n \tag{6.2}$$

を満たしながら $n \to \infty$ でゼロに近づく正数列 $\{\varepsilon_n\}$ が存在することがわかる．たとえば，$\varepsilon_0 = 2$ ととり，順次ゼロに収束するような数列を構成することができる．つぎに，単位階段関数 $\theta(x)$ を用いて

$$\phi_n(x) = \theta(x + \varepsilon_n) - \theta(x - \varepsilon_n)$$

と定義する．これを用いて

$$X_{nk} = \phi_n(X(t_k^n) - X(t_{k-1}^n))[X(t_k^n) - X(t_{k-1}^n)], \quad X_n = \sum_{k=1}^{n} X_{nk}$$

とおくと，

$$X_n - [X(t) - X(s)] = \sum_{k=1}^{n} \left[\phi_n(X(t_k^n) - X(t_{k-1}^n)) - 1\right][X(t_k^n) - X(t_{k-1}^n)]$$

となる．

$$P(\{|X_n - (X(t) - X(s))| > \eta\})$$
$$= P\left(\left\{\left|\sum_{k=1}^{n} \left[\phi_n(X(t_k^n) - X(t_{k-1}^n)) - 1\right][X(t_k^n) - X(t_{k-1}^n)]\right| > \eta\right\}\right)$$
$$\leq P\left(\left\{\sum_{k=1}^{n} \left|\phi_n(X(t_k^n) - X(t_{k-1}^n)) - 1\right| \left|X(t_k^n) - X(t_{k-1}^n)\right| > \eta\right\}\right)$$
$$= P\left(\left\{\sum_{k=1}^{n} \mathbb{1}_{\{|X(t_k^n) - X(t_{k-1}^n)| > \varepsilon_n\}} \left|X(t_k^n) - X(t_{k-1}^n)\right| > \eta\right\}\right)$$

が得られる．ε_n は $n \to \infty$ でゼロに収束するので，明らかに，与えられた $\eta > 0$ に対して，$n \to \infty$ のとき

$$P(\{|X_n - (X(t) - X(s))| > \eta\}) \to 0$$

となる．これによって，X_n は $X(t) - X(s)$ へ確率収束することが示された．する

と，4.1節の式 (4.9) より，X_n の部分列 $X_{n'}$ は $X(t) - X(s)$ へほとんど確実に収束する．$X_{n'}$ は，$X(t)$ の独立加法性と X_{nk} の定義により，定理 6.2 の条件を満たすことがわかるので，$X(t) - X(s)$ は正規分布に従う．

つぎに，$m(t)$, $v(t)$ の存在を示す．区間 (a, b) 内に c を固定し，

$$m(t) = E[X(t) - X(c)]$$
$$v(t) = \begin{cases} V[X(t) - X(c)] & (t \geq c) \\ -V[X(t) - X(c)] & (t < c) \end{cases}$$

とおく．すると，$X(t) - X(s)$ の期待値はつぎのようになる．

$$\begin{aligned} E[X(t) - X(s)] &= E[X(t)] - E[X(s)] \\ &= m(t) + E[X(c)] - \{m(s) + E[X(c)]\} \\ &= m(t) - m(s) \end{aligned}$$

さらに，$X_1(t) = X(t) - E[X(t)]$ とおくと，分散はつぎのようになる．

$$\begin{aligned} V[X(t) - X(s)] &= E[\{X_1(t) - X_1(s)\}^2] \\ &= E[\{X_1(t) - X_1(c) - [X_1(s) - X_1(c)]\}^2] \\ &= E[\{X_1(t) - X_1(c)\}^2 - 2\{X_1(t) - X_1(c)\}\{X_1(s) - X_1(c)\} \\ &\quad + \{X_1(s) - X_1(c)\}^2] \end{aligned}$$

$s < c < t$ なら，$X_1(t) - X_1(c)$ と $X_1(s) - X_1(c)$ は独立だから，

$$\begin{aligned} V[X(t) - X(s)] &= E[\{X_1(t) - X_1(c)\}^2] + E[\{X_1(s) - X_1(c)\}^2] \\ &= v(t) - v(s) \end{aligned}$$

となる．$c < s < t$ なら，$X_1(t) - X_1(s)$ と $X_1(s) - X_1(c)$ は独立だから，

$$\begin{aligned} &V[X(t) - X(s)] \\ &= E[\{X_1(t) - X_1(c)\}^2 - 2\{X_1(t) - X_1(c)\}\{X_1(s) - X_1(c)\} \\ &\quad + \{X_1(s) - X_1(c)\}^2] \\ &= v(t) + v(s) - 2E[\{X_1(t) - X_1(s) + X_1(s) - X_1(c)\}\{X_1(s) - X_1(c)\}] \\ &= v(t) + v(s) - 2E[\{X_1(s) - X_1(c)\}^2] = v(t) - v(s) \end{aligned}$$

となる．$V[X(t) - X(s)] = v(t) - v(s)$ $(t > s)$ より，明らかに，$v(t)$ は単調増加関

数である．なお，証明は省くが，$m(t)$, $v(t)$ は t の連続関数である． □

つぎに，一様な確率過程を定義する．ここでは時間的に一様であることとするが，物理学への応用では，空間的な一様性を考えることも多い．

定義 6.2 確率過程 $X(t,\omega)$ が時間的に一様であるとは，$X(t+\tau)-X(t)$ の分布が τ のみに依存し，t に依存しないこととする．

定理 6.4 $X(t,\omega)$ が時間的に一様なガウス型加法過程なら，m_1, v_1 を定数として，
$$m(t) = m_1 t, \quad v(t) = v_1 t \tag{6.3}$$
の形にとれる．

証明 $X(t)$ が一様なガウス型加法過程なので，$X(t+\tau)-X(t)$ の分布は τ にのみ依存するガウス型加法過程で，平均を $m_0(\tau)$, 分散を $v_0(\tau)$ とおくと，$N(m_0(\tau),v_0(\tau))$ の形に書ける．一方，定理 6.3 より，$X(t+\tau)-X(t)$ は $N(m(t+\tau),v(t+\tau)-v(t))$ に従うから，
$$m_0(\tau) = m(t+\tau)-m(t), \quad v_0(\tau) = v(t+\tau)-v(t)$$
となる．ゆえに，$m_0(\tau)$, $v_0(\tau)$ は共に τ の連続関数で，
$$\begin{aligned} m_0(\tau+\sigma) &= m(t+\tau+\sigma)-m(t) \\ &= m(t+\tau+\sigma)-m(t+\sigma)+m(t+\sigma)-m(t) \\ &= m_0(\tau)+m_0(\sigma) \end{aligned}$$
である．同様にして，
$$v_0(\tau+\sigma) = v_0(\tau)+v_0(\sigma)$$
が成り立つので，$m_0(\tau)=m_1\tau$, $v_0(\tau)=v_1\tau$ の形となる（問 6.2 とする）．これから，
$$\begin{aligned} m(t)-m(s) &= m_0(t-s) = m_1(t-s) = m_1 t - m_1 s \\ v(t)-v(s) &= v_0(t-s) = v_1(t-s) = v_1 t - v_1 s \end{aligned}$$
となるから，$m(t)$, $V(t)$ を式 (6.3) の形にとることができる． □

定理 6.4 で，$m_1=0$, $v_1=1$ の場合を**ウィーナー過程**，または**ブラウン運動**とよ

び[1]，$W(t,\omega)$ と書くことにする．

問 6.2 関数 $f(t)$ が $f(t+s) = f(t) + f(s)$ を満足するとき，$f(t) = At$ となることを示せ．

ウィーナー過程に対して，通常，$W(0) = 0$ と仮定する．このとき，$W(s) = W(s) - W(0)$ は正規分布 $N(0, s)$ に従うから，$E[W(s)] = 0$ である．また，$W(s) - W(0)$ と $W(t) - W(s)$ は互いに独立であるから，$t > s$ なら $W(s)$ と $W(t) - W(s)$ は互いに独立となる．したがって，

$$E[W(s)\{W(t) - W(s)\}] = E[W(t)]E[W(t) - W(s)] = 0 \tag{6.4}$$

が成り立つ．

ウィーナー過程の説明の最初に，独立な確率変数の和の極限からウィーナー過程を構成することを試みる．ベルヌーイ試行で，$p = q = 1/2$ とする（対称な1次元ランダムウォーク）．事象 A を $X_n = a$，事象 B を $X_n = -a$ とすると，$E[X_n] = 0$ で，$S_n = X_1 + X_2 + \cdots + X_n$ とすると，$V[X_i] = a^2$ より，

$$V[S_n] = V[X_1] + V[X_2] + \cdots + V[X_n] = na^2$$

となる．いま，n 回目の試行に対して時刻 $s = n\Delta$ を対応させ，S_n を $X(s)$ に対応させる．$t = m\Delta$ とすると，$X(t) - X(s)$ には

$$S_{m,n} = X_{m+1} + X_{m+2} + \cdots + X_n$$

が対応する．すると，$E[S_{m,n}] = 0$ で $V[S_{m,n}] = (m-n)a^2$ となる．したがって，$a = \sqrt{\Delta}$ ととると

$$V[S_{m,n}] = (m-n)\Delta = t - s$$

となって，ウィーナー過程と対応し，$\Delta \to 0$ の極限で，S_n はウィーナー過程に収束する．このようにとると，1ステップでの変化は $O(\sqrt{\Delta})$ となり，変化量自体は小さいが，変化率は $1/\sqrt{\Delta}$ となって $\Delta \to 0$ の極限で無限大となる．これから想像できるように，ウィーナー過程は至る所で微分係数が無限大となるような，大変変化の激しい関数であることがわかる．このような奇妙な関数が，連続で一様な加法過程として自然に導かれるのは大変興味深い．図 6.1 は，ベルヌーイ試行からウィーナー過程を構成する様子を示す模式図である．

つぎに，ウィーナー過程 $W(t,\omega)$ の微分を考えてみる．上で説明した内容から，

---

[1] ブラウン運動とよぶ理由は，8.1 節参照．また，近年はウィーナー過程とよばず，ブラウン運動とよぶ場合も多い．

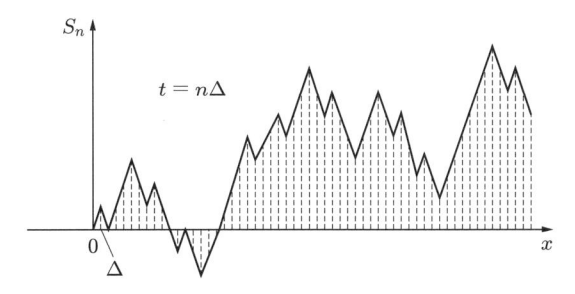

図 6.1 ウィーナー過程をベルヌーイ試行より構成

$W(t,\omega)$ は至る所で微分不可能であるように見える．このことは実際正しくて，$W(t,\omega)$ が任意の t に対して確率 1 で微分不可能であることが，比較的最近（1961 年），角谷静夫らによって証明されている．しかし，以下のようにすれば，このことは容易に想像される．$W(t,\omega)$ の微分は，もし存在するとすれば，

$$W'(t,\omega) = \lim_{t \to s} \frac{W(t) - W(s)}{t - s}$$

で与えられる．ところで，

$$E\left[\frac{\{W(t) - W(s)\}^2}{(t-s)^2}\right] = \frac{1}{(t-s)^2} v_1(t-s) = \frac{1}{t-s}$$

となるので，

$$\lim_{t \to s} E\left[\frac{\{W(t) - W(s)\}^2}{(t-s)^2}\right] = \lim_{t \to s} \frac{1}{t-s} = \infty$$

となる．したがって，微分係数は存在しないことが予想される．

しかし，ベルヌーイ試行の極限から作られるウィーナー過程を考えることによって，ウィーナー過程の微分の相関 $E[W'(s)W'(t)]$ がデルタ関数で表現され，ウィーナー過程の微分が物理学でいわれるホワイトノイズ[1]に対応することを，（数学的な厳密さはないが）示すことができる．ベルヌーイ過程からの極限をとる途中では，時間が $t = n\Delta$ に対しては定義されるが，それ以外の時間に対しては定義されていない．そこで，途中の時間は $t = n\Delta$ に対する値を折れ線近似で結ぶことにする（図 6.2 参照）．

ウィーナー過程の微分の相関は，形式的に

$$E[W'(s)W'(t)] = \lim_{\Delta s \to 0, \Delta t \to 0} E\left[\frac{W(s+\Delta s) - W(s)}{\Delta s} \frac{W(t+\Delta t) - W(t)}{\Delta t}\right]$$

---

[1] ホワイトノイズ（白色雑音）とは，フーリエ分解したとき，全周波数の強度が等しい波形をもつ関数で，現実的には低周波から高周波まで，広く分布したノイズである．

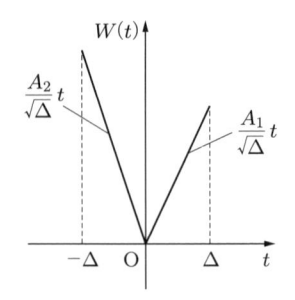

図 6.2 ウィーナー過程の微分

と書くことができる．いま，$t=0$ と仮定すると

$$E\left[W'(s)W'(0)\right] = \lim_{\Delta s \to 0, \Delta t \to 0} E\left[\frac{W(s+\Delta s)-W(s)}{\Delta s}\frac{W(\Delta t)}{\Delta t}\right]$$

となる．一般性を失わないので，$W(0)=0$ と仮定した．ウィーナー過程は独立加法過程であるため，$\Delta s, \Delta t \to 0$ の極限では，

$$|s| > \Delta$$

ならば

$$E\left[W'(s)W'(0)\right] = 0$$

となる．$a=\sqrt{\Delta}>0$ であるから，$0<x<\Delta$ では $W(x)=A_1/\sqrt{\Delta}x$，$-\Delta<x<0$ では $W(x)=A_2/\sqrt{\Delta}x$ となる．ここで，A_1, A_2 は，それぞれ ± 1 を等確率でとる確率変数である．すると，$0<s<\Delta$ では

$$E\left[W'(s)W'(0)\right] = \lim_{\Delta s \to 0, \Delta t \to 0} E\left[\frac{A_1/\sqrt{\Delta}\Delta s}{\Delta s}\frac{A_1/\sqrt{\Delta}\Delta t}{\Delta t}\right] = \frac{1}{2}\frac{1}{\Delta}$$

となり，$-\Delta<s<0$ では

$$E\left[W'(s)W'(0)\right] = \lim_{\Delta s \to 0, \Delta t \to 0} E\left[\frac{A_2/\sqrt{\Delta}\Delta s}{\Delta s}\frac{A_2/\sqrt{\Delta}\Delta t}{\Delta t}\right] = \frac{1}{2}\frac{1}{\Delta}$$

となる．$1/2$ は Δt の符号が Δs の符号と異なるときは，相関がゼロとなることを考慮した因子である．したがって，ウィーナー過程の微分の相関は，$|s|<\Delta$ では

$$E\left[W'(s)W'(0)\right] = \frac{1}{2\Delta}$$

となり，それ以外ではゼロとなる．デルタ関数列を用いれば，$\Delta \to 0$ の極限で相関がデルタ関数となる．すなわち，

$$E\left[W'(s)W'(0)\right] = \delta(s) \tag{6.5}$$

となることがわかる．これは，$W'(t)$ がホワイトノイズであることを示している．

ウィーナー過程は，その2次変動は

$$E[\{W(t) - W(s)\}^2] = v(t) - v(s) = t - s$$

となるので有界である．しかし，その1次変動は有界ではない．つまり，$W(t)$ は有界変動関数ではないことが示される．$f(x)$ が区間 $[a,b]$ で有界変動関数であるとは，$[a,b]$ の任意の分割

$$a = t_0^n < t_1^n < \cdots < t_n^n = b$$

に対して

$$V_1 = \sum_{k=1}^n |f(t_k^n) - f(t_{k-1}^n)| < \infty$$

となることを意味する．ウィーナー過程では，任意の分割に対して

$$\begin{aligned}b - a &= E\left[\sum_{k=1}^n \left|W(t_k^n, \omega) - W(t_{k-1}^n, \omega)\right|^2\right] \\ &\leq E\left[\underset{k}{\text{Max}} \left|W(t_k^n, \omega) - W(t_{k-1}^n, \omega)\right| \sum_{k=1}^n \left|W(t_k^n, \omega) - W(t_{k-1}^n, \omega)\right|\right]\end{aligned}$$

が成り立つ．$W(t,\omega)$ は t の連続関数であるから，$\Delta_n = \underset{k}{\text{Max}} |t_k^n - t_{k-1}^n|$ とおくと，$\lim_{n\to\infty} \Delta_n = 0$ の極限では，任意の $\varepsilon > 0$ に対して一様に

$$\left|W(t_k^n, \omega) - W(t_{k-1}^n, \omega)\right| < \varepsilon$$

となる．したがって，

$$b - a \leq \varepsilon E\left[\sum_{k=1}^n \left|W(t_k^n, \omega) - W(t_{k-1}^n, \omega)\right|\right]$$

が帰結される．これは

$$\lim_{n\to\infty} E\left[\sum_{k=1}^n \left|W(t_k^n, \omega) - W(t_{k-1}^n, \omega)\right|\right] = \infty \tag{6.6}$$

であることを示してる．この結果は，ウィーナー過程の汎関数を，ウィーナー過程によるスティルチェス型の積分を行うことが簡単にはできないことを示している．一方，

分布関数は右連続単調増加関数であるから，スティルチェス積分は問題なく実行できる．この問題を，伊藤清はいわゆる伊藤積分によって解決した．

確率変数の積分について説明する．$X(t,\omega)$ を確率変数とすると，

$$\int_a^b X(t,\omega)dt$$

は，$X(t,\omega)$ を t の関数である標本過程と考え，普通の意味で t について積分すればよい．つぎに，ウィーナー過程 $W(t,\omega)$ による積分を考える．$f(t)$ を 2 乗可積分な関数とする．このとき，$f(t)$ の $W(t,\omega)$ による積分を**ウィーナー積分**とよび，つぎのように定義する．

定義 6.3 ウィーナー積分 関数 $f(t)$ の $W(t,\omega)$ による積分 $I(f)$ をウィーナー積分とよび，以下の式で定義する．

$$\begin{aligned}I(f) &= \int_a^b f(t)\,dW(t,\omega) \\ &= \lim_{n\to\infty} I_n(f) = \lim_{n\to\infty} \sum_{k=1}^n f(t_{k-1}^n)[W(t_k^n) - W(t_{k-1}^n)] \quad (6.7)\end{aligned}$$

ここで，$[a,b]$ の任意の分割を

$$a = t_0^n < t_1^n < \cdots < t_n^n = b$$

とし，極限は $\max_k |t_k^n - t_{k-1}^n| \to 0$ を意味するものとする．

式 (6.7) で定義された積分が存在することの証明は省くが，証明の方針は，2 乗可積分な関数を階段関数で近似することで行う．また，関数 $f(t)$ の値は小区間の左端 $t = t_{k-1}$ で定義されているが，ウィーナー積分では，小区間のどの位置をとっても結果は変化しない．しかし，後で説明するウィーナー過程の汎関数の積分では，小区間のどの場所をとるかで結果が変化する．本書では，一貫して区間の左端をとることにする．

$I(f)$ には，いくつかの重要な性質がある．$I_n(f)$ は有限個の正規分布をもつ確率変数の線形結合であるから，例 3.6 により，正規分布である．平均は

$$E[I_n(f)] = 0$$

で，分散は

$$V[I_n(f)] = \sum_{k=1}^n [f(t_{k-1})]^2 (t_k^n - t_{k-1}^n)$$

となる．したがって，$n \to \infty$ の極限では，例 4.1 を参照して

$$E[I(f)] = 0, \quad V[I(f)] = \| f \|^2 = \int_a^b f(t)^2 dt \tag{6.8}$$

が求められる．つまり，$I(f)$ は $N(0, \| f \|^2)$ に従う．

$f(t)$，$W(t, \omega)$ が区間 $[0, \pi]$ で定義されていて，$f(t)$ は 2 乗可積分，$W(0, \omega) = 0$ と仮定する．このとき，ウィーナー積分

$$X = \int_0^\pi f(t) dW(t) \tag{6.9}$$

で表される任意の確率過程を，ウィーナー積分を利用してフーリエ級数に展開することができる．区間 $[0, \pi]$ で定義されている完全直交系 $\{\phi_n(t)\}$ を

$$\phi_0(t) = \frac{1}{\sqrt{\pi}}, \quad \phi_n(t) = \sqrt{\frac{2}{\pi}} \cos nt \quad (n = 1, 2, \ldots)$$

とし，

$$X_n = \int_0^\pi \phi_n(t) dW(t)$$

とする．X_n は正規分布で，$N(0, 1)$ に従う．$f(t)$ をフーリエ級数に展開すると

$$f(t) = \sum_{n=0}^\infty a_n \phi_n(t)$$

となる．このとき，

$$X - \sum_{k=0}^N a_n X_n = \int_0^\pi \left(f(t) - \sum_{k=0}^N a_n \phi_n(t) \right) dW(t)$$

であるから，

$$\left\| X - \sum_{n=0}^N a_n X_n \right\|^2 = \left\| f(t) - \sum_{n=0}^N a_n \phi_n(t) \right\|^2$$

で，$N \to \infty$ で右辺がゼロに収束するので

$$X = \sum_{n=0}^\infty a_n X_n \tag{6.10}$$

が成り立つ．たとえば，

とすると，

$$f(s) = \begin{cases} 1 & (0 \leq s \leq t) \\ 0 & (t < s \leq \pi) \end{cases}$$

$$\int_0^\pi f(s)dW(s) = W(t) - W(0) = W(t)$$

となる．一方，

$$\begin{cases} a_0 = \int_0^t \phi_0(s)ds = \dfrac{t}{\sqrt{\pi}} \\ a_n = \int_0^t \phi_n(s)ds = \dfrac{2}{\sqrt{\pi}}\int_0^t \cos ns\, ds = \dfrac{2}{\sqrt{\pi}}\dfrac{\sin nt}{n} \quad (n=1,2,\ldots) \end{cases}$$

であるから，

$$W(t) = \frac{t}{\sqrt{\pi}}X_0 + \sum_{n=1}^\infty \sqrt{\frac{2}{\pi}}\frac{\sin nt}{n}X_n \tag{6.11}$$

と，ウィーナー過程のフーリエ級数が与えられる．$X_n\ (n=0,1,2,\ldots)$ を $N(0,1)$ に従う確率変数として，式 (6.11) をウィーナー過程の定義とする場合も多い．

ウィーナー過程は，普通の意味では微分不可能であるが，形式的にウィーナー過程の微分を式 (6.11) から計算すると，

$$W'(t) = \frac{1}{\sqrt{\pi}}X_0 + \sum_{n=1}^\infty \sqrt{\frac{2}{\pi}}\cos nt\, X_n \tag{6.12}$$

となり，すべてのフーリエモード（フーリエ級数で展開したときの係数）が均等に寄与するホワイトノイズである．数学的には，これを**確率超過程**とよぶ．

ウィーナー過程 $W(t)$ の汎関数の，ウィーナー過程による積分を計算するためには，大きな問題点がある．それは，ウィーナー過程の性質から，通常のスティルチェス積分としては一意的に定義できないことである．そこで，いくつかの定義が存在するが，現在，最も広く用いられているのは，伊藤清によって導入された**伊藤積分**である．

定義 6.4 伊藤積分 $f(W(t,\omega),t)$ を $W(t,\omega)$ の汎関数とすると，f の伊藤積分は，区間 $[a,b]$ の任意の分割を $a = t_0^n < t_1^n < \cdots < t_n^n = b$ としたとき，$\operatorname*{Max}_{k}|t_k^n - t_{k-1}^n| \to 0$ の極限で以下のように定義される．

$$I_I(f) = \int_a^b f(W(t,\omega),t)dW(t)$$

$$= \lim_{n \to \infty} I_{I\,n}(f) = \lim_{n \to \infty} \sum_{k=1}^{n} f(W(t_{k-1}^n), t_{k-1}^n)[W(t_k^n) - W(t_{k-1}^n)] \tag{6.13}$$

収束は，平均2乗収束の意味とする（4.1節参照）．

$W(0) = 0$ とすると，ウィーナー過程の性質から，$W(t_k^n) - W(t_{k-1}^n)$ と $W(t_{k-1}^n) - W(0) = W(t_{k-1}^n)$ は独立であるため，一般に，

$$E\left[I_I(f)\right] = 0 \tag{6.14}$$

となる．

この積分で興味深い点は，通常の積分と結果が異なる点である．たとえば，つぎの定理が成り立つ．

定理 6.5
$$\int_{a\,I}^{b} W(t)dW(t) = \frac{1}{2}W(b)^2 - \frac{1}{2}W(a)^2 - \frac{1}{2}(b-a) \tag{6.15}$$

となる．積分の上限を t として

$$\int_{a\,I}^{t} W(s)dW(s) = \frac{1}{2}W(t)^2 - \frac{1}{2}W(a)^2 - \frac{1}{2}(t-a)$$

と書けば，これを

$$d(W(t)^2) = dt + 2W(t)dW(t) \tag{6.16}$$

と表すこともできる．

証明

$$\int_{a\,I}^{b} W(t)dW(t) = \lim_{n \to \infty} \sum_{k=1}^{n} W(t_{k-1}^n)[W(t_k^n) - W(t_{k-1}^n)]$$

$$= \frac{1}{2} \lim_{n \to \infty} \sum_{k=1}^{n} \left\{ \left[W(t_k^n)^2 - W(t_{k-1}^n)^2\right] - \left[W(t_k^n) - W(t_{k-1}^n)\right]^2 \right\}$$

$W(t) - W(s)$ が平均ゼロ，分散 $t-s$ の正規分布をとることから，適当な確率的な収束の意味で

$$\frac{1}{2} \lim_{n \to \infty} \sum_{k=1}^{n} \left\{ \left[W(t_k^n) - W(t_{k-1}^n)\right]^2 \right\} \to \frac{1}{2}(b-a)$$

となる．以下に，これが平均2乗収束であることを証明する．

$$E\left[\left\{\sum_{k=1}^{n}\left[W(t_k^n)-W(t_{k-1}^n)\right]^2-(b-a)\right\}^2\right]$$

$$=E\left[\left\{\sum_{k=1}^{n}\left[W(t_k^n)-W(t_{k-1}^n)\right]^2\right\}^2\right]-2(b-a)E\left[\sum_{k=1}^{n}\left[W(t_k^n)-W(t_{k-1}^n)\right]^2\right]$$
$$+(b-a)^2$$

$$=E\left[\sum_{k=1}^{n}\left[W(t_k^n)-W(t_{k-1}^n)\right]^4\right.$$
$$+\sum_{k=1}^{n}\sum_{l=1,k\neq l}^{n}\left[W(t_k^n)-W(t_{k-1}^n)\right]^2\left[W(t_l^n)-W(t_{l-1}^n)\right]^2\right]$$
$$-2(b-a)\sum_{k=1}^{n}(t_k^n-t_{k-1}^n)+(b-a)^2$$

正規分布では，尖度 $K=3$ となることから（3.1 節参照），μ_n を平均値のまわりの n 次のモーメント，σ^2 を分散とすると，$\mu_4=3\sigma^4$ である（式 (2.63) 参照）．したがって，

$$E\left[\sum_{k=1}^{n}\left[W(t_k^n)-W(t_{k-1}^n)\right]^4\right]=3\sum_{k=1}^{n}(t_k^n-t_{k-1}^n)^2$$

となる．これを上式へ代入すると，

$$3\sum_{k=1}^{n}(t_k^n-t_{k-1}^n)^2+\sum_{k=1}^{n}\sum_{l=1,k\neq l}^{n}E\left[\left[W(t_k^n)-W(t_{k-1}^n)\right]^2\right]E\left[\left[W(t_l^n)-W(t_{l-1}^n)\right]^2\right]$$
$$-(b-a)^2$$

$$=3\sum_{k=1}^{n}(t_k^n-t_{k-1}^n)^2+\sum_{k=1}^{n}\sum_{l=1,k\neq l}^{n}(t_k^n-t_{k-1}^n)(t_l^n-t_{l-1}^n)-(b-a)^2$$

$$=2\sum_{k=1}^{n}(t_k^n-t_{k-1}^n)^2+\left[\sum_{k=1}^{n}(t_k^n-t_{k-1}^n)\right]^2-(b-a)^2=2\sum_{k=1}^{n}(t_k^n-t_{k-1}^n)^2$$

となる．$\delta_n=\underset{k}{\mathrm{Max}}|t_k^n-t_{k-1}^n|$ とおくと

$$2\sum_{k=1}^{n}(t_k^n-t_{k-1}^n)^2<2\delta_n\sum_{k=1}^{n}(t_k^n-t_{k-1}^n)=2\delta_n(b-a)$$

で，$n\to\infty$ でゼロに収束する．これから，式 (6.15) が平均2乗収束であることがわ

式 (6.16) は，式 (6.15) を全微分形で書き表わしたものである．内容はまったく同じで，積分表現を簡単に表現したものとみなしてほしい． □

一方，以下のような性質もある．

> **定理 6.6**
> $$d(tW(t)) = W(t)dt + tdW(t) \tag{6.17}$$
> となる．これは，ウィーナー積分を含む方程式
> $$\int_a^b tdW(t) = bW(b) - aW(a) - \int_a^b W(t)dt$$
> と同じ意味である．

証明

$$\begin{aligned}
\int_a^b tdW(t) &= \lim_{n\to\infty} \sum_{k=1}^n t_{k-1}^n [W(t_k^n) - W(t_{k-1}^n)] \\
&= -\lim_{n\to\infty} \sum_{k=1}^n (t_k^n - t_{k-1}^n) W(t_k^n) + \lim_{n\to\infty} \sum_{k=1}^n [t_k^n W(t_k^n) - t_{k-1}^n W(t_{k-1}^n)] \\
&= bW(b) - aW(a) - \lim_{n\to\infty} \sum_{k=1}^n W(t_k^n)(t_k^n - t_{k-1}^n) \\
&= bW(b) - aW(a) - \int_a^b W(t)dt
\end{aligned}$$
□

例題 6.1
$$\int_{aI}^b W(t)^2 dW(t) = \frac{1}{3}[W(b)^3 - W(a)^3] - \int_a^b W(t)dt$$
を示せ．

解

$$\begin{aligned}
&W(t_{k-1})^2 [W(t_k) - W(t_{k-1})] \\
&= \frac{1}{3}\left[W(t_k)^3 - W(t_{k-1})^3\right] - \frac{1}{3}W(t_k)^3 - \frac{2}{3}W(t_{k-1})^3 + W(t_{k-1})^2 W(t_k) \\
&= \frac{1}{3}\left[W(t_k)^3 - W(t_{k-1})^3\right] \\
&\quad - \frac{1}{3}[W(t_k) + 2W(t_{k-1})][W(t_k)^2 - 2W(t_k)W(t_{k-1}) + W(t_{k-1})^2]
\end{aligned}$$

$$= \frac{1}{3}\left[W(t_k)^3 - W(t_{k-1})^3\right] - \frac{1}{3}[W(t_k) + 2W(t_{k-1})][W(t_k) - W(t_{k-1})]^2$$

この後,最後の項が,k に関して和をとり,$n \to \infty$ の極限をとると

$$\int_a^b W(t)dt$$

に近づくことを示さないといけないが,それは読者の演習に任せることにする.

一般的に,$m \geq 2$ である整数 m に対して,

$$d(W(t)^m) = mW(t)^{m-1}dW(t) + \frac{m(m-1)}{2}W(t)^{m-2}dt \quad (6.18)$$

が成立する.積分形で書くと,

$$\int_{a\,I}^b W(t)^{m-1}dW(t) = \frac{1}{m}[W(b)^m - W(a)^m] - \frac{m-1}{2}\int_a^b W(t)^{m-2}dt \quad (6.19)$$

となる.式 (6.18) は,$m=2$ の場合は式 (6.16) となり,$m=3$ の場合は例題 6.1 に帰着する.じつは,これは第 8 章で説明する定理 8.3 に含まれるので,ここでは証明は行わない.

もし,積分を $f(W(t,\omega),t)$ の t についての中央値をとって,

$$\begin{aligned}
I_S(f) &= \int_{a\,S}^b f(W(t,\omega),t)dW(t) \\
&= \lim_{n\to\infty} I_{S\,n}(f) \\
&= \lim_{n\to\infty} \sum_{k=1}^n f\left(W\left(\frac{t_{k-1}+t_k}{2}\right), \frac{t_{k-1}+t_k}{2}\right)[W(t_k^n) - W(t_{k-1}^n)]
\end{aligned}$$
(6.20)

で定義すると,

$$\int_{a\,S}^b W(t)dW(t) = \frac{1}{2}W(b)^2 - \frac{1}{2}W(a)^2 \quad (6.21)$$

となり,通常の積分と一致する.これを**ストラトノビッチ積分**とよぶ.伊藤積分との大きな違いは,伊藤積分ではウィーナー過程の性質によって定積分の期待値が常にゼロとなる(式 (6.14))が,ストラトノビッチ積分ではそうはならない点である.また,ストラトノビッチ積分があまり用いられない理由は,伊藤積分がマルチンゲールと親和性が高いからである.

離散時間確率過程に対して式 (5.7) でマルチンゲールを定義したが,連続時間確率過程 $X(t)$ が以下の条件を満足するとき,マルチンゲールであるという.

$$E[|X(t)|] < \infty, \quad E[X(t)|\{X(\tau), \tau \leq u\}] = X(u) \quad (^\forall u < t) \tag{6.22}$$

例題 6.2
$$\int_{aI}^{t} W(s)dW(s) = \frac{1}{2}W(t)^2 - \frac{1}{2}W(a)^2 - \frac{1}{2}(t-a)$$

の右辺はマルチンゲールとなるが，

$$\int_{aS}^{t} W(s)dW(s) = \frac{1}{2}W(t)^2 - \frac{1}{2}W(a)^2$$

ではマルチンゲールとならないことを示せ．

解

$$E\left[W(t)^2 | \{W(u), u < t\}\right]$$
$$= E\left[\{W(t) - W(u)\}^2 + 2W(u)\{W(t) - W(u)\} + W(u)^2 | \{W(u), u < t\}\right]$$
$$= E\left[\{W(t) - W(u)\}^2 | \{W(u), u < t\}\right]$$
$$\quad + 2E\left[W(u)\{W(t) - W(u)\} | \{W(u), u < t\}\right] + E\left[W(u)^2 | \{W(u), u < t\}\right]$$
$$= t - u + W(u)^2 \neq W(u)^2$$

一方，

$$E\left[W(t)^2 - t | \{W(u), u < t\}\right]$$
$$= E\left[\{W(t) - W(u)\}^2 + 2W(u)\{W(t) - W(u)\} + W(u)^2 - t | \{W(u), u < t\}\right]$$
$$= W(u)^2 - u$$

で，こちらはマルチンゲールである．

例題 6.3 $\exp\left[W(t) - \frac{1}{2}t\right]$ がマルチンゲールとなることを示せ．

解 最初に，$t > s$ のとき，

$$E\left[\exp(W(t) - W(s))\right] = e^{(t-s)/2}$$

であることを証明する．$W(t) - W(s)$ は平均ゼロ，分散 $t - s$ の正規分布であるから，練習問題 3.8 よりこれは明らかである．つぎに，

$$E\left[\exp(W(t)) | \{W(s), s < t\}\right]$$

$$= E\left[\exp\left(W(t) - W(s) + W(s)\right) | \{W(s), s < t\}\right]$$
$$= E\left[\exp\left(W(t) - W(s)\right) | \{W(s), s < t\}\right] E\left[\exp\left(W(s)\right) | \{W(s), s < t\}\right]$$
$$= e^{(t-s)/2} \exp\left(W(s)\right)$$

より，両辺に $e^{-t/2}$ をかけると証明が終了する． ∎

最後に，ウィーナー過程がベルヌーイ試行の極限として構成できることを思い出してほしい．このことは，ウィーナー過程がベルヌーイ試行のもつ様々な性質を継承していることを示している．たとえば，ゼロから出発して一度正値となると，なかなか負値に変わることがないなどの特徴的な性質が存在する．第一アークサイン公式も，ウィーナー過程に対して成立することが示される（参考文献 [17] 参照）．

6.2 ポアソン過程

確率連続な加法過程の標本過程が，ほとんど確実に高さ 1 の不連続な増加だけで変化する右連続階段関数であるとき，つまり，変化するのは不連続点のみで，不連続点では高さ 1 増加し，その点は決して固定されておらず，稀にランダムに出現するとき，この過程を**ポアソン過程**とよぶ．

> **定理 6.7** $X(t,\omega)$ が開区間 (a,b) でポアソン過程なら，任意の $a < s < t < b$ に対して，単調増加連続関数 $\lambda(t)$ が存在し，$X(t) - X(s)$ がパラメータが $\lambda(t) - \lambda(s)$ のポアソン分布に従う．

証明 区間 (a,b) に含まれる区間 (t,s) の n 等分点を

$$s = t_0^n < t_1^n < \cdots < t_n^n = t$$

とし，

$$X_{nk} = X(t_k^n) - X(t_{k-1}^n) \quad (k = 1, 2, \ldots, n)$$

とする．$X(t)$ が加法過程であるから，X_{nk} は互いに独立である．

$$Y_{nk} = \begin{cases} 0 & (X_{nk} = 0) \\ 1 & (X_{nk} \neq 0) \end{cases}$$

とおくと，Y_{nk} $(k = 1, 2, \ldots, n)$ は互いに独立である．$X(t,\omega)$ の標本過程がほとんど確実に高さ 1 の不連続で増加する関数であるから，n が十分大きいときは $|t_k^n - t_{k-1}^n|$ が十分小さくなり，$X_{nk} \geq 2$ となる確率（2 回以上不連続跳躍する確率）はゼロとな

る．したがって，ほとんど確実に $X_{nk} = Y_{nk}$ となる．ゆえに，$n \to \infty$ でほとんど確実に

$$\sum_{k=1}^{n} Y_{nk} = \sum_{k=1}^{n} X_{nk} = X(t) - X(s)$$

となる．一方，$X(\tau)$ が $s \leq \tau \leq t$ で一様確率連続であるから，$n \to \infty$ のとき，k について一様に

$$P(\{Y_{nk} = 1\}) = P(\{|X_{nk}| \geq 1\}) \to 0$$

が成り立つ．したがって，4.4 節のポアソンの小数の法則が適用でき，$X(t) - X(s)$ はポアソン分布に従う．

つぎに，$a < c < b$ として

$$\lambda(t) = E[X(t) - X(c)] = E[X(t)] - E[X(c)]$$

とおけば，$\lambda(t)$ は単調増大である．また，

$$E[X(t) - X(s)] = \lambda(t) - \lambda(s)$$

となるから，$X(t) - X(s)$ はパラメータが $\lambda(t) - \lambda(s)$ のポアソン分布に従う．さらに，確率連続の仮定より，$t \to s$ のときに

$$P(\{X(t) - X(s) \neq 0\}) = P(\{|X(t) - X(s)| \geq 1\}) \to 0$$

となる．変数値がゼロに対するポアソン分布の確率は $\exp\{-[\lambda(t) - \lambda(s)]\}$ であるから，

$$P(\{X(t) - X(s) \neq 0\}) = 1 - \exp\{-[\lambda(t) - \lambda(s)]\} \to 0$$

となり，$\lambda(t) - \lambda(s) \to 0$ が示され，$\lambda(t)$ は連続関数となる． □

ガウス型加法過程と同様に，$X(t) - X(s)$ の分布が時間について $t - s$ だけに依存する一様なポアソン過程が考えられ，以下の定理が成立する．

定理 6.8 $X(t, \omega)$ が時間的に一様なポアソン過程なら，λ を定数として

$$\lambda(t) = \lambda \cdot t \tag{6.23}$$

の形にとることができる．

ポアソン過程は，以下のような場合などに現れる．

1. 放射性物質の放出する α 粒子の数

2. 電話回線での入呼の回数

3. サービスに到着する客の数

4. 機械の故障の数

どれも稀現象に関連したものである．

t を時間として，時間的に一様なポアソン過程 $X(t)$ を考え，$\lambda = $ 一定 とし，$h_n = |t_k^n - t_{k-1}^n|$ とおき，$X(0) = 0$ と仮定する．このとき，ポアソン過程の性質より，以下の定理が成立する．

定理 6.9 $n \to \infty$ のとき，$h_n \to 0$ で
(i) $P(\{X(h_n) \geq 2\}) = o(h_n)$
(ii) $P(\{X(h_n) \geq 1\}) = \lambda h_n + o(h_n)$
が成り立つ．ここで，$o(h_n)$ はランダウの記号で，h_n に比べて無視できるような微少量であることを示す．

証明 (i) は明らかである．(ii) は 4.4 節ポアソンの小数の法則の証明において，λ が

$$\lambda_n = \sum_{k=1}^{p(n)} P(X_{nk} = 1) \quad (n = 1, 2, \ldots)$$

で与えられる数列 $\{\lambda_n\}$ の極限で与えられる（式 (4.16)）ことから示される（いまの場合，$p(n) = n$ であることに注意）． □

逆に，上の定理の条件 (i)，(ii) を満たし，非負の整数値をとって増加する，独立増分をもつ過程，つまり，加法過程 $X(t)$ をポアソン過程の定義とすることも多い．

(i)，(ii) と加法過程の性質より，$X(t) - X(s) = k$ の分布関数を微分方程式から導き出すことができる．$P_k(t) = P(\{X(t) = k\}) = P(\{X(t) - X(0) = k\})$ とおく．加法過程であるから，

$$\begin{aligned}P_0(t + h_n) &= P(\{X(t + h_n) = 0\}) = P(\{X(t) + X(t + h_n) - X(t) = 0\}) \\&= P(\{X(t) = 0\})P(\{X(t + h_n) - X(t) = 0\}) \\&= P_0(t)[1 - P(\{X(t + h_n) - X(t) \geq 1\})]\end{aligned}$$

よって，(ii) より，

$$\frac{P_0(t + h_n) - P_0(t)}{h_n} = -P_0(t)\frac{P(\{X(h_n) \geq 1\})}{h_n} = -P_0(t)\left(\lambda + \frac{o(h_n)}{h_n}\right)$$

となる. $n \to \infty$ で
$$P_0'(t) = -\lambda P_0(t)$$
となり, $P_0(0) = 1$ を考慮すると $P_0(t) = e^{-\lambda t}$ が得られる.

$k \neq 0$ の場合も, $P_0(t)$ と同様に,

$$\begin{aligned}P_k(t+h_n) =& P(\{X(t+h_n) = k\})\\=& P(\{X(t) = k, X(t+h_n) - X(t) = 0\})\\&+ P(\{X(t) = k-1, X(t+h_n) - X(t) = 1\})\\&+ \sum_{j=2}^{k} P(\{X(t) = k-j, X(t+h_n) - X(t) = j\})\\=& P_k(t)P_0(h_n) + P_{k-1}(t)P_1(h_n) + \sum_{j=2}^{k} P_{k-j}(t)P_j(h_n)\end{aligned}$$

がわかり, 両辺から $P_k(t)$ を差し引いて,

$$\begin{aligned}P_k(t+h_n) - P_k(t) =& -[1 - P_0(h_n)]P_k(t) + P_{k-1}(t)P_1(h_n)\\&+ \sum_{j=2}^{k} P_{k-j}(t)P_j(h_n)\end{aligned} \tag{6.24}$$

となる. さて,
$$1 - P_0(h_n) = \lambda h_n + o(h_n)$$
であるので, (i), (ii) より,

$$P_1(h_n) = P(\{X(h_n) \geq 1\}) - P(\{X(h_n) \geq 2\}) = \lambda h_n + o(h_n)$$
$$\sum_{j=2}^{k} P_{k-j}(t)P_j(h_n) \leq \sum_{j=2}^{k} P_j(h_n) = P(\{X(h_n) \geq 2\}) = o(h_n)$$

が得られる. これらを式 (6.24) へ代入すると

$$P_k(t+h_n) - P_k(t) = -\lambda h_n P_k(t) + \lambda h_n P_{k-1}(t) + o(h_n)$$

が得られ, これから, 連立常微分方程式

$$\frac{dP_k(t)}{dt} = -\lambda P_k(t) + \lambda P_{k-1}(t) \quad (k = 1, 2, \ldots) \tag{6.25}$$

が求められる. $Q_k(t) = e^{\lambda t} P_k(t)$ とおいて式 (6.25) へ代入すると

$$\left.\begin{array}{l} \dfrac{dQ_k(t)}{dt} = \lambda Q_{k-1}(t) \quad (k=1,2,\ldots) \\ Q_0(t) = 1, \quad Q_k(0) = 0 \quad (k=1,2,\ldots) \end{array}\right\} \quad (6.26)$$

となる．連立常微分方程式 (6.26) を積分することにより，

$$Q_k(t) = \frac{(\lambda t)^k}{k!}$$

がわかる．したがって，

$$P_k(t) = e^{-\lambda t} \frac{(\lambda t)^k}{k!}$$

となり，ゆえに，$X(0) = 0$ を満たし，時間的に一様なポアソン過程 $X(t)$ に対して

$$P(\{X(t) - X(s) = k\}) = P(\{X(t-s) = k\}) = e^{-\lambda(t-s)} \frac{[\lambda(t-s)]^k}{k!} \quad (6.27)$$

が得られる．式 (6.27) より

$$P(\{X(s) = k\}) = e^{-\lambda s} \frac{(\lambda s)^k}{k!}$$

となるので，ポアソン分布の計算を利用して

$$E[X(t)] = \lambda t, \quad V[X(t)] = \lambda t$$

が得られる．図 6.3 に，$X(0) = 0$ のポアソン過程の例を示す．

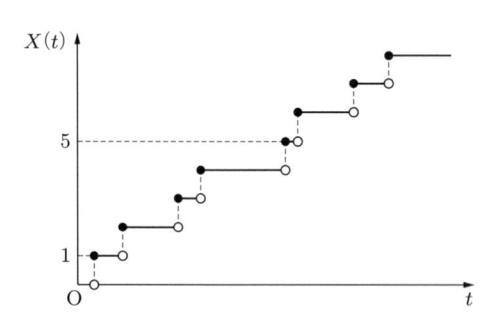

図 6.3 ポアソン過程の標本過程

例 6.1 待ち行列

ポアソン過程の代表的な応用例として，**待ち行列**について簡単に触れる．待ち行列は，最初は電話回線が混み合う問題の解決のために導入されたが，今日では，サービスに関連したあらゆる問題に対して必要な解析手段となっている．問題を簡単化する

と, **窓口**とよばれる**サービス**を受けるための場所へ**客**がやって来て, サービスを受けると帰っていく. しかし, 窓口の数よりもサービスを求めてきた客の数が多くなると, 客は自分の順番を待たなければいけない. これを**待ち行列**という. この問題における基本的なデータは, 単位時間あたりの客の到着人数の分布と, サービスに必要な時間の分布である. たとえば, 病院や市役所では, 色々なサービスを受けるために, 窓口の前には常に多くの客が番号札を持って自分の順番がよばれるのを待っている. 通常, 窓口は複数あって, どれかの窓口からよばれればそこでサービスを受け, 終了後窓口を立ち去ることになる.

待ち行列理論では, 到着する客の人数が, パラメータが λ のポアソン過程に従うとする. このとき, 式 (6.27) に示されるように, 時間間隔 $[0,t]$ の到着人数の分布 $P_k(t)$ は, ポアソン分布

$$P_k(t) = e^{-\lambda t}\frac{(\lambda t)^k}{k!}$$

で与えられる. このとき, 1人の客が到着してからつぎの客が到着するまでの時間間隔 T が t よりも大きい確率は, t という時間間隔にだれ一人到着しない確率であるから,

$$P(T > t) = P_0(t) = e^{-\lambda t}$$

で, 指数分布となる. これから, 時間 t 以内に少なくとも1人到着する確率は

$$P(T \leq t) = 1 - P_0(t) = 1 - e^{-\lambda t}$$

となる. また, λ は平均到着時間の逆数である.

つぎに, 1人の客との対応に費やすサービス時間の分布は, 指数分布で与えられると仮定されることが多い. つまり, サービス時間 X が時間 t より大きくなる確率を

$$P(X > t) = e^{-\mu t}$$

とする. ここで, μ は平均サービス時間の逆数である. ただし, 現実には指数分布よりアーラン分布を用いることもある (練習問題3.6). 解析は, ポアソン過程を一般化した**出生死滅過程**に基づいて行われるが, ここでは, それを最も単純化した形で説明する. 状態 A を窓口が空いている状態, 状態 B を窓口がふさがっている状態とし, $P_A(t)$, $P_B(t)$ をそれぞれの状態の確率とする ($P_A + P_B = 1$). 出生死滅過程では, 通常待ち行列の長さが k となる確率を取り扱うが, $P_A(t)$ は $k=0$ の確率, $P_B(t)$ は $k=1$ となる確率に対応し, $k \geq 2$ の状態は存在しないと考える.

微小時間 Δt の間に, 状態 A から状態 B へ移る確率は $\lambda \Delta t + o(\Delta t)$ であり, 状態 B から状態 A へ移る確率は $\mu \Delta t + o(\Delta t)$ である. したがって, 以下のような方程式が成り立つ.

$$P_\mathrm{A}(t+\Delta t) = (1-\lambda\Delta t)P_\mathrm{A}(t) + \mu\Delta t P_\mathrm{B}(t) + o(\Delta t) \\ P_\mathrm{B}(t+\Delta t) = (1-\mu\Delta t)P_\mathrm{B}(t) + \lambda\Delta t P_\mathrm{A}(t) + o(\Delta t) \Bigg\} \quad (6.28)$$

連立微分方程式の形に変形すると

$$\left. \begin{aligned} \frac{dP_\mathrm{A}}{dt} &= -\lambda P_\mathrm{A}(t) + \mu P_\mathrm{B}(t) \\ \frac{dP_\mathrm{B}}{dt} &= -\mu P_\mathrm{B}(t) + \lambda P_\mathrm{A}(t) \end{aligned} \right\} \quad (6.29)$$

となり，これを解くことによって状態の確率的な変化を調べることができる．待ち行列理論に関しては多くの解説書があるので，ここでは詳細には立ち入らないことにする．興味のある方は専門書を参照してほしい．

練習問題 6

6.1
$$\int_a^b W(t)^3 dW(t) = \frac{1}{4}[W(b)^4 - W(a)^4] - \frac{3}{2}\int_a^b W(t)^2 dt$$

となることを示すために，例題 6.1 で行ったような変形を試みよ．

6.2 $W(t)$ をウィーナー過程とするとき，$\{W(ct), t \geq 0\}$ と $\{\sqrt{c}W(t), t \geq 0\}$ は同じ分布であることを示せ．

6.3 ウィーナー過程 $W(t)$ が $W(0) = 0$ であるとき，与えられた t に対して $w = W(t)$ の確率密度関数が

$$f(w) = \frac{1}{\sqrt{2\pi t}}\exp\left[-\frac{w^2}{2t}\right]$$

となることを示せ．

6.4 ウィーナー過程 $W(t)$ が $W(0) = 0$ であるとき，以下の期待値を求めよ．
 (1) $E\left[W(t)^3\right]$　　(2) $E\left[W(t)^4\right]$　　(3) $E\left[\exp(aW(t))\right]$

6.5 ウィーナー過程 $W(t)$ に対して以下の期待値を求めよ．[ヒント：$t < s$ と $t > s$ の場合に分けて考えよ．]
 (1) $E\left[\{W(t)-W(0)\}\{W(s)-W(0)\}\right]$　　(2) $E\left[\{W(t)-W(0)\}^2\{W(s)-W(0)\}\right]$

6.6 ウィーナー過程 $W(t)$ に対して，共分散 $C[W(t), W(s)]$ 求めよ．

6.7 $W(0) = 0$ であるウィーナー過程 $W(t)$ に対して，

$$Y(t) = \int_0^t W(t')\,dt'$$

とするとき，$t < s$ として以下の期待値を求めよ．
 (1) $E[Y(t)]$　　(2) $E\left[Y(t)^2\right]$　　(3) $E[Y(t)Y(s)]$

6.8 $X(t)$ を $X(0) = 0$ を満たす，パラメーターが λ の一様なポアソン過程とするとき，共

分散 $C[X(t), X(s)]$ を求めよ．

6.9 式 (6.29) を解き，$P_A(0) + P_B(0) = 1$ が満たされていれば，$P_A(t) + P_B(t) = 1$ $(t > 0)$ となることを示せ．つぎに，$t \to \infty$ における漸近的な確率を求めよ．

6.10 時間的に一様なパラメータが，λ のポアソン過程において，$X(t)$ が増加する時間を $t_1, t_2, \ldots, t_n, \ldots$ とし，$T_n = t_n - t_{n-1}$ とする．また，$X(0) = 0$，$t_0 = 0$ とおく．このとき，$T_1, T_2, \ldots, T_n, \ldots$ は独立な確率変数で，それぞれパラメータが λ の指数分布となることを示せ．

6.11 練習問題 6.10 のポアソン過程において，$t_n = T_1 + T_2 + \cdots + T_n$ の確率分布を求めよ．

第7章

いくつかの確率過程

本章では，時間が連続的に変化する確率過程の中から，いくつかの重要な例を取り上げて説明を行う．その中でも「ガウス過程」は，確率過程の任意の時刻での変数値の結合確率分布が，正規分布となっているような過程で，ガウス型確率過程の差分または微分をとることによって得られる．つぎに，確率過程の時間的な定常性を定義し，強定常過程・弱定常過程の説明を行う．つぎに，弱定常過程のフーリエ解析（スペクトル分解）の説明を行い，ウィーナー・ヒンチンの定理を証明する．さらに，統計力学と関係の深いエルゴード性の紹介をする．その後，直前の時間の確率分布のみに影響される確率過程「マルコフ過程」を導入する．この過程の特別な場合は「拡散過程」とよばれ，物理現象と深いつながりをもっている．

7.1 ガウス過程

ガウス過程とは，確率過程 $X(t,\omega)\ (0 \leq t \leq T)$ において，任意の時刻 $0 < t_i < T$ $(i = 0, 1, 2, \ldots, n)$ における変数値 $X(t_i, \omega)\ (i = 0, 1, 2, \ldots, n)$ の結合確率分布が，n 次元正規分布となっているような確率過程である．

最初に，n 変数の正規分布に関するいくつかの性質を述べる．

> **定理 7.1** $X_1, X_2, \ldots, X_n$ の結合分布が n 次元正規分布であるとき，$X_1, X_2, \ldots, X_n$ の線形結合で作られる $m \leq n$ 個の確率変数 $Y_1, Y_2, \ldots, Y_m$ は，変換行列の階数が m であるとき，m 次元正規分布となる．さらに，この極限としての無限個の確率変数の線形結合から作られる，無限個の確率変数の結合分布も無限次元正規分布となる．

証明 有限次元に対しては，3.1 節で用いた行列による方法を適用して証明することができる．無限個の確率変数の場合の極限的な振る舞いの証明については省略する．
□

例 7.1 ガウス型加法過程（ウィーナー過程）によってガウス過程を構成する方法

$X(t,\omega)\ (0 \leq t \leq T)$ をガウス型加法過程とする．すると，$0 \leq t_0 < t_1 < \cdots < t_n \leq T$ に対して，$X(t_n)-X(t_{n-1}), X(t_{n-1})-X(t_{n-2}), \ldots, X(t_2)-X(t_1), X(t_1)-X(t_0)$ は，それぞれ互いに独立な正規分布をとる．新しい確率過程 $Y(t,\omega)$ を，$Y(t_n) =$

$X(t_n) - X(t_0)$, $Y(t_{n-1}) = X(t_{n-1}) - X(t_0)$, $\cdots$, $Y(t_2) = X(t_2) - X(t_0)$, $Y(t_1) = X(t_1) - X(t_0)$ で定義すると，$Y(t_i)$ $(1 \leq i \leq n)$ は，$X(t_i) - X(t_{i-1})$ の線形結合で表すことができるから，定理 7.1 より，n 次元正規分布となる．したがって，実質的に $X(t,\omega)$ はガウス過程とみなすことができる．

例 7.2 ガウス型加法過程の時間微分によるガウス過程

$X(t,\omega)$ $(0 \leq t \leq T)$ をガウス型加法過程とする．すると，$0 \leq t_0 < t_1 < \cdots < t_n \leq T$ に対して $X(t_n)-X(t_{n-1}), X(t_{n-1})-X(t_{n-2}), \cdots, X(t_2)-X(t_1), X(t_1)-X(t_0)$ は，それぞれ互いに独立な正規分布をとる．このとき，

$$\frac{dX(t_i,\omega)}{dt} = \lim_{\Delta t \to 0} \frac{X(t_i) - X(t_{i-1})}{\Delta t}$$

であるから，新しい確率過程 $dX(t,\omega)/dt$ は互いに独立な正規分布となり，結合確率分布はガウス過程となる．したがって，ウィーナー過程の微分（ホワイトノイズ）は，確率超過程としてガウス過程である．

例 7.3 ウィーナー積分の積分の上限によるガウス過程

ウィーナー積分は，式 (6.7)

$$I(f,t) = \lim_{n \to \infty} I_n(f,t) = \lim_{n \to \infty} \sum_{k=1}^{n} f(t_{k-1}^n)[W(t_k^n) - W(t_{k-1}^n)]$$

で定義される．ここで，積分の下限 $t_0^n = a$ は定数，上限 $t_n^n = t$ は変数と考えると，積分結果 $I(f,t_n)$ は確率過程とみなすことができる．$W(t_k^n) - W(t_{k-1}^n)$ は互いに独立な確率変数で，正規分布をとるから，その線形結合の極限である積分 $I(f,t_1), I(f,t_2), \ldots, I(f,t_n)$ $(t_1 < t_2 < \cdots < t_n)$ の結合分布は，n 次元正規分布となる．したがって，$I(f,t)$ はガウス過程となる．

つぎに，ガウス過程 $X(t,\omega)$ $(0 \leq t \leq T)$ の特性関数を考える．n 次元正規分布の特性関数は，式 (3.9)

$$\phi(\boldsymbol{k}) = \exp\left[i\boldsymbol{k} \cdot \boldsymbol{\mu} - \frac{1}{2}\,{}^t\boldsymbol{k}A^{-1}\boldsymbol{k}\right]$$

であった．ここで，A は，その逆行列 $B = A^{-1}$ の要素 b_{ij} が共分散となるような n 次正則行列で，$\mu_i = E[X_i]$, $b_{ij} = C[X_i, X_j] = E[(X_i - E[X_i])(X_j - E[X_j])]$ である．したがって，ガウス過程に対して n 点の時間 $t_1, t_2, \ldots, t_n$ をとれば，$\mu_i = E[X(t_i)]$, A^{-1} の要素 $b_{ij} = E[\{X(t_i) - E[X(t_i)]\}\{X(t_j) - E[X(t_j)]\}]$ となる．時間間隔を十

分に小さくした極限を考えると，$k(t)$ の汎関数

$$\phi(k(t)) = E\left[\exp\left(i\int_0^T k(t)X(t,\omega)\,dt\right)\right]$$
$$= \exp\left[i\int_0^T k(t)E[X(t)]dt - \frac{1}{2}\int_0^T\int_0^T k(t)C[X(s),X(t)]k(s)ds\,dt\right] \tag{7.1}$$

となる．これを**特性汎関数**とよぶ．ここで，

$$C[X(s),X(t)] = E[\{X(s)-E[X(s)]\}\{X(t)-E[X(t)]\}]$$

である．特性関数が定まれば確率分布が一意的に決まるから，ガウス過程は平均値 $E[X(t)]$ と共分散 $C[X(t),X(s)]$ で決定されることがわかる．

平均値は，汎関数微分

$$E[X(t)] = \frac{1}{i}\frac{\delta\phi(k(t))}{\delta k(t)} \tag{7.2}$$

で求められる．汎関数微分においては，関数 $k(t)$ を通常の変数のように取り扱って偏微分操作を行うが，最後に $k(t)$ そのものを $k(s)$ で微分し，その際，

$$\frac{\delta k(t)}{\delta k(s)} = \delta(t-s)$$

とデルタ関数を挿入しないといけない点に注意する必要がある．

また，キュムラントは

$$\log\phi(k(t)) = i\int_0^T k(t)E[X(t)]dt - \frac{1}{2}\int_0^T\int_0^T k(t)C[X(s),X(t)]k(s)ds\,dt \tag{7.3}$$

を $k(t)$ で汎関数微分することから求められ，n 次のキュムラント $C_n(t)$ は

$$C_n(t) = \frac{1}{i^n}\frac{\delta^n}{\delta k(t_1)\delta k(t_2)\cdots\delta k(t_n)}\log\phi(k(t))\bigg|_{k(t)=0} \tag{7.4}$$

と定義される．したがって，ガウス過程に対しては，$n \geq 3$ に対するキュムラント $C_n(t) = 0$ である．

例題 7.1 ウィーナー過程から得られるガウス過程 $W(t) - W(0)$ の特性汎関数を求め，平均, 2 乗平均, キュムラントを計算せよ．

解 $E[W(t)] = 0$ かつ

$$C[\{W(s) - W(0)\}, \{W(t) - W(0)\}] = E[\{W(s) - W(0)\}\{W(t) - W(0)\}]$$

であるから，

$$\begin{aligned}\phi(k(t)) &= \exp\left[-\frac{1}{2}\int_0^T\int_0^T k(t)E[\{W(s)-W(0)\}\{W(t)-W(0)\}]k(s)ds\,dt\right]\\ &= \exp\left[-\frac{1}{2}\int_0^T\int_0^T k(t)k(s)w(t,s)ds\,dt\right]\end{aligned}$$

となる．ここで

$$w(s,t) = E[\{W(s)-W(0)\}\{W(t)-W(0)\}] = \begin{cases} s & (t \geq s) \\ t & (t < s) \end{cases}$$

である．

平均 $E[W(t) - W(0)]$ は，$\phi(k(t))$ の指数部に $k(t)$ の 1 次が含まれないので

$$E[W(t)-W(0)] = \frac{1}{i}\left.\frac{\delta\phi(k(t))}{\delta k(t)}\right|_{k(t)=0} = 0$$

となる．つぎに，2 乗平均 $E[(W(t)-W(0))^2]$ は

$$E[(W(t)-W(0))^2] = -\left.\frac{\delta^2\phi(k(t))}{\delta k(t)^2}\right|_{k(t)=0} = t$$

と求められる．最後に，キュムラントは

$$\log\phi(k(t)) = -\frac{1}{2}\int_0^T\int_0^T k(t)k(s)w(t,s)ds\,dt$$

を $k(t)$ で汎関数微分すれば計算できる．

7.2 定常過程

確率過程 $X(t)$ が時間移動演算

$$T_\tau X(t) = X(t+\tau)$$

を行ったとき，確率分布が変化しないなら，$X(t)$ を **強定常過程** とよぶ．なお，ここでの確率分布とは，第 5 章の最初に述べた無限次元空間での確率分布と考える．もし，平

均 $E[X(t)]$, 共分散 $C[X(s), X(t)]$ が,時間移動演算 T_τ に対して不変,つまり,

$$E[T_\tau X(t)] = E[X(t+\tau)] = E[X(t)]$$
$$C[T_\tau X(s), T_\tau X(t)] = C[X(s+\tau), X(t+\tau)] = C[X(s), X(t)]$$

が成り立つなら,$X(t)$ は**弱定常過程**であるという.$E[X(t)^2] < \infty$ なら,明らかに,強定常過程は弱定常過程である.なお,本節では $X(t)$ は実数であると仮定する.

> **定理 7.2** $E[X(t)] = $ 一定 とする.$X(t,\omega)$ が弱定常過程なら,共分散 $C[X(s), X(t)]$ $(t < s)$ は $s - t$ のみの関数である.逆も成立する.

証明 仮定より,

$$C[X(s+\tau), X(t+\tau)] = C[X(s), X(t)]$$

が成立する.$\tau = -t$ とおくと,

$$C[X(0), X(t-s)] = C[X(s), X(t)]$$

となる.逆に,

$$C[X(s), X(t)] = f(t-s)$$

とすると,

$$C[X(s+\tau), X(t+\tau)] = f(t+\tau-(s+\tau)) = f(t-s)$$

で,証明が終わる. □

> **定理 7.3** ガウス過程では,弱定常過程は強定常過程となる.

証明 ガウス過程は,平均値と共分散により,決定されることから明らか. □

例 7.4 ウィーナー過程は弱定常過程ではないことを示す
ウィーナー過程は

$$V[W(t)] = C[W(t), W(t)] = E[\{W(t) - E[W(t)]\}^2] = E[W(t)^2] = t$$

で一定とならないから,弱定常過程ではない.

7.2.1 スペクトル分解

確率過程のスペクトル分解，つまり，確率過程 $X(t)$ を

$$X(t) = \int_{-\infty}^{\infty} e^{i\lambda t} Z(\lambda) d\lambda \tag{7.5}$$

の形に展開することを考える．ある程度数学的に厳密な説明を後で行うが，最初に直感的に理解しやすい方法で説明する．フーリエ解析の理論によれば，

$$\int_{-\infty}^{\infty} |X(t)|^2 dt < \infty \tag{7.6}$$

であれば，$Z(\lambda)$ は

$$Z(\lambda) = \frac{1}{2\pi} \int_{-\infty}^{\infty} e^{-i\lambda t} X(t) dt \tag{7.7}$$

で与えられることが知られている．しかし，$X(t)$ が定常過程であれば，条件 (7.6) が満たされないことは明らかである．そのため，通常のフーリエ解析の理論は適用できない．しかし，超関数を考えれば，条件 (7.6) が満足されない関数であっても，フーリエ積分で表現することができる．

たとえば，$X(t) \equiv 1$ である場合を考えてみよう．$Z(\lambda) = \delta(\lambda)$ とすると

$$1 = \int_{-\infty}^{\infty} e^{i\lambda t} \delta(\lambda) d\lambda \tag{7.8}$$

が成り立ち，フーリエ積分で表現することができる．式 (7.8) は一見超関数理論を用いないと理解できないように見えるが，じつは，スティルチェス積分で表現することが可能である．$\theta(\lambda)$ を単位階段関数 $(\theta(\lambda) = 0 \, (\lambda < 0), \theta(\lambda) = 1 \, (\lambda > 0))$ とすると

$$\delta(\lambda) = \frac{d}{d\lambda} \theta(\lambda) \tag{7.9}$$

が成り立ち（オンライン補遺参照），これを式 (7.8) へ代入すると

$$1 = \int_{-\infty}^{\infty} e^{i\lambda t} d\theta(\lambda) \tag{7.10}$$

となり，スティルチェス積分で表される．この結果を考慮して，任意の弱定常過程は有界な関数 $Y(\lambda)$ により

$$X(t) = \int_{-\infty}^{\infty} e^{i\lambda t} dY(\lambda) = \int_{-\infty}^{\infty} e^{i\lambda t} Z(\lambda) d\lambda \tag{7.11}$$

と表されると考える．また，

$$Z(\lambda) = \frac{d}{d\lambda} Y(\lambda) \tag{7.12}$$

で $Z(\lambda)$ は超関数であるとする．$X(t)$ が実数であるから，

$$Z(\lambda) = \overline{Z(-\lambda)} \tag{7.13}$$

を満たしているとする．ここで，$\overline{Z}$ は複素共役を示す．

つぎに，弱定常性がどのように $Z(\lambda)$ の性質に反映されるかを考えてみる．$X(s)$ と $X(t)$ の相関

$$R[X(s), X(t)] = E[X(s)X(t)] = C[X(s), X(t)] + (E[X(t)])^2$$

を計算すると，

$$\begin{aligned} R[X(s), X(t)] &= E\left[\left(\int_{-\infty}^{\infty} e^{i\lambda s} Z(\lambda) d\lambda\right)\left(\int_{-\infty}^{\infty} e^{i\lambda' t} Z(\lambda') d\lambda'\right)\right] \\ &= \int_{-\infty}^{\infty} d\lambda \int_{-\infty}^{\infty} d\lambda' e^{i\lambda s} e^{i\lambda' t} E[Z(\lambda) Z(\lambda')] \end{aligned}$$

となる．$E[X(t)]$ が t によらないため，定理 7.2 より，相関 $R[X(s), X(t)]$ は $t-s$ のみの関数となる．したがって，$E[Z(\lambda)Z(\lambda')]$ が関数 $I(\lambda)$ を含む

$$E[Z(\lambda)Z(\lambda')] = I(\lambda')\delta(\lambda + \lambda') \tag{7.14}$$

すなわち，

$$E\left[|Z(\lambda)|^2\right] = I(\lambda')\delta(\lambda + \lambda') \tag{7.15}$$

の形となることがわかる．このとき，

$$\begin{aligned} C[X(s), X(t)] &= \int_{-\infty}^{\infty} d\lambda \int_{-\infty}^{\infty} d\lambda' e^{i\lambda s} e^{i\lambda' t} I(\lambda')\delta(\lambda + \lambda') \\ &= \int_{-\infty}^{\infty} e^{i\lambda(t-s)} I(\lambda) \, d\lambda \end{aligned}$$

となる．よって，

$$R[X(s), X(t)] = E[X(s)X(t)] = \int_{-\infty}^{\infty} e^{i\lambda(t-s)} I(\lambda) \, d\lambda \tag{7.16}$$

が得られる．したがって，$R[X(s), X(t)] = R(t-s)$ とおくことができ，

$$R(t) = \int_{-\infty}^{\infty} e^{i\lambda t} I(\lambda) \, d\lambda, \quad I(\lambda) = \frac{1}{2\pi} \int_{-\infty}^{\infty} e^{-i\lambda t} R(t) \, dt \tag{7.17}$$

の関係式が得られる．これを**ウィーナー・ヒンチンの定理**とよび，確率過程の相関と $I(\lambda)$ を結びつける式である．$I(\lambda)$ は**スペクトル強度**とよばれるが，その理由は式 (7.18) より明らかとなる．

式 (7.11) より，

$$\int_{-T}^{T} |X(t)|^2 \, dt = \int_{-T}^{T} dt \int_{-\infty}^{\infty} e^{i\lambda t} Z(\lambda) d\lambda \int_{-\infty}^{\infty} e^{-i\lambda' t} \overline{Z(\lambda')} d\lambda'$$

$$= \int_{-\infty}^{\infty} d\lambda \int_{-\infty}^{\infty} d\lambda' \int_{-T}^{T} dt \, e^{i(\lambda-\lambda')t} Z(\lambda) \overline{Z(\lambda')}$$

となる．これから，

$$E\left[\int_{-T}^{T} dt |X(t)|^2\right] = \int_{-\infty}^{\infty} d\lambda \int_{-\infty}^{\infty} d\lambda' \int_{-T}^{T} dt \, e^{i(\lambda-\lambda')t} E\left[Z(\lambda)\overline{Z(\lambda')}\right]$$

$$= \int_{-\infty}^{\infty} d\lambda \int_{-\infty}^{\infty} d\lambda' \int_{-T}^{T} dt \, e^{i(\lambda-\lambda')t} I(\lambda)\delta(\lambda-\lambda')$$

$$= \int_{-\infty}^{\infty} d\lambda \int_{-T}^{T} dt \, I(\lambda)$$

となる．したがって，

$$\frac{1}{2T} E\left[\int_{-T}^{T} dt |X(t)|^2\right] = E\left[|X(t)|^2\right] = \int_{-\infty}^{\infty} I(\lambda) \, d\lambda \tag{7.18}$$

が得られる．ゆえに，$I(\lambda)$ は $|X(t)|^2$ の平均スペクトル強度となる．

数学的にもう少し厳密な議論を展開するため，**(確率過程の) 相関係数** $\rho[X(s), X(t)]$ をつぎのように定義する．

$$\rho[X(s), X(t)] = \frac{E[\{X(s) - E[X(s)]\}\{X(t) - E[X(t)]\}]}{\sqrt{E[\{X(s) - E[X(s)]\}^2]}\sqrt{E[\{X(t) - E[X(t)]\}^2]}}$$

$$= \frac{C[X(s), X(t)]}{\sqrt{E[\{X(s) - E[X(s)]\}^2]}\sqrt{E[\{X(t) - E[X(t)]\}^2]}} \tag{7.19}$$

定義より，弱定常過程では

$$E[\{X(t) - E[X(t)]\}^2] = C[X(t), X(t)] = C[X(0), X(0)] = A^2 = 一定$$

が成り立つ．したがって，$\rho[X(s), X(t)] = \rho(t-s)$ である[1]．$C[X(s+t), X(s)] = \gamma(t)$ とおくと，$\rho(0) = 1$ であるから，$A = \gamma(0)$ で

---

[1] 誤解がないと思われるので，同じ記号 ρ を用いる．

$$\rho(t) = \frac{\gamma(t)}{\gamma(0)} \tag{7.20}$$

となる．また，シュワルツの不等式 (2.32) によって

$$\begin{aligned}
|\gamma(\tau)| &= |E[\{X(t) - E[X(t)]\}\{X(t+\tau) - E[X(t+\tau)]\}]| \\
&\leq \sqrt{E[\{X(t) - E[X(t)]\}^2]}\sqrt{E[\{X(t+\tau) - E[X(t+\tau)]\}^2]} \\
&= |\gamma(0)|
\end{aligned}$$

であるから，

$$|\rho(t)| \leq 1 \tag{7.21}$$

が成り立っている．また，定義より

$$\rho(t) = \rho(-t) \tag{7.22}$$

すなわち，$\rho(t)$ は偶関数であることがわかる．

$E[X(t)] = m = $ 一定 なので，$h \to 0$ のとき

$$\begin{aligned}
&E[|X(t+h) - X(t)|^2] \\
&= E[|\{X(t+h) - m\} - \{X(t) - m\}|^2] \\
&= E[\{X(t+h) - m\}^2] - 2E[\{X(t+h) - m\}\{X(t) - m\}] \\
&\quad + E[\{X(t) - m\}^2] \\
&= \gamma(0) - 2\gamma(h) + \gamma(0) = 2[\gamma(0) - \gamma(h)] \to 0
\end{aligned}$$

が成り立つ．したがって，$\gamma(t)$（または $\rho(t)$）が原点で連続なら，$X(t)$ は平均 2 乗収束（式 (4.6) 参照）の意味で連続となり，逆も成立する．このような定常過程を，**連続定常過程**という．また，$\gamma(t)$ $(\rho(t))$ が $t=0$ で連続なら，任意の t で連続となる．$\tilde{X}(t) = X(t) - m$ とおいて，シュワルツの不等式 (2.32) を利用すると，

$$\begin{aligned}
|\gamma(t+h) - \gamma(t)| &= |E[\tilde{X}(t+h)\tilde{X}(0)] - E[\tilde{X}(t)\tilde{X}(0)]| \\
&= \left|E[\{\tilde{X}(t+h) - \tilde{X}(t)\}\tilde{X}(0)]\right| \\
&\leq \sqrt{E[|\tilde{X}(0)|^2]}\sqrt{E[|\tilde{X}(t+h) - \tilde{X}(t)|^2]} \\
&= m\sqrt{E[|\tilde{X}(t+h) - \tilde{X}(t)|^2]} \\
&= m\sqrt{2(\gamma(0) - \gamma(h))}
\end{aligned}$$

となり，$h \to 0$ で $\gamma(t+h) - \gamma(t) \to 0$ がいえるからである．

つぎに，ウィーナー・ヒンチンの定理の基礎となる，相関係数のスペクトル表現を示す．その基礎となる**ボッホナーの定理**は，つぎのように述べられる（参考文献 [5] 参照）．

定理 7.4 ボッホナーの定理 $f(t)$ を $(-\infty, \infty)$ で連続，有界な複素数値関数とする．このとき，任意の有限区間 $[a,b]$ で連続，それ以外で 0 となるすべての関数 $q(t)$ に対して

$$\int_{-\infty}^{\infty}\int_{-\infty}^{\infty} f(x-y)q(x)\overline{q(y)}dxdy \geq 0$$

が成り立つなら（正定値関数），すべての t に対して

$$f(t) = \int_{-\infty}^{\infty} e^{itx} dv(x)$$

とかける．ここで，$v(x)$ は有界で単調非減少な右連続関数である．

ボッホナーの定理を用いると，相関係数のスペクトル表現が得られる．$X(t)$ を連続な定常過程とする．$\gamma(\tau) = E[\tilde{X}(t+\tau)\tilde{X}(t)]$ であるから，明らかに，$\gamma(\tau)$ は有界（$|\gamma(t)| \leq |\gamma(0)|$），連続である．また，

$$0 \leq E\left[\left|\int_{-\infty}^{\infty} X(t)q(t)dt\right|^2\right] = E\left[\int_{-\infty}^{\infty}\int_{-\infty}^{\infty} X(t)X(s)q(t)\overline{q(s)}dt\,ds\right]$$

$$= \int_{-\infty}^{\infty}\int_{-\infty}^{\infty} dt\,ds E\left[X(t)X(s)q(t)\overline{q(s)}\right]$$

$$= \int_{-\infty}^{\infty}\int_{-\infty}^{\infty} dt\,ds \gamma(t-s)q(t)\overline{q(s)}$$

であるから，正定値関数となる．したがって，

$$\rho(\tau) = \int_{-\infty}^{\infty} e^{i\tau x} dF(x) \tag{7.23}$$

となる．ここで，$F(x)$ は $F(\infty) - F(-\infty) = \gamma(0)/\gamma(0) = 1$ となる非減少右連続関数であるから，$F(-\infty) = 0$, $F(\infty) = 1$ ととることができる．$F(x)$ を $\rho(\tau)$ の**スペクトル分布**という．

$\rho(\tau)$ から逆に $F(x)$ を求める公式は，レヴィの反転公式を導く方法と同様にして得られる．式 (7.23) の両辺を積分すると

となる．一方，デルタ関数列 $\delta_T(x) = \sin Tx/(\pi x)$ を考えると，$\delta_T(0) = T/\pi$ であるから，

$$\frac{1}{2T}\int_{-T}^{T}\rho(\tau)e^{-i\tau y}d\tau = \int_{-\infty}^{\infty}\frac{\delta_T(x-y)}{\delta_T(0)}dF(x) = \int_{-\infty}^{\infty}\frac{\delta_T(x-y)}{\delta_T(0)}F'(x)dx$$

が得られる．ゆえに，

$$\lim_{T\to\infty}\frac{1}{2T}\int_{-T}^{T}\rho(\tau)e^{-i\tau y}d\tau = \lim_{T\to\infty}\frac{1}{\delta_T(0)}F'(y)$$

となり，両辺を $y = y_1$ から y_2 まで積分すると，

$$F(y_2) - F(y_1) = \lim_{T\to\infty}\frac{1}{2\pi}\int_{-T}^{T}\rho(\tau)\frac{e^{-i\tau y_2} - e^{-i\tau y_1}}{-i\tau}d\tau \tag{7.24}$$

となる．

つぎに，$x \approx 0$ で

$$F(x) \approx [F(+0) - F(-0)]\theta(x)$$

と仮定すると，

$$F'(x) \approx [F(+0) - F(-0)]\delta(x)$$

となる．したがって，

$$\lim_{T\to\infty}\frac{1}{2T}\int_{-T}^{T}\rho(\tau)d\tau = \int_{-\infty}^{\infty}\frac{\delta_T(x)[F(+0) - F(-0)]}{\delta_T(0)}\delta(x)dx$$
$$= F(+0) - F(-0) \tag{7.25}$$

となり，相関係数の時間平均が，スペクトル分布の原点の不連続値で表される．

7.2.2 エルゴード性

第 4 章で説明した大数の法則を要約すると，以下のような内容であった．

『必ずしも互いに独立でない n 個の確率変数 X_n があって，その和を $S_n = X_1 + X_2 + \cdots + X_n$ とし，

$$Q_n = \frac{S_n}{n} = \frac{X_1 + X_2 + \cdots + X_n}{n}$$

とおき，S_n の分散 $V[S_n]$ が

$$\lim_{n\to\infty}\frac{V[S_n]}{n^2}=0 \tag{7.26}$$

を満たすと仮定すると，Q_n は $n\to\infty$ のとき，1 点分布に確率収束する.』

この定理を確率過程に応用してみる．ある確率過程 $X(t)$ の時間平均は，多数の時間における $X(t)$ の値を加え，時間の数で割ったものであるから，1 点分布，すなわち，ある一定値へ近づく可能性がある．これをヒントに確率過程のエルゴード性とよばれる性質を考えてみよう．

$X(t)$ を弱定常過程とし，$X_k = X(t_k)$ $(k=1,2,\ldots,n)$ とする．また，式 (7.26) と同様な条件

$$\lim_{n\to\infty}\frac{V\left[\sum_{k=1}^{n} X_k\right]}{n^2}=0$$

が満足されていると仮定する．大数の法則を適用すると，

$$<X(t)>_n := \frac{X(t_1)+X(t_2)+\cdots+X(t_n)}{n} = \frac{1}{n}\sum_{k=1}^{n}X_k \tag{7.27}$$

で定義された $<X(t)>_n$ は，$n\to\infty$ の極限で，確率収束の意味で

$$<X(t)>_n \to \lambda = \lim_{n\to\infty}\frac{1}{n}\sum_{k=1}^{n}E[X_k] = E[X(t)] \tag{7.28}$$

へ収束する．$<X(t)>_n$ は各時刻の値の平均で，一方，$X(t)$ は弱定常過程であるから，$E[X(t)]$ は時間によらない確率平均である．これは，弱定常過程では，$X(t)$ の時間平均と確率平均が等しいことを示している．また，n を十分に大きくして，時間刻み $t_k = \dfrac{2T}{n-1}(k-1) - T$ を細かくとれば，$X(t)$ の時間平均は時間積分

$$\lim_{n\to\infty}<X(t)>_n \approx <X(t)>_T := \frac{1}{2T}\int_{-T}^{T}X(t)dt \tag{7.29}$$

で与えられるので，

$$E[X(t)] \approx \frac{1}{2T}\int_{-T}^{T}X(t)dt \tag{7.30}$$

となる．もっと一般に，$X(t)$ の任意の関数の時間平均と確率平均が一致する性質をもつ系を**エルゴード的である**，または**エルゴード性をもつ**という．なお，エルゴード的であるためには弱定常過程だけでは不十分で，強定常過程がガウス過程で，さらに，あ

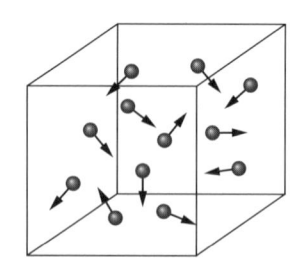

図 7.1 立方体箱の中を飛び交う粒子

る条件を満たすとエルゴード的となることが知られている（参考文献 [1] 53 章参照）．

もともと，エルゴード性は統計力学で研究が始められた．たとえば，図 7.1 のような立方体箱の中の粒子の集合を考えてみよう．力学では，これら全体の運動を**力学系**として取り扱い，全粒子のすべての自由度の作る空間を**位相空間**とよぶ．古典力学では，初期条件がわかれば，これら粒子全体の運動を知ることができる．したがって，必要な物理量の時間平均を求めることが可能である．しかし，通常は粒子の数が非常に多いため，原理的には可能であっても実際的には全粒子の運動を時間的に追うことは不可能である．そのため，エネルギーなどの保存量一定条件を満たす位相空間の部分空間内で，系がまんべんなく均等に分布しているという**等重率の原理**を仮定して，時間平均の代わりに確率平均（**アンサンブル平均**ともいう）によって諸量を計算する．ここで問題となるのは，これらの両平均値が本当に一致するのかという点である．しかし，現実的に重要な系でこれが成立していることを証明するのは大変困難で，今日でも極めてわずかな系で証明されているだけである．これに関係した多くの定理を**エルゴード定理**とよんでいる．また，**エルゴード仮説**とは，エルゴード定理が成り立っている，つまり，系がエルゴード的であることを仮定するもので，現在，古典統計力学や乱流理論では，これを仮定している場合が多い．

7.3 マルコフ過程

第 5 章では，おもに時間と変数値が不連続に変化するマルコフ過程，すなわち，マルコフ連鎖を取り扱ったが，ここでは，どちらも連続的に変化するような**連続マルコフ過程**を説明する．連続マルコフ過程は，ある条件を満たすとき，**拡散過程**ともよばれる．ポアソン過程は，時間変化は連続であるので連続時間マルコフ過程であるが，変数値は不連続に変化するので，**不連続マルコフ過程**とよばれる．

連続マルコフ過程は，離散時間マルコフ過程と同様，ある時間ステップ t における確率変数の値 $X(t)$ の確率分布が，直前の時間ステップの確率変数の確率分布だけで決定される確率過程である．すなわち，任意の $t_0 < t_1 < \cdots < t_{n-1} < t$ に対して，

これを条件付き確率で表すと,

$$P(\{X(t) \leq x\}|\{X(t_0) = x_0\} \cap \{X(t_1) = x_1\}) \cap \cdots \cap \{X(t_{n-1}) = x_{n-1}\})$$
$$= P(\{X(t) \leq x\}|\{X(t_{n-1}) = x_{n-1}\}) \tag{7.31}$$

となる.したがって,連続マルコフ過程でも,つぎの変数

$$F(x, s; y, t) = P(\{X(t) \leq y\}|\{X(s) = x\}) \quad (s < t) \tag{7.32}$$

を**推移確率分布**とよび,マルコフ連鎖における推移確率と同様の重要な役割を果たす.$F(x, s; y, t)$ は,y に関する分布関数となっていて,

$$F(x, s; y, t) \geq 0, \quad F(x, s; -\infty, t) = 0, \quad F(x, s; \infty, t) = 1 \tag{7.33}$$

を満たしている.y に関する導関数

$$f(x, s; y, t) = \frac{\partial}{\partial y} F(x, s; y, t) \tag{7.34}$$

が存在するとき,これを**推移確率密度**という.なお,つぎの条件が必要である.

$$\lim_{t \to s-0} F(x, s; y, t) = \begin{cases} 0 & (y < x) \\ 1 & (y \geq x) \end{cases} = \theta(y - x) \tag{7.35}$$

問 7.1 条件 (7.35) を推移確率密度 $f(x, s; y, t)$ で表せ.

例 7.5 ベルヌーイ試行(1 次元ランダムウォーク)

1 次元ランダムウォークからウィーナー過程を構成した (6.1 節) のと同様に,$\Delta \to 0$ の極限で,1 次元ランダムウォークから連続マルコフ過程を構成することができる.式 (5.10) より,n ステップ後の推移確率 $p_{ij}(n)$ は

$$p_{ij}(n) = {}_nC_{(n+j-i)/2}\, p^{(n+j-i)/2} q^{(n-j+i)/2}$$

となる.なお,$n + j - i$ ($n - j + i$) が奇数の場合は,$p_{ij}(n) = 0$ である.状態の変位を $j - i = x$ とおき,

$$v(x, n) = {}_nC_{(n+x)/2}\, p^{(n+x)/2} q^{(n-x)/2}$$

と定義すると,

$$p_{ij}(n) = v(j - i, n)$$

となる. 6.1 節と同様に, 事象 A の場合は $X_n = a$, 事象 B の場合は $X_n = -a$ とする. また, n 回目の試行に対して時刻 $t = n\Delta$ を対応させ, S_n を $X(t)$ に対応させる. すると, $X(s) - X(t)$ には

$$S_{m,n} = X_{m+1} + X_{m+2} + \cdots + X_n$$

が対応し, 時間 $t = n\Delta$ での変位の平均値は

$$E[S_{m,m+n}] = n(p-q)a = \frac{t}{\Delta}(p-q)a$$

となる, 一方, 1 ステップでの分散は $V[S_{n+1,n}] = 4pqa^2$ であるから, $t = n\Delta$ での変位の分散は

$$V[S_{m,m+n}] = n \cdot 4pqa^2 = 4tpq\frac{a^2}{\Delta}$$

となる. $\Delta \to 0$ の極限で, 平均値と分散が有限値となるためには,

$$a = \sqrt{D\Delta} \quad (D > 0)$$

とおき,

$$\frac{a^2}{\Delta} = D$$

が有限にとどまる必要がある. さらに,

$$p = \frac{1}{2} + \frac{C}{2D}a, \quad q = \frac{1}{2} - \frac{C}{2D}a \tag{7.36}$$

とすると,

$$E[S_{m,m+n}] = \frac{t}{\Delta}\frac{C}{D}a^2 = Ct$$
$$V[S_{m,m+n}] = 4t\left(\frac{1}{4} - \frac{C^2}{4D^2}a^2\right)\frac{a^2}{\Delta} = Dt - \frac{C^2}{D}ta^2 \to Dt \quad (\Delta \to 0)$$

となる. $C = 0, D = 1$ とおくと, 6.1 節のようにウィーナー過程が得られる.

x は n ステップ後の変位値であるが, その確率分布関数を求めてみよう. 1.4.2 項でベルヌーイ試行に対して事象 A の発生回数が m となる確率が, $n \to \infty$ の極限で, 式 (1.14)

$$P_m \approx \frac{1}{\sqrt{2\pi npq}}\exp\left[-\frac{(m-np)^2}{2npq}\right]$$

で与えられている. $[m - (n-m)]a = x$ を考慮すると,

$$m = \frac{1}{2}\left(\frac{x}{a} + n\right)$$

となり，これから，

$$m - np = \frac{x - na(p-q)}{2a}$$

となる．したがって，x の分布関数 $g(x)$ は $dx = 2adm$ を考慮すると

$$g(x)dx = P_m dm \quad \text{よって，} \quad g(x) = \frac{1}{2a}P_m$$

となる．$pq \approx 1/4$ であるから，

$$g(x) = \frac{1}{2a}\frac{1}{\sqrt{\pi n/2}}\exp\left[-\frac{[x - na(p-q)]^2}{4a^2 \cdot n/2}\right]$$

が得られる．$p - q = \dfrac{C}{D}a$, $a^2 = D\Delta$ を代入すると

$$g(x) = \frac{1}{\sqrt{2\pi D\Delta n}}\exp\left[-\frac{(x - nC\Delta)^2}{2D\Delta n}\right]$$

となる．最後に，$t = n\Delta$ とおくと

$$g(x) = \frac{1}{\sqrt{2\pi Dt}}\exp\left[-\frac{(x - Ct)^2}{2Dt}\right] \tag{7.37}$$

が得られる．

つぎに，1次元ランダムウォークに対する推移確率の $\Delta \to 0$ の極限を求め，そのときの推移確率の満たす偏微分方程式を求めてみよう．$v(j,n)$ を離散時刻 n，離散座標 j における量（たとえば，速度），$u(x,t)$ を時刻 t，座標 x における量とする．まず，$v(j,n)$ に関する漸化式が

$$v(j, n+1) = pv(j-1, n) + qv(j+1, n) \tag{7.38}$$

となる．$u(x,t) = v(j,n)$, $x = ja$, $t = n\Delta$ とすると

$$u(x, t+\Delta t) = pu(x-\Delta x, t) + qv(x+\Delta x, t) \tag{7.39}$$

となる．ここで，$\Delta x = a$, $\Delta t = \Delta$ とおいた．式 (7.39) に式 (7.36) を代入し，Δx, Δt が微小量と考えてテイラー展開すると，

$$u(x,t) + \frac{\partial u}{\partial t} + o(\Delta t) = \left(\frac{1}{2} + \frac{C}{2D}\Delta x\right)\left[u(x,t) - \frac{\partial u}{\partial x}\Delta x + \frac{\partial^2 u}{\partial x^2}(\Delta x)^2\right.$$

$$= \left(\frac{1}{2} - \frac{C}{2D}\Delta x\right)\left[u(x,t) + \frac{\partial u}{\partial x}\Delta x + \frac{\partial^2 u}{\partial x^2}(\Delta x)^2\right] + o(\Delta x)^2$$

が成り立つ．$\Delta t, \Delta x \to 0$ の極限では，**フォッカー・プランク方程式**とよばれる偏微分方程式

$$\frac{\partial u}{\partial t} = -C\frac{\partial u}{\partial x} + \frac{D}{2}\frac{\partial^2 u}{\partial x^2} \tag{7.40}$$

が得られる．式 (7.37) で与えられる $g(x,t)$ も，上式を満たすことは容易に確かめられる（問 7.2 とする）．ここで定義された $u(x,t)$ は，$f(x,s;y,t)$ が $y-x$ と $t-s$ の関数である場合に

$$u(y-x, t-s) = f(x,s;y,t)$$

と対応している．

問 7.2 $g(x,t)$ が式 (7.40) を満たすことを確かめよ．

例 7.6 加法過程からマルコフ過程の生成

$X(t)$ を (a,b) で定義された加法過程であるとする．c を $a < c < b$ を満足する定数とすると，$X(t) - X(c)$ はマルコフ過程となることが知られている（参考文献 [1] 60 章）．したがって，6.1 節で説明したウィーナー過程は，この意味で連続マルコフ過程に含まれるが，マルコフ過程としてもとくに重要な例である．

マルコフ連鎖で得られたチャップマン・コルモゴロフの方程式に対応する微分方程式が存在し，やはり，**チャップマン・コルモゴロフの方程式**とよばれる．推移確率分布で表すと，

$$F(x,s;y,t) = \int_{-\infty}^{\infty} F(z,u;y,t)\, d_z F(x,s;z,u) \quad (s < u < t) \tag{7.41}$$

で，$d_z F(x,t;z,u)$ は z に関する変動に対するスティルチェス積分を表す．これを推移確率密度で表すと

$$f(x,s;y,t) = \int_{-\infty}^{\infty} f(z,u;y,t) \cdot f(x,s;z,u)\, dz \quad (s < u < t) \tag{7.42}$$

となる．

つぎに，連続マルコフ過程にいくつかの条件を加える．まず，わずかの時間での分布関数の変化は小さい（$O(h^2)$）と仮定して，任意の $\delta > 0$ に対して

$$\lim_{h \to 0} \frac{1}{h} \int_{|y-x| \geq \delta} d_y F(x,t;y,t+h) = 0 \tag{7.43}$$

と考える．さらに，わずかの時間での変位の平均と分散の時間平均が有限であると仮定して，

$$\lim_{h \to 0} \frac{1}{h} \int_{|y-x|<\delta} (y-x) d_y F(x,t;y,t+h) = a(x,t) \tag{7.44}$$

$$\lim_{h \to 0} \frac{1}{h} \int_{|y-x|<\delta} (y-x)^2 d_y F(x,t;y,t+h) = b(x,t) \tag{7.45}$$

となるような関数 $a(x,t)$, $b(x,t)$ の存在を仮定する．この 3 条件を満たす連続マルコフ過程を，**拡散過程**とよぶ．推移確率密度で $a(x,t)$, $b(x,t)$ を表すと，

$$\lim_{h \to 0} \frac{1}{h} \int_{|y-x|<\delta} (y-x) f(x,t;y,t+h) \, dy = a(x,t) \tag{7.46}$$

$$\lim_{h \to 0} \frac{1}{h} \int_{|y-x|<\delta} (y-x)^2 f(x,t;y,t+h) \, dy = b(x,t) \tag{7.47}$$

となる．これらを条件付き期待値で表現すると，

$$a(x,t) = \lim_{h \to 0} \frac{1}{h} E[y(t+h) - x | y(t) = x] \tag{7.48}$$

$$b(x,t) = \lim_{h \to 0} \frac{1}{h} E[(y(t+h) - x)^2 | y(t) = x] \tag{7.49}$$

と表される．

条件 (7.43)〜(7.45) を用いると，式 (7.40) でフォッカー・プランク方程式を導いたのと同様の方法で，拡散過程に対して**コルモゴロフ・フェラーの後ろ向き方程式**

$$\frac{\partial F(x,s;y,t)}{\partial t} = -a(x,s) \frac{\partial F(x,s;y,t)}{\partial x} - \frac{1}{2} b(x,s) \frac{\partial^2 F(x,s;y,t)}{\partial x^2} \tag{7.50}$$

が求められる（問題 7.3 とする）．上式を y で微分すると，以下の式が得られる．

$$\frac{\partial f(x,s;y,t)}{\partial t} = -a(x,s) \frac{\partial f(x,s;y,t)}{\partial x} - \frac{1}{2} b(x,s) \frac{\partial^2 f(x,s;y,t)}{\partial x^2} \tag{7.51}$$

導出はやや複雑になるが，$f(x,s;y,t)$ に対して**コルモゴロフ・フェラーの前向き方程式**

$$\frac{\partial f(x,s;y,t)}{\partial s} = -\frac{\partial [a(y,t) f(x,s;y,t)]}{\partial y} + \frac{1}{2} \frac{\partial^2 [b(y,t) f(x,s;y,t)]}{\partial y^2} \tag{7.52}$$

が得られる．コルモゴロフ・フェラーの前向き方程式は，フォッカー・プランク方程式ともよばれ，$a = C$, $b = D$ とおくと，式 (7.40) が再現される．

確率過程が時間的に斉次で

$$f(x,s;y,t) = f(x;y,t-s)$$

と書けるときは，$t-s$ を改めて t と書けば，後ろ向き方程式は

$$\frac{\partial f(x;y,t)}{\partial t} = a(x)\frac{\partial f(x;y,t)}{\partial x} + \frac{1}{2}b(x)\frac{\partial^2 f(x;y,t)}{\partial x^2} \tag{7.53}$$

となり，前向き方程式は

$$\frac{\partial f(x;y,t)}{\partial t} = -\frac{\partial [a(y)f(x;y,t)]}{\partial y} + \frac{1}{2}\frac{\partial^2 [b(y)f(x;y,t)]}{\partial y^2} \tag{7.54}$$

となる．

問 7.3 コルモゴロフ・フェラーの後ろ向き方程式 (7.50) を，以下の手順に従って導け．

1. $F(x,s;y,t) = \int_{-\infty}^{\infty} F(x,s;y,t)d_z F(x,t-\Delta t;z,t)$ を示す．
2. 式 (7.41) を用いて，$[F(x,s-\Delta s;y,t) - F(x,s;y,t)]/\Delta t$ を求める．
3. 積分領域を $|z-x| \geq \delta$ と $|z-x| < \delta$ に分け，条件 (7.43) より，$|z-x| \geq \delta$ の寄与は $\Delta t \to 0$ の極限でゼロとなることを示す．
4. $F(z,s;y,u) - F(x,s;y,t)$ を $z-x$ についてテイラー展開し，$O((z-x)^2)$ まで求める．
5. 式 (7.44),(7.45) を用いて，$[F(x,s-\Delta s;y,t) - F(x,s;y,t)]/\Delta t$ の $\Delta t \to 0$ の極限をとる．

例題 7.2 ウィーナー過程に対するフォッカー・プランク方程式を求めよ．

解 6.1 節で，ウィーナー過程を対称なベルヌーイ試行のある極限 ($a = \sqrt{\Delta}$) として得た．また，7.3 節で，対称なベルヌーイ試行から n ステップ後における（時間 $t = n\Delta$）位置 x の確率分布関数 (7.37) を求め，さらに，フォッカー・プランク方程式 (7.40) を求めた．このようにして，式 (7.40) で $C = 0, D = a^2/\Delta = 1$ とおくと，ウィーナー過程に対するフォッカー・プランク方程式がつぎのように得られる．

$$\frac{\partial u(x,t)}{\partial t} = \frac{1}{2}\frac{\partial^2 u(x,t)}{\partial x^2} \tag{7.55}$$

また，ウィーナー過程では，

$$E[y(t+h) - x|y(t) = x] = 0$$

より，$a(x,t) = 0$ である．さらに，

$$E[(y(t+h) - x)^2|y(t) = x] = h$$

であるから，$b(x,t) = 1$ となり，ウィーナー過程の推移確率密度を支配するコルモゴロフ・フェラーの後ろ向き，前向き方程式は，どちらも式 (7.55) に一致する． ∎

練習問題 7

7.1 確率過程 $X(t)$ が
$$X(t) = A\cos\omega t + B\sin\omega t$$
で与えられるとする．ここで，A, B はどちらも $N(0,1)$ に従う互いに独立な正規分布をもつ確率変数で，ω は正定数とする．このとき，$X(t)$ の共分散を計算して，弱定常過程であることを示せ．

7.2 確率過程 $X(t)$ が
$$X(t) = \sin(\omega t + C)$$
で与えられるとする．ここで，C は $[0, 2\pi]$ での一様分布で，ω は正定数とする．このとき，$X(t)$ の共分散を計算して，弱定常過程であることを示せ．

7.3 弱定常過程 $X(t)$ のスペクトル強度 $I(\lambda)$ が，$0 \le \lambda_0 - \pi B \le |\lambda| \le \lambda_0 + \pi B$ のとき $I(\lambda) = a$ であり，それ以外ではゼロであるとする．このとき，相関関数 $R(t)$ を求めよ．ただし，$\lambda_0, B > 0$ とする．このような過程を**帯域制限ホワイトノイズ**とよぶ．

7.4 方程式 (7.55) を初期値境界値問題として解くため，$u(x,0) = \delta(x)$ とし，$u(x,t)$ のラプラス変換を $U(x,s)$ とすると，
$$sU(x,s) = \frac{1}{2}\frac{d^2 U(x,s)}{dx^2} \tag{7.56}$$
となることを示せ．また，
$$\frac{d}{dt}\int_{-\infty}^{\infty} u(x,t)dx = 0 \tag{7.57}$$
を示せ．

7.5 方程式 (7.56) を境界条件 $U(-\infty, s) = U(\infty, s) = 0$，初期条件 $u(x,0) = \delta(x)$ のもとで解くと，
$$U(x,s) = \frac{1}{\sqrt{2s}}e^{-\sqrt{2s}|x|} \tag{7.58}$$
となることを示し，式 (7.58) のラプラス逆変換によって $u(x,t)$ を求めよ．

7.6 ガウス過程 $X(t)$ が $-\infty < t < \infty$ で定義されていて，そのフーリエ積分を 2π で除したもの
$$\widehat{X}(\omega) = \frac{1}{2\pi}\int_{-\infty}^{\infty} X(t)e^{i\omega t}\,dt$$
が存在するとする．このとき，$\widehat{X}(\omega)$ は ω を変数とするガウス過程となることを示せ．

第8章

確率微分方程式とカオス・乱流

　本章では，最初に，確率微分方程式について説明する．これは，ブラウン運動を行う粒子（ブラウン粒子）を解析するために導入された「ランジュバン方程式」を，確率論の数学的枠組みで議論するために，伊藤清によって確立された方法である．これに基づき，ウィーナー過程をもう一度詳細に考察し，拡散過程との関連を述べる．また，ブラック・ショールズの偏微分方程式を紹介する．その後，ロジスティック写像カオスを導入し，これと確率過程との関連性を調べる．また，テント写像カオスとのつながりを考察する．写像カオスや，円周率の数列から乱数を生成する可能性についても触れる．最後に，テント写像と深い関係のあるローレンツカオスを説明し，乱流のキュムラント展開について簡単に解説する．

8.1 確率微分方程式

　ブラウン運動を最初に理論的に考察したのはアインシュタインであるが，その研究では，確率過程の方法は用いられていなかった．その後，より数学的に厳密な取り扱いが発展する中で，ウィーナー過程が導入された．現在では，ランジュバン方程式を確率微分方程式とみなして，その解を求めるのが最も一般的な解法で，そのとき伊藤積分を用いる方法が適切であると考えられている．そこで，本章では最初に，確率微分を定義し，それに関連する伊藤の公式を説明する．これは 6.1 節に続くものである．

　任意の $0 \leq s < t \leq T$ に対して，

$$\xi(t) - \xi(s) = \int_s^t a(\tau)d\tau + \int_s^t b(\tau)dW(\tau) \tag{8.1}$$

で表される確率過程 $\xi(t)$ を考える．ここで，$a(t), b(t)$ は $W(t,\omega)$ の汎関数で，

$$\int_0^T |E[a(t)]|dt < \infty, \quad \int_0^T |E[b(t)]|dt < \infty$$

を満足するとする．このような確率過程 $\xi(t)$ に対して，**確率微分** $d\xi(t)$ を

$$d\xi(t) = a(t)dt + b(t)dW(t) \tag{8.2}$$

と定義する．これは，6.1 節の伊藤積分での微分表現と同様である（式 (6.16) など）．このとき，以下の一連の定理が成立する．最初に，公式 (6.17) を一般化した定理を述べる．

8.1 確率微分方程式　181

定理 8.1 $f(t)$ を連続微分可能な関数とし，$a(t)$ を連続な確率過程とする．このとき，以下が成り立つ．

$$d(f(t)a(t)) = f'(t)a(t)dt + f(t)da(t) \tag{8.3}$$

証明　本章では，厳密な証明は他書に譲り，直感的に理解しやすい方法で行うことにする．まず，式 (8.3) は

$$f(t)a(t) - f(s)a(s) = \int_s^t f'(\tau)a(\tau)\,d\tau + \int_s^t f(\tau)da(\tau)$$

と同義であることに注意する．区間 $[s,t]$ を n 等分し，$s = t_0 < t_1 < \cdots t_{n-1} < t_n = t$ とする．すると，

$$\int_s^t f(\tau)da(\tau) = \lim_{n\to\infty} \sum_{k=1}^n f(t_{k-1})[a(t_k) - a(t_{k-1})]$$

である．つぎに，

$$f(t_k) = f(t_{k-1}) + f'(t_{k-1})(t_k - t_{k-1}) + O\left((t_k - t_{k-1})^2\right)$$

と，$a(t)$ の連続性を用いると

$$\int_s^t f'(\tau)a(\tau)\,d\tau = \lim_{n\to\infty} \sum_{k=1}^n f'(t_{k-1})a(t_{k-1})(t_k - t_{k-1})$$

$$= \lim_{n\to\infty} \sum_{k=1}^n [f(t_k) - f(t_{k-1})]a(t_{k-1}) + \lim_{n\to\infty} \sum_{k=1}^n O\left(a(t_{k-1})(t_k - t_{k-1})^2\right)$$

$$= \lim_{n\to\infty} \sum_{k=1}^n [f(t_k) - f(t_{k-1})]a(t_k)$$

となる．したがって，

$$\int_s^t f'(\tau)a(\tau)\,d\tau + \int_s^t f(\tau)da(\tau)$$

$$= \lim_{n\to\infty} \sum_{k=1}^n [f(t_k)a(t_k) - f(t_{k-1})a(t_{k-1})] = f(t)a(t) - f(s)a(t)$$

が得られる．　□

> **定理 8.2** 確率過程 $\xi_1(t)$, $\xi_2(t)$ が
>
> $$d\xi_i(t) = a_i(t)dt + b_i(t)dW(t) \quad (i=1,2) \tag{8.4}$$
>
> を満たすならば，
>
> $$d(\xi_1(t)\xi_2(t)) = \xi_1(t)d\xi_2(t) + \xi_2(t)d\xi_1(t) + b_1(t)b_2(t)dt \tag{8.5}$$
>
> である．

証明 最初に，$t_k - t_{k-1}$ の 2 次以上の項を無視すると，式 (8.4) は

$$\xi_i(t_k) - \xi_i(t_{k-1}) = a_i(t_{k-1})(t_k - t_{k-1}) + b_i(t_{k-1})[W(t_k) - W(t_{k-1})] \tag{8.6}$$

を意味し，式 (8.5) は

$$\begin{aligned}
&\xi_1(t_k)\xi_2(t_k) - \xi_1(t_{k-1})\xi_2(t_{k-1}) \\
&= \xi_1(t_{k-1})[\xi_2(t_k) - \xi_2(t_{k-1})] + \xi_2(t_{k-1})[\xi_1(t_k) - \xi_1(t_{k-1})] \\
&\quad + b_1(t_{k-1})b_2(t_{k-1})(t_k - t_{k-1})
\end{aligned} \tag{8.7}$$

を意味することに注意する．式 (8.7) の右辺に式 (8.6) を代入すると

$$\begin{aligned}
&\xi_1(t_{k-1})\{a_2(t_{k-1})(t_k - t_{k-1}) + b_2(t_{k-1})[W(t_k) - W(t_{k-1})]\} \\
&+ \xi_2(t_{k-1})\{a_1(t_{k-1})(t_k - t_{k-1}) + b_1(t_{k-1})[W(t_k) - W(t_{k-1})]\} \\
&+ b_1(t_{k-1})b_2(t_{k-1})(t_k - t_{k-1})
\end{aligned} \tag{8.8}$$

となる．つぎに，式 (8.7) の左辺に式 (8.6) を代入すると

$$\begin{aligned}
&\{\xi_1(t_{k-1}) + a_1(t_{k-1})(t_k - t_{k-1}) + b_1(t_{k-1})[W(t_k) - W(t_{k-1})]\} \\
&\quad \times \{\xi_2(t_{k-1}) + a_2(t_{k-1})(t_k - t_{k-1}) + b_2(t_{k-1})[W(t_k) - W(t_{k-1})]\} \\
&\quad - \xi_1(t_{k-1})\xi_2(t_{k-1}) \\
&= \xi_1(t_{k-1})\{a_2(t_{k-1})(t_k - t_{k-1}) + b_2(t_{k-1})[W(t_k) - W(t_{k-1})]\} \\
&\quad + \xi_2(t_{k-1})\{a_1(t_{k-1})(t_k - t_{k-1}) + b_1(t_{k-1})[W(t_k) - W(t_{k-1})]\} \\
&\quad + a_1(t_{k-1})a_2(t_{k-1})(t_k - t_{k-1})^2 \\
&\quad + a_1(t_{k-1})b_2(t_{k-1})(t_k - t_{k-1})[W(t_k) - W(t_{k-1})]
\end{aligned}$$

$$+ a_2(t_{k-1})b_1(t_{k-1})(t_k - t_{k-1})[W(t_k) - W(t_{k-1})]$$
$$+ b_1(t_{k-1})b_2(t_{k-1})[W(t_k) - W(t_{k-1})]^2 \tag{8.9}$$

となる．ここで，$t_k - t_{k-1}$ の 2 次以上の項

$$a_1(t_{k-1})a_2(t_{k-1})(t_k - t_{k-1})^2$$
$$a_i(t_{k-1})b_j(t_{k-1})(t_k - t_{k-1})[W(t_k) - W(t_{k-1})], \quad (i,j) = (1,2), (2,1)$$

を無視する．さらに，式 (6.15) の証明と同様に，期待値による平均 2 乗収束の意味で

$$\lim_{n \to \infty} \sum_{k=1}^{n} b_1(t_{k-1})b_2(t_{k-1})[W(t_k) - W(t_{k-1})]^2$$
$$= \lim_{n \to \infty} \sum_{k=1}^{n} b_1(t_{k-1})b_2(t_{k-1})(t_k - t_{k-1}) = \int_s^t b_1(\tau)b_2(\tau)\,d\tau$$

が成立することを考慮して，式 (8.8) と式 (8.9) を比較すると，式 (8.5) が成立していることが示される． □

つぎに，公式 (6.18) を一般化した定理 8.3 がある．

> **定理 8.3** $f(x)$ を 2 階連続微分可能な関数とすると，以下が成り立つ．
> $$df(W(t)) = f'(W(t))dW(t) + \frac{1}{2}f''(W(t))dt \tag{8.10}$$

証明 定理 8.1 の証明と同様に，$s = t_0 < t_1 < \cdots < t_{n-1} = t_n = t$ とする．式 (8.11) は，以下の積分式

$$f(W(t)) - f(W(s)) = \int_s^t f'(W(\tau))dW(\tau) + \frac{1}{2}\int_s^t f''(W(\tau))\,d\tau$$

と同義である．つぎに，

$$f(W(t_k)) = f(W(t_{k-1})) + f'(W(t_{k-1}))[W(t_k) - W(t_{k-1})]$$
$$+ \frac{1}{2}f''(W(t_{k-1}))[W(t_k) - W(t_{k-1})]^2 + O\left([W(t_k) - W(t_{k-1})]^3\right)$$

が成り立っている．したがって，

$$\int_s^t f'(W(\tau))dW(\tau) + \frac{1}{2}\int_s^t f''(W(\tau))\,d\tau$$

$$= \lim_{n \to \infty} \left[\sum_{k=1}^{n} f'(W(t_k))[W(t_k) - W(t_{k-1})] + \frac{1}{2} \sum_{k=1}^{n} f''(W(t_{k-1}))(t_k - t_{k-1}) \right]$$

$$= \lim_{n \to \infty} \left[\sum_{k=1}^{n} [f(W(t_k)) - f(W(t_{k-1}))] - \frac{1}{2} \sum_{k=1}^{n} f''(W(t_{k-1}))[W(t_k) - W(t_{k-1})]^2 \right.$$

$$\left. + \frac{1}{2} \sum_{k=1}^{n} f''(W(t_{k-1}))(t_k - t_{k-1}) \right] + \lim_{n \to \infty} \sum_{k=1}^{n} O\left([W(t_k) - W(t_{k-1})]^3\right)$$

$$= f(W(t)) - f(W(s))$$

$$- \frac{1}{2} \lim_{n \to \infty} \left[\sum_{k=1}^{n} f''(W(t_{k-1})) \left\{ [W(t_k) - W(t_{k-1})]^2 - (t_k - t_{k-1}) \right\} \right]$$

となる. $E[[W(t_k) - W(t_{k-1})]^2] = t_k - t_{k-1}$ を用いると,期待値による平均2乗収束の意味で

$$\lim_{n \to \infty} \left[\sum_{k=1}^{n} f''(W(t_{k-1})) \left\{ [W(t_k) - W(t_{k-1})]^2 - (t_k - t_{k-1}) \right\} \right] = 0$$

を示すことができるので,証明が終わる. □

確率微分方程式に関する一連の定理の最後に,最も一般的な場合に対する定理8.4, 8.5を説明する.

定理 8.4 $\Phi(x, t)$ を,t について連続微分可能で,x について2階連続微分可能な関数とすると,以下が成り立つ.

$$d\Phi(W(t), t) = \left[\frac{\partial \Phi}{\partial t}(W(t), t) + \frac{1}{2} \frac{\partial \Phi}{\partial x^2}(W(t), t) \right] dt$$
$$+ \frac{\partial \Phi}{\partial x}(W(t), t) \, dW(t) \tag{8.11}$$

定理 8.5 伊藤の公式 $\xi(t)$ は,確率微分

$$d\xi(t) = a(t)dt + b(t)dW(t) \tag{8.12}$$

をもつとする. また,$f(x, t)$ は連続,$f_t(x, t)$, $f_x(x, t)$, $f_{xx}(x, t)$ も連続とする. このとき,$f(x, t)$ は確率微分をもち,

$$df(\xi(t), t) = \left[\frac{\partial f}{\partial t}(\xi(t), t) + a(t) \frac{\partial f}{\partial x}(\xi(t), t) + \frac{1}{2}[b(t)]^2 \frac{\partial f}{\partial x^2}(\xi(t), t) \right] dt$$

$$+ b(t)\frac{\partial f}{\partial x}(\xi(t),t)\,dW(t) \qquad (8.13)$$

と表される．

定理 8.4 は，定理 8.5 の特別な場合に含まれるので，定理 8.5 のみを証明する．

証明　厳密には，多くの補助定理の結果を用いて証明を行うが，ここでは非常に直感的な証明にとどめる．式 (8.12) は，$t_k - t_{k-1}$ の 2 次以上の項を無視すると，

$$\xi(t_k) - \xi(t_{k-1}) = a(t_{k-1})(t_k - t_{k-1}) + b(t_{k-1})[W(t_k) - W(t_{k-1})] \quad (8.14)$$

を意味する．一方，テイラー展開の公式を用いると

$$\begin{aligned}f(\xi(t_k),t_k) =& f(\xi(t_{k-1}),t_{k-1}) + \frac{\partial f}{\partial t}(\xi(t_{k-1}),t_{k-1})(t_k - t_{k-1}) \\&+ \frac{\partial f}{\partial x}(\xi(t_{k-1}),t_{k-1})[\xi(t_k) - \xi(t_{k-1})] \\&+ \frac{1}{2}\frac{\partial^2 f}{\partial x^2}(\xi(t_{k-1}),t_{k-1})[\xi(t_k) - \xi(t_{k-1})]^2 \\&+ O\left((t_k - t_{k-1})^2\right) + O\left([\xi(t_k) - \xi(t_{k-1})]^3\right)\end{aligned}$$

となり，式 (8.14) を代入すると

$$\begin{aligned}&f(\xi(t_k),t_k) \\&= f(\xi(t_{k-1}),t_{k-1}) + \frac{\partial f}{\partial t}(\xi(t_{k-1}),t_{k-1})(t_k - t_{k-1}) \\&\quad + \frac{\partial f}{\partial x}(\xi(t_{k-1}),t_{k-1})\{a(t_k)(t_k - t_{k-1}) + b(t_{k-1})[W(t_k) - W(t_{k-1})]\} \\&\quad + \frac{1}{2}\frac{\partial^2 f}{\partial x^2}(\xi(t_{k-1}),t_{k-1})\{a(t_k)(t_k - t_{k-1}) + b(t_{k-1})[W(t_k) - W(t_{k-1})]\}^2 \\&\quad + O\left((t_k - t_{k-1})^2\right) + O\left([\xi(t_k) - \xi(t_{k-1})]^3\right) \\&= f(\xi(t_{k-1}),t_{k-1}) + \frac{\partial f}{\partial t}(\xi(t_{k-1}),t_{k-1})(t_k - t_{k-1}) \\&\quad + \frac{\partial f}{\partial x}(\xi(t_{k-1}),t_{k-1})\{a(t_k)(t_k - t_{k-1}) + b(t_{k-1})[W(t_k) - W(t_{k-1})]\} \\&\quad + \frac{1}{2}\frac{\partial^2 f}{\partial x^2}(\xi(t_{k-1}),t_{k-1})\left[b(t_{k-1})\right]^2 \left[W(t_k) - W(t_{k-1})\right]^2 \\&\quad + （t_k - t_{k-1} \text{ の高次項)}\end{aligned}$$

となることから示される．なお，定理 8.5 は **伊藤の公式** として有名である．また，定

理 8.3 は，定理 8.5 の特別な場合となっている． □

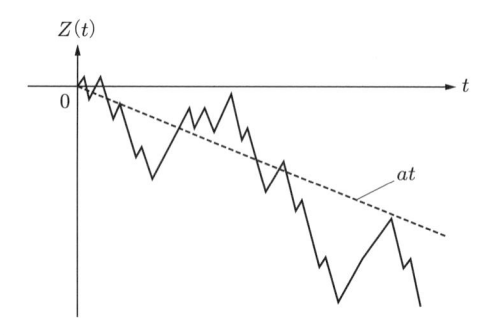

例 8.1　一般化ウィーナー過程の構築

a, b を定数として，確率微分方程式

$$dZ(t) = adt + bdW(t) \tag{8.15}$$

に従う確率過程 $Z(t)$ を**一般化ウィーナー過程**という．a は**ドリフト定数**とよばれる．$Y(t) = (Z(t) - at)/b$ とすると

$$dY(t) = dW(t) \quad \text{よって，} \quad Y(t) = W(t) + 定数$$

であるから，$Y(t)$ はウィーナー過程である．したがって，$Z(t)$ は t を固定すると，平均 at，分散 b^2 の正規分布となる．図 8.1 に，$a < 0$ の場合の，一般化ウィーナー過程の標本過程の概念図を示す．本当のウィーナー過程は図示することが不可能なので，ベルヌーイ試行からの極限をとる途中の図で代用する．

図 8.1　一般化ウィーナー過程

例題 8.1
確率過程 $Y(t) = \exp[\sigma W(t) + \mu t]$ を，**対数ウィーナー過程（幾何ブラウン運動）**とよぶ．$Y(t)$ が満たす確率微分方程式を求めよ．ここで，σ, μ は実定数である．

解　定理 8.4 で，$\Phi(x, t) = Y(t) = \exp[\sigma x + \mu t]$ とおく．

$$\Phi(x, t)_t = \mu \Phi(x, t), \quad \Phi(x, t)_x = \sigma \Phi(x, t), \quad \Phi(x, t)_{xx} = \sigma^2 \Phi(x, t)$$

であるから，公式 (8.12) より，

$$dY(t) = \left[\mu Y(t) + \frac{1}{2}\sigma^2 Y(t)\right]dt + \sigma Y(t)dW(t) = \left(\mu + \frac{1}{2}\sigma^2\right)Y(t)dt + \sigma Y(t)dW(t)$$

が得られる．

例題 8.2 例題 8.1 の逆で，確率過程 $Z(t)$ が

$$dZ = \mu Z dt + \sigma Z dW$$

に従うとき，$f(t) = \log Z(t)$ の満たす確率微分方程式を求めよ．ここで，μ, σ は実定数である．

解 定理 8.5 で，$\xi(t) = Z(t)$, $a(t) = \mu Z(t)$, $b(t) = \sigma Z(t)$, $f(t,x) = \log x$ とおくと，

$$\frac{\partial f}{\partial t} = 0, \quad \frac{\partial f}{\partial x} = \frac{1}{x}, \quad \frac{\partial^2 f}{\partial x^2} = -\frac{1}{x^2}$$

となるので，

$$df(t) = \left(-\frac{1}{2}\frac{1}{Z(t)^2}\sigma^2 Z(t)^2 + \frac{1}{Z(t)}\mu Z(t)\right)dt + \frac{1}{Z(t)}\sigma Z(t)dW$$
$$= \left(\mu - \frac{1}{2}\sigma^2\right)dt + \sigma dW$$

となり，$\log Z(t)$ はドリフト定数が $\mu - \sigma^2/2$ の一般化ウィーナー過程となる．

確率微分方程式の最も古典的な応用例として，ブラウン運動する粒子（ブラウン粒子）の運動を 1 次元で考察する．粒子の座標を $x(t)$，速度を $v(t)$，質量を m とすると，運動方程式は

$$m\frac{d^2}{dt^2}x(t) = -\alpha v(t) + f(t) \tag{8.16}$$

で与えられる．ここで，α は流体からの巨視的な抵抗で，ストークスの法則が成立すると仮定すると，粒子の直径を d，粘性係数を η として，$\alpha = 3\pi d\eta$ である．$f(t)$ は，周辺粒子の微視的な運動に起因する力である．簡単のため，粒子速度 $v(t) = (d/dt)x(t)$ で方程式を表現すると

$$m\frac{d}{dt}v(t) = -\alpha v(t) + f(t) \tag{8.17}$$

となる．これを**ランジュバン方程式**という．さらに，確率微分方程式の手法を適用するため，$f(t)$ の微小増分がウィーナー過程によって，

$$df(t) = \beta dW(t) \tag{8.18}$$

と与えられると仮定する．そのようにして，方程式を

$$dv(t) = -\alpha' v(t)dt + \beta' dW(t) \tag{8.19}$$

と書く．ここで，$\alpha' = \alpha/m$, $\beta' = \beta/m$ である．

式 (8.3) で $f(t) = e^{\alpha' t}$, $a(t) = v(t)$ とおいて得られる式

$$d(e^{\alpha' t}v(t)) = \alpha' v(t)e^{\alpha' t}dt + e^{\alpha' t}dv(t)$$

と式 (8.19) から，つぎの式が得られる．

$$e^{\alpha' t}dv(t) = -\alpha' e^{\alpha' t}v(t)dt + \beta' e^{\alpha' t}dW(t)$$

これから，

$$d(e^{\alpha' t}v(t)) = \beta' e^{\alpha' t}dW(t)$$

となる．これを積分形に直すと

$$\int_{t_0 I}^{t} d(e^{\alpha' \tau}v(\tau)) = \int_{t_0 I}^{t} \beta' e^{\alpha' \tau}dW(\tau)$$

となり，最終的な解が

$$v(t) = e^{-\alpha'(t-t_0)}v(t_0) + \beta' \int_{t_0 I}^{t} e^{-\alpha'(t-\tau)}dW(\tau) \tag{8.20}$$

と求められる．$t \to \infty$ の極限では

$$v(t) \approx \beta' \int_{t_0 I}^{t} e^{-\alpha'(t-\tau)}dW(\tau) \tag{8.21}$$

となる．

速度の 2 乗平均を求めると，

$$E[\{v(t)\}^2] = \beta'^2 \int_{t_0 I}^{t} \int_{t_0 I}^{t} e^{-\alpha'(t-\tau)-\alpha'(t-\tau')} E\left[dW(\tau)dW(\tau')\right]$$

となる．ウィーナー過程の性質より，

$$E\left[dW(\tau)dW(\tau')\right] = E\left[\{W(\tau_1) - W(\tau_2)\}\{W(\tau_1') - W(\tau_2')\}\right]$$
$$= \begin{cases} \tau_1 - \tau_2 & (\tau と \tau' の区間が重なっているとき) \\ 0 & (その他) \end{cases}$$

となる．したがって，伊藤積分の定義より，

$$E[\{v(t)\}^2] = \beta'^2 \int_{t_0\,I}^t e^{-2\alpha'(t-\tau)} d\tau$$

が得られる．これから，

$$E[\{v(t)\}^2] = \frac{\beta'^2}{2\alpha'} \left[e^{-2\alpha'(t-\tau)} \right]_{t_0}^t \approx \frac{\beta'^2}{2\alpha'} \quad (t \to \infty) \tag{8.22}$$

が得られる．もし，ブラウン粒子が熱平衡状態にあれば，x_1 方向の速度 $v(x)$ はマクスウェル分布に従い，分布関数は

$$f_1(v) = \sqrt{\frac{m}{2\pi k_B T}} \exp\left[-\frac{mv^2}{2k_B T}\right]$$

となり，

$$E[\{v(t)\}^2] = \frac{k_B T}{m} \tag{8.23}$$

である．式 (8.22), (8.23) より，

$$\beta^2 = 6\pi d\eta k_B T \tag{8.24}$$

が得られる．これを**アインシュタインの関係式**という．関係式 (8.24) は，揺動の強さ β と，散逸の大きさ η の間に成り立つ関係式で最初に発見されたもので，現在では，一般的な**揺動・散逸定理**の具体例と考えられている．$v(t)$ は確率微分方程式 (8.19) の解であるが，このような方程式に支配される確率過程を**オルンシュタイン・ウーレンベック過程**とよぶ．例 7.3 より，ウィーナー積分 (8.20) あるいは式 (8.21) で表されるオルンシュタイン・ウーレンベック過程は，ガウス過程となる．

つぎに，ブラウン粒子の時間発展に伴う空間的な広がりを調べてみよう．式 (8.21) を時間 t で積分すると，

$$\begin{aligned}
x(t) &= \int_{t_0}^t v(t')dt' \approx \beta' \int_{t_0}^t dt' e^{-\alpha' t'} \int_{t_0\,I}^{t'} e^{\alpha'\tau} dW(\tau) \\
&= \beta' \left\{ \left[\frac{e^{-\alpha' t'}}{-\alpha'} \int_{t_0}^{t'} e^{\alpha'\tau} dW(\tau) \right]_{t_0}^t - \int_{t_0}^t \frac{e^{-\alpha' t'}}{-\alpha'} e^{\alpha' t'} dW(t') \, dt' \right\} \\
&= \beta' \left[\frac{e^{-\alpha' t}}{-\alpha'} \int_{t_0}^t e^{\alpha'\tau} dW(\tau) + \frac{1}{\alpha'} \int_{t_0}^t dW(t') \, dt' \right]
\end{aligned}$$

となる．したがって，$t \to \infty$ では

となり,
$$x(t) \approx \frac{\beta'}{\alpha'}[W(t) - W(t_0)] \qquad (8.25)$$

となり,
$$E[\{x(t)\}^2] \approx \frac{\beta'^2}{\alpha'^2}(t-t_0) = \frac{\beta^2}{m\alpha^2}(t-t_0) \qquad (8.26)$$

が得られる. $\lambda_x = \sqrt{E[\{x(t)\}^2]}$ とおくと, $t \to \infty$ で

$$\lambda_x \approx \sqrt{2Dt}, \quad D = \frac{\beta^2}{2m\alpha^2} \qquad (8.27)$$

となり, D を**拡散係数**とよぶ.

なお, 1905年の論文でアインシュタインは, 縣濁物質の浸透圧の計算から拡散係数を

$$D = \frac{RT}{N_A}\frac{1}{3\pi\eta d}$$

と求め, これと $\lambda_x \approx \sqrt{2Dt}$ から D を消去することにより, アボガドロ数 N_A を計算する公式

$$N_A = \frac{t}{\lambda_x^2}\frac{2RT}{3\pi\eta d} \qquad (8.28)$$

を得た（参考文献 [10] 参照）.

例7.6で述べたように, $W(t) - W(t_0)$ は連続マルコフ過程（じつは, 拡散過程）であるから, $x(t)$ の推移確率密度 $f(x; y, t)$ は, $t \to \infty$ では式 (8.25) より拡散方程式 ($C=0, D=1$ とおいたフォッカー・プランク方程式)

$$\frac{\partial f}{\partial t} = \frac{1}{2}\frac{\beta'^2}{\alpha'^2}\frac{\partial^2 f}{\partial x^2} \qquad (8.29)$$

に従う. 一方, $v(t)$ の推移確率密度 $g(u; v, t)$ が従うフォッカー・プランク方程式を求めるため, 公式 (7.48), (7.49) によって, $a(v,t), b(v,t)$ を計算する. $E[X|A]$ で, 事象 A が生じたときに, 確率変数 X の期待値を表すとする.

$$\begin{aligned}
a(v,t) &= \lim_{h \to 0}\frac{1}{h}E[v(t+h) - v_0|v(t) = v_0] \\
&= \lim_{h \to 0}\frac{1}{h}E[dv|v(t) = v_0] = \lim_{h \to 0}\frac{1}{h}E[-\alpha'v(t)h + \beta'dB(t)|v(t) = v_0] \\
&= -\alpha'v(t) \\
b(v,t) &= \lim_{h \to 0}\frac{1}{h}E[[y(t+h) - x]^2|y(t) = x] \\
&= \lim_{h \to 0}\frac{1}{h}E[(dv)^2|v(t) = v_0] = \lim_{h \to 0}\frac{1}{h}E[[-\alpha'v(t)h + \beta'dB(t)]^2|v(t) = v_0]
\end{aligned}$$

$$= \lim_{h \to 0} \frac{1}{h} E[\beta'^2 (dB(t))^2 | v(t) = v_0]$$
$$= \beta'^2$$

これにより，コルモゴロフ・フェラーの前向き方程式 (7.54) は

$$\frac{\partial g(v;u,t)}{\partial t} = \alpha' \frac{\partial [v(t)g(v;u,t)]}{\partial v} + \frac{1}{2}\beta'^2 \frac{\partial^2 [g(v;u,t)]}{\partial v^2} \tag{8.30}$$

となる．$t \to \infty$ で $g(v;u,t)$ が t に依存しなくなり，$g(v)$ と書けると仮定すると

$$\alpha' \frac{\partial}{\partial v}[vg(v)] = -\frac{1}{2}\beta'^2 \frac{\partial^2 g(v)}{\partial v^2}$$

となる．1 回積分すると

$$vg(v) = -\frac{\beta'^2}{2\alpha'}\frac{\partial g(v)}{\partial v}$$

が得られ，これを積分すると，C を定数としてマックスウェル分布

$$g(v) = C \cdot \exp\left[-\frac{v^2}{2v_1^2}\right], \quad v_1^2 = \frac{\beta'^2}{2\alpha'} \tag{8.31}$$

が得られる．これから，

$$E[\{v(t)\}^2] = v_1^2 \tag{8.32}$$

となり，式 (8.22) が再現される．

例 8.2 ブラック・ショールズの偏微分方程式

確率微分方程式の説明の最後に，ファイナンスでよく利用される**ブラック・ショールズの偏微分方程式**を紹介しておこう（参考文献 [14] 参照）．これは，株価 X のヨーロピアンタイプのコールオプション[1]の価格を $f(X,t)$ としたときに $f(x,t)$ が従う偏微分方程式で，

$$\frac{\partial f(x,t)}{\partial t} = -rx\frac{\partial f(x,t)}{\partial x} - \frac{1}{2}\sigma^2 x^2 \frac{\partial^2 f(x,t)}{\partial x^2} + rf(x,t) \tag{8.33}$$

で与えられる．ここで，r は非危険利子率（安全金利）とよばれる定数で，簡単にいえば，銀行預金や国債などの利回りであり，X は対数ウィーナー過程で，確率微分方程式

$$dX = \mu X dt + \sigma X dW \tag{8.34}$$

に従うと仮定する．ここで，μ は単位時間あたりの株の期待収益率，σ は株価のボラ

---

[1] ヨーロピアンタイプのオプションは，満期日のみ権利行使可能な派生商品（デリバティブ）である．

ティリティー（予想変動率）である．このとき，$\log X$ の時間変化 $\Delta \log X$ が正規分布

$$N\left(\left(\mu - \frac{\sigma^2}{2}\right)\Delta t, (\sigma\sqrt{\Delta t})^2\right)$$

に従うことは，例 8.2 の結果から明らかである．

株価 X の株式を $\partial f/\partial X \ (>0)$ 単位買い，価格 $f(X,t)$ のオプションを 1 単位売るポートフォリオ（分散投資）を構成する．このとき，dt 時間でのポートフォリオの価値の変化は

$$df - \frac{\partial f}{\partial X}dX$$

となり，式 (8.34) を代入すると，

$$df - \frac{\partial f}{\partial X}(\mu X dt + \sigma X dW) \tag{8.35}$$

が得られる．df を定理 8.5 より計算すると，

$$df = \left[\frac{\partial f}{\partial t} + \frac{\partial f}{\partial X}\mu X + \frac{1}{2}\frac{\partial^2 f}{\partial X^2}(\sigma X)^2\right]dt + \frac{\partial f}{\partial X}\sigma X dW$$

となり，これを式 (8.35) へ代入すると，dt 時間でのポートフォリオの価値の変化は

$$\left[\frac{\partial f}{\partial t} + \frac{1}{2}\frac{\partial^2 f}{\partial X^2}(\sigma X)^2\right]dt \tag{8.36}$$

となる．これを見ると，株の期待収益率 μ が相殺されている点が興味深い．また，ウィーナー過程の項 dW が消えていて，不確定要素に伴うリスクが消滅していることがわかる．したがって，この変化は，非危険利子率 r に伴う利益に等しいとすべきであるから，

$$df - \frac{\partial f}{\partial X}dX = r\left(f - \frac{\partial f}{\partial X}X\right)dt \tag{8.37}$$

を満足しなければいけない．したがって，式 (8.36), (8.37) より

$$\left[\frac{\partial f}{\partial t} + \frac{1}{2}\frac{\partial^2 f}{\partial X^2}(\sigma X)^2\right]dt = r\left(f - \frac{\partial f}{\partial X}X\right)dt$$

となり，ブラック・ショールズの偏微分方程式 (8.33) が得られる．

8.2 カオスと確率過程

カオスは，決定論的過程，すなわち初期条件を与えると，その後の時間発展が一意的に決まる．このため，原理的には確率過程とは考えられない．しかし，初期条件を

確率的に与えることにすれば，それぞれの時間発展を確率過程の標本過程とみなすこともできる．さらに，カオスは決定論的でありながら非常に不規則に見える変動をするため，何らかの意味でのエルゴード性が成り立つことが期待される．

8.2.1 写像によるカオス

時間について離散的なマルコフ過程は，第 n ステップの値が決まれば，第 $n+1$ ステップの値が求まり，

$$x_{n+1} = f(x_n) \tag{8.38}$$

の形の数列と考えることができる．ただし，$f(x)$ は，ある確率分布に従ってランダムに変化すると考える．一方，$f(x)$ の関数形が一定なら，この過程は決定論的なものとなる．その場合，$f(x)$ は，x について線形の場合も非線形の場合もあり得るが，とくに，

$$x_{n+1} = ax_n(1-x_n) \tag{8.39}$$

の形をとる数列は**ロジスティック写像**とよばれ，膨大な研究がなされている．とくに重要なのは，$a > 3.5699\cdots$ の場合に，x_n の値が不規則に変化するカオスとなることである．中でも，$a = 4$ に対する写像

$$y = 4x(1-x) \tag{8.40}$$

については，様々な解析が可能で，詳しい結果が得られている．ここでは，写像 (8.40) で数列が定まる場合に対して，確率過程との関係を説明する．

写像 (8.40) は，特定の測度を保存する性質をもっている．x がある確率分布に従うと仮定し，x の確率密度関数を $f_x(x)$，y の確率密度関数を $f_y(y)$ とすると，x が y の 2 価関数であることを考慮して，

$$f_y(y)dy = f_x(x)dx\mathbb{1}_{\{0 \leq x < 1/2\}} + f_x(x)dx\mathbb{1}_{\{1/2 \leq x \leq 1\}}$$

でなければならない．いま，

$$\frac{dy}{dx} = \pm 4\sqrt{1-y}$$

であるから，

$$f_x(x) = \frac{1}{\pi\sqrt{x(1-x)}} \quad (0 \leq x \leq 1) \tag{8.41}$$

とすると，

$$f_y(y) = f_x(x)\left|\frac{dx}{dy}\right|\mathbb{1}_{\{0 \leq x < 1/2\}} + f_x(x)\left|\frac{dx}{dy}\right|\mathbb{1}_{\{1/2 \leq x \leq 1\}}$$

$$= \frac{1}{\pi\sqrt{y(1-y)}}$$

となる．したがって，写像 (8.40) は関数形 (8.41) を不変に保つ．これから期待されることは，$a=4$ のロジスティック写像では，もし x が確率密度関数 (8.41) をもつ確率変数であれば，その分布は写像 (8.40) によって変化しないということである．つまり，数列の初期値 x_0 が確率密度関数 (8.41) に従い，

$$P(\{x_0(\omega) \leq x\}) = \int_0^x f_x(t)dt \tag{8.42}$$

であるとすると，$n \geq 1$ に対して

$$P(\{x_n(\omega) \leq x\}) = \int_0^x f_x(t)dt \tag{8.43}$$

が成り立つことが期待される．

問 8.1 式 (8.41) で与えられる確率密度関数は，確率密度関数に要求される条件を満たしていることを示せ．

一方，写像 (8.40) によって，ある初期値 x_0 から出発して，数列 $\{x_n\}$ を長いステップ数計算してみよう．例として，$x_0 = 0.3$ から出発した数列 $\{x_n\}$ について，$1 \leq n \leq 10$ までを以下に示す（オンライン補遺では，$1 \leq n \leq 204$ までの列を示している）．

0.84000000,　0.53760000,　0.99434496,　0.02249224,　0.08794536
0.32084391,　0.87161238,　0.44761695,　0.98902407,　0.04342185

また，図 8.2 に，$n = 100000$ まで計算したときの，x_n の頻度分布を示す．同図に，式 (8.41) を実線でプロットすると，棒グラフとほとんど同じ形となっていて，分布がほぼ漸近状態となっていることがわかる．

図 8.2 に見られるように，その分布は式 (8.41) とよく似ている．つまり，

$$\lim_{N \to \infty} \frac{x_i \leq x \text{ となる } x_i \text{ の個数}}{N} = \int_0^x f_x(t)dt \tag{8.44}$$

が成り立つことが期待される．このように，ロジスティック写像のカオスは決定論的過程であるが，初期条件の分布を確率過程の指標 ω とすることにより，確率過程と対応させることができる．そればかりでなく，それぞれの標本過程（数列）が大変不規則に変化し，平均的に見れば，確率密度関数 (8.41) が実現されている．なお，式 (8.41) と同じ関数形が，コイン投げ過程の回数 $n \to \infty$ の極限で得られていることは，大変

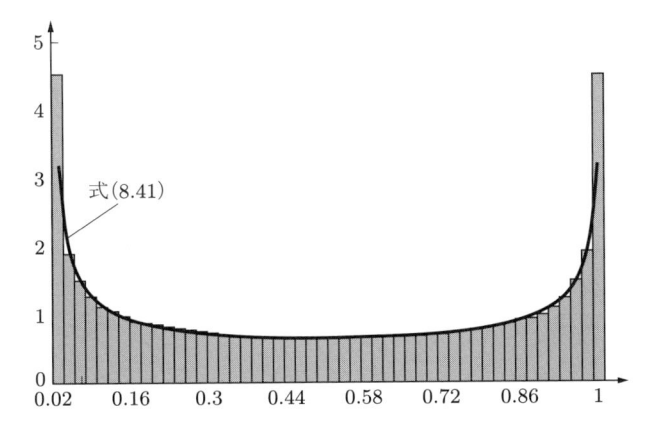

図 8.2 ロジスティック写像における x_n の頻度分布と，式 (8.41) のプロット

興味深い（第一アークサイン公式，練習問題 5.16 参照）．

決定論的過程で確率的な状態を発生させるものとして，**疑似乱数**の生成がある．具体的には，指定された確率密度関数を $f(x)$ として，

$$\lim_{N \to \infty} \frac{x_i \leq x \text{ となる } x_i \text{の個数}}{N} = \int_0^x f(t)dt \qquad (8.45)$$

が，あまり大きくない N で高精度で実現されるような数列 $\{x_n\}$ を，漸化式

$$x_n = F(x_0, x_1, \ldots, x_{n-1}) \qquad (8.46)$$

で生成することである．ここで重要なのは，数列の並び方が規則的であってはならない点である．この問題が最も深刻であって，第 1 章の冒頭で，確率モデルを導入することによって，不規則性の問題は避けてきた．しかし，ここではその問題を避けて通ることはできない．不規則性としては，周期があってはならない，または，たとえ周期があっても大変長い周期でなければいけない，などが考えられるが，恐らくこれに対する完全な回答はあり得ないと思われる．現実的には，得られた疑似乱数をいくつかの判定基準で判定し，それを満たしていればよいと考えられている．

実際，ランダムな変数列を得るのは大変困難である．ロジスティック写像のカオスがランダムな変数列を生成するかどうかは明らかでないが，身近な現象として，円周率 π を n 進数で表示したときの，数字の並びが大変不規則なのはよく知られている（オンライン補遺では，π を小数点以下 1000 桁表示している）．

小数点以下 1000 桁の各数字の出現回数を調べると，表 8.1 に示されるように，ほぼ均一になっているように見える．参考文献 [18] によれば，桁数を増すとさらに均一性が高まることが知られている．このため，円周率を 0 から 9 までの数字列の確率過程

表 8.1 π の小数点以下の数字 1000 桁までの 0, 1, ..., 9 の出現回数

数字	0	1	2	3	4	5	6	7	8	9
出現回数	93	116	103	102	93	97	94	95	101	106

と考えられるかどうかは,大変興味深い問題である.

しかし,BBP 公式(参考文献 [19])によれば,「16 進法を用いれば,π の任意の桁の数を非常に効率的に求めることができる」ことが近年明らかとなった.したがって,π の数列は,どちらかといえば疑似乱数と考えるべきではないかと思われる.

つぎに,**テント写像**とよばれる写像に関して調べてみよう.テント写像は

$$y_{n+1} = \begin{cases} 2y_n & (0 \leq y_n \leq 1/2) \\ 2 - 2y_n & (1/2 < y_n \leq 1) \end{cases} \tag{8.47}$$

で定義され(図 8.3 参照),ロジスティック写像と同様,不規則な数列を発生させる.

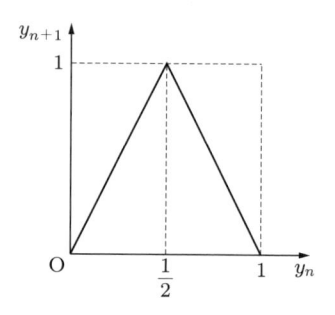

図 8.3 テント写像

また,テント写像は,確率密度関数

$$f_y(y) = 1 \quad (0 \leq y \leq 1) \tag{8.48}$$

を不変に保つ.これは,$y = y_n$, $z = y_{n+1}$ とおくと,z の確率密度関数 $f_z(z)$ は

$$f_z(z) = f_y(y) \left|\frac{dy}{dz}\right| \mathbb{1}_{\{0 \leq y < 1/2\}} + f_y(y) \left|\frac{dy}{dz}\right| \mathbb{1}_{\{1/2 \leq y \leq 1\}}$$
$$= 1$$

となることより,容易にわかる.例として,$y_0 = 0.3$ から出発した数列 $\{y_n\}$ について,$0 \leq n \leq 100000$ まで計算した結果得られた y_n の頻度分布を,図 8.4 に示す[1].

---

[1] 実際に数値計算を行う場合は,計算機が 2 進数計算をしていることによる桁落ちを考慮し,$2y_n$ を $(2-10^{-14})y_n$ などと修正しておかないと,数列がすぐに 0 へと収束してしまう点に注意すること.

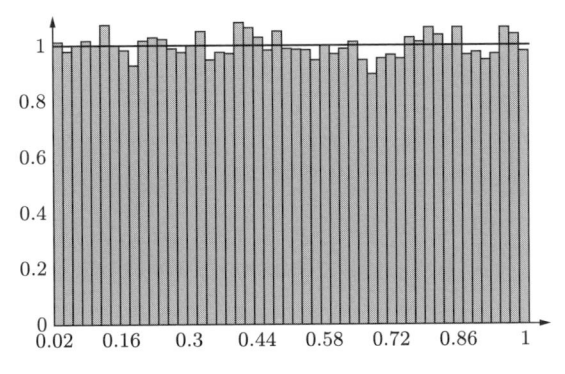

図 8.4 テント写像における y_n の頻度分布

大変興味深いことは，この結果からテント写像は区間 $[0,1]$ における一様乱数の発生に用いることのできる可能性がある点である．しかし，実際に数列を生成してみると，計算機の桁落ちなどの問題で，あまりよい数列が生成できない．むしろ，後述の問 8.2 の方法でロジスティック写像から変換したほうが，一様乱数に近い，よい数列となる．

問 8.2 テント写像は，ロジスティック写像から以下の変換によって導かれることを示せ．

$$x_n = \sin^2 \frac{\pi}{2} y_n$$

ここで，x_n はロジスティック写像，y_n はテント写像である．

8.2.2 力学系のカオス

ローレンツ方程式は，以下のような非線形 3 元連立常微分方程式である（参考文献 [13] 参照）．

$$\left.\begin{aligned} dX/dt &= -PrX + PrY \\ dY/dt &= -Y + \mu X - XZ \\ dZ/dt &= -bZ + XY \end{aligned}\right\} \tag{8.49}$$

ここで，Pr はプラントル数，$\mu = Ra/Ra_c$，Ra はレイリー数，Ra_c は臨界レイリー数，$b = 4/[1+(k/\pi)^2]$，k は撹乱の波数である．このようなパラメータの存在は，ローレンツモデルが熱対流現象から導出された痕跡である．方程式 (8.49) は，$\mu < 1$（$Ra < Ra_c$ 亜臨界）のとき，実根（定常解，固定点）

$$\overline{X} = \overline{Y} = \overline{Z} = 0 \tag{8.50}$$

をもち，$\mu > 1$（$Ra > Ra_c$ 超臨界）のとき，三つの実根（定常解，固定点）

$$\overline{X} = \overline{Y} = \overline{Z} = 0 \tag{8.51}$$

$$\overline{X} = \overline{Y} = \pm\sqrt{b(\mu-1)}, \quad \overline{Z} = \mu - 1 \tag{8.52}$$

をもつ．$\mu < 1$ では定常解 (8.50) は 安定で，$\mu > 1$ では定常解 (8.51) は不安定，定常解 (8.52) は安定となる．$\mu = 1$ は，ピッチフォーク分岐点で，これが $Ra = Ra_c$ の静止層の臨界状態に対応しているのは明らかである．$\mu > 1$ の解は最初に現れるロール状の熱対流を表し，この段階では，ローレンツモデルは，もとの流体現象と対応している．

しかし，μ の値が大きくなると，流体現象からの乖離が顕著となる．定常解 (8.52) の線形安定性を調べてみると，$Pr < b+1$（低プラントル数）のときは μ を大きくしても常に安定である．一方，$Pr > b+1$（高プラントル数）の場合，$\mu > \mu_T = Pr(Pr+b+3)/(Pr-b-1)$ となると不安定となる．分岐の形態はホップ分岐である．流体現象では，最初の熱対流はホップ分岐を何回か繰り返し，カオス化し乱流となるが，ローレンツモデルでは，この分岐で突然カオスが現れる．

カオス状態のローレンツ方程式の解（**ローレンツカオス**）は，もちろん大変不規則で，その不規則さは軌道自体が撹乱に対して非常に不安定であることに由来している．ローレンツカオスの軌跡を，図 8.5 のように X-Y-Z 空間にプロットすると，ほとんどすべての軌跡が 2 枚の蝶の羽のような面（正確には，2.08 次元のフラクタル構造）上を，まんべんなく埋め尽くすようになる．たとえば，初期に X-Y-Z 空間の非常に狭い領域内に点を分布させても，時間の経過とともに 2 枚の曲面を覆い尽くすようになる．このように，ローレンツカオスはエルゴード性についても大変興味深い題材となっている．

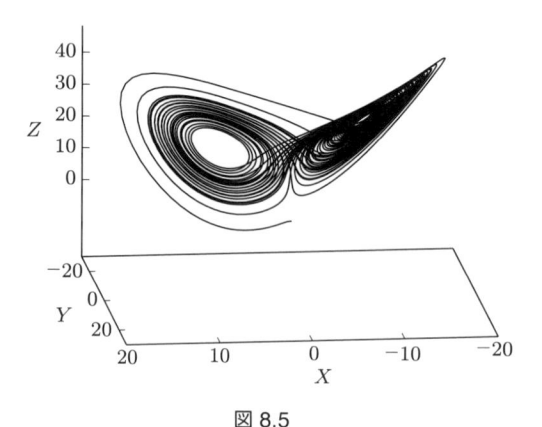

図 8.5

ローレンツ系は 3 次元であるが，Z の値が時間局所的に極大となる値を順に M_n ($n = 1, 2, \ldots$) として数列を作り，横軸を M_n，縦軸を M_{n+1} として点をプロットすると，図 8.3 に示すテント型に似た形状が得られる．このようにして，ローレンツカオスを写像のカオス解と関係づけることが可能である（参考文献 [20]）．

8.3 乱流の確率論的な近似解法

1 変数の確率変数では，キュムラントの定義は，特性関数の対数の展開係数であった（式 (2.51)）．

$$\log \phi(t) = \sum_{n=1}^{\infty} \frac{1}{n!} C_n (it)^n \tag{8.53}$$

改めて式 (8.53) を見直すと，これは特性関数の対数をキュムラントの低次から高次へと展開していることになるので，**キュムラント展開**とよぶ．一方，確率変数が正規分布をとれば，特性関数は

$$\phi(k) = \exp\left[i\mu k - \frac{1}{2}\sigma^2 k^2\right]$$

となるため（式 (3.5)），その対数は

$$\log \phi(k) = i\mu k - \frac{1}{2}\sigma^2 k^2$$

となる．したがって，$n \geq 3$ のとき $C_n = 0$ となる．つまり，正規分布に対しては，キュムラント展開は 2 次で終了することとなる．なお，$C_1 = \mu$, $C_2 = \sigma^2$ である．

この事実から，一つの発想が浮かぶ．つまり，確率分布が正規分布に近ければ，キュムラント展開は比較的低次で終了するのではないか，というアイデアである．これを**キュムラント打ち切り理論**とよぶ．代表的なものは，$n \geq 4$ に対して $C_n = 0$ とするもので，このとき特性関数は

$$\log \phi(k) = \log E[e^{ikX}] = \sum_{n=1}^{3} \frac{1}{n!} C_n (ik)^n \tag{8.54}$$

となる．

キュムラントの定義を確率過程に広げると，

$$\log \phi(k(t)) = \log E\left[i \int_0^T k(t) X(t,\omega)\, dt\right]$$
$$= \sum_{n=1}^{\infty} \frac{i^n}{n!} \int_0^T \int_0^T \cdots \int_0^T k(t_1) k(t_2) \cdots k(t_n)$$

$$\times C_n(X(t_1), X(t_2), \ldots, X(t_n))\, dt_1\, dt_2 \cdots dt_n \qquad (8.55)$$

となる．確率過程がガウス過程なら（式 (7.1)），

$$\log \phi(k(t)) = i \int_0^T k(t) E[X(t)] dt - \frac{1}{2} \int_0^T \int_0^T k(t) C[X(t), X(s)] k(s) ds\, dt$$

であった．確率過程がガウス過程に近いと考え，たとえば，4次以上のキュムラントをゼロとおくと，

$$\log \phi(k(t)) = \sum_{n=1}^{3} \frac{i^n}{n!} \int_0^T \int_0^T \cdots \int_0^T k(t_1) k(t_2) \cdots k(t_n)$$
$$\times C_n[X(t_1), X(t_2), \ldots, X(t_n)]\, dt_1\, dt_2 \cdots dt_n \qquad (8.56)$$

となる．これを**ゼロ4次キュムラント近似**とよび，初期の乱流研究で活発に研究された．しかし，この近似は乱流に対してはエネルギースペクトルが負になるという，致命的な欠陥をもっていることが次第に明らかとなった．その理由として，以下の点などが挙げられている．

1. 非線形相互作用項に，長時間の過去の影響が直接的に入っているため，統計的平衡状態に近づこうとしても行き過ぎてしまう．
2. 非線形相互作用が適切に取り入れられていないため，非線形相互作用に起因する混合効果が十分でない．

しかし，現実の乱流では，高次のキュムラントはある程度小さくなることが観測されているため，なぜこのような現象が発生するかの説明は，それほど明白ではない．

キュムラント打ち切りが上記の問題を引き起こす理由として，さらに，以下の2点が考えられる．

3. 高次キュムラントがいかに小さくても，強い影響が残ってしまう．
4. キュムラント打ち切りによって，構成される方程式系が適切な形を保てなくなる．たとえば，放物型の偏微分方程式が双曲型になるように，数学的に不適切な形 (ill-posed) となってしまう．

3 に従えば，キュムラント打ち切りがどの次数で行われても，統計的緩和がなくなってしまうから，非物理的な結果が発生する，というものである．この意見では，そもそもキュムラント打ち切りをすること自体がよくないということになる．4 によれば，本当の原因は方程式の構成方法であって，この問題を回避できればよいのではないか

という意見である．しかし，この点を合理的に解決する方法は見つかっていない．対処療法的な方法として，

(I)　問題 1 に対してマルコフ化を行う（過去の長時間の影響を無視する）．
(II)　問題 2 に対して渦粘性を取り入れる．

という方法があり，**渦粘性マルコフ化近似**とよばれている．マルコフ化により，自動的に **4** の問題点は解消される．残念ながら，いずれかの次数でキュムラントを打ち切ることから出発する合理的な近似理論は，現在でも完成されていない．

練習問題 8

8.1 $f(t,x)$ が偏微分方程式（コルモゴロフ・フェラーの後ろ向き方程式）

$$\frac{\partial f}{\partial t} + a(x,t)\frac{\partial f}{\partial x} + \frac{1}{2}[b(x,t)]^2\frac{\partial^2 f}{\partial x^2} = 0$$

に従うとし，さらに，T を正定数，$\psi(x)$ を与えられた関数として

$$f(x,T) = \psi(x)$$

を満たすとする．このとき，$f(x,t)$ は

$$f(x,t) = E\left[\psi\left(X(T)\right) \mid X(t) = x\right]$$

で与えられることを示せ．ここで，$X(t)$ は一般化ウィーナー過程 (8.15)

$$dX = a(X,t) + b(X,t)dW$$

である．これを**ファインマン・カッツの公式**といい，偏微分方程式をウィーナー過程を用いて解く手段を与えるものである．［ヒント：式 (6.14) を用いよ．］

8.2 $E[u(x,t)] = 0$ を満たす確率場 $u(x,t)$ があり，

$$E[u(x,t)u(y,t)] = f(y-x,t)$$

と，$u(x,t)$ と $u(y,t)$ の相関が $y-x$ のみに依存するとする．$u(x,t)$ の空間的なフーリエ変換を $\widehat{u}(k,t)$ とし，$u(x,t)$ が

$$u(x,t) = \int_{-\infty}^{\infty} \widehat{u}(k,t)e^{ikx}\,dk \tag{8.57}$$

で与えられているとする．このとき，相関 $E[\widehat{u}(k,t)\widehat{u}(l,t)]$ と $f(x,t)$ との関係を求めよ．なお，時間・空間に依存する確率過程を**確率場**とよぶ．

8.3 確率場 $u(x,t)$ が偏微分方程式（バーガース方程式）

$$\frac{\partial u}{\partial t} + u\frac{\partial u}{\partial x} = \nu\frac{\partial^2 u}{\partial x^2} \tag{8.58}$$

に従うとする．このとき，$\hat{u}(k,t)$ の従う微分積分方程式を求めよ．

8.4 確率場 $u(x,t)$ が偏微分方程式 (8.55) に従うとき，$\hat{u}(k,t)$ の相関 $E[\hat{u}(k,t)\hat{u}(l,t)]$ を，3 次相関 $E[\hat{u}(k,t)\hat{u}(l,t)\hat{u}(m,t)]$ を用いて表す方程式を求めよ．

8.5 $\hat{u}(k,t), \hat{u}(l,t), \hat{u}(m,t), \hat{u}(n,t)$ が多次元正規分布に従い，それぞれの平均値がゼロであるとき，4 次相関 $E[\hat{u}(k,t)\hat{u}(l,t)\hat{u}(m,t),\hat{u}(n,t)]$ を低次の相関によって表せ．

8.6 ローレンツ方程式において，$X = \overline{X} + x$, $Y = \overline{Y} + y$, $Z = \overline{Z} + z$ とおき，方程式 (8.44) へ代入せよ．つぎに，x, y, z について 2 次の項を無視し，$x = x_0 e^{\sigma t}$, $y = y_0 e^{\sigma t}$, $z = z_0 e^{\sigma t}$ とおいて，σ に対する固有値方程式を求めよ．これを線形安定性という．

8.7 練習問題 8.6 で求めた固有値方程式を解き，解の安定性を議論せよ．ただし，$Pr > b+1$ とする．

8.8 ブラウン運動を行う粒子に，$-x$ 方向に重力加速度 g がはたらいているとき，$t \to \infty$ での解 (8.21) はどのようになるか調べよ．

8.9 練習問題 1.8 で，完全順列に関する確率の問題を解いた．その結果，参加ペア数 $n \to \infty$ の極限で，確率が e をネイピア数とするとき，$1/e$ へ近づくことがわかる．テント写像が，区間 $[0,1]$ における一様乱数を生成すると仮定し，確率を求める計算プログラムを考え，$n=100$ のときの e の近似値を求めよ．なお，テント写像を直接に使うのではなく，ロジスティック写像から変換して数列を求めよ．

付表　標準正規分布表

$$I(x) = \frac{1}{\sqrt{2\pi}} \int_0^x \exp\left[-\frac{y^2}{2}\right] dy$$

x	0	0.01	0.02	0.03	0.04	0.05	0.06	0.07	0.08	0.09
0.0	.0000	.0040	.0080	.0120	.0160	.0199	.0239	.0279	.0319	.0359
0.1	.0398	.0438	.0478	.0517	.0557	.0596	.0636	.0675	.0714	.0753
0.2	.0793	.0832	.0871	.0910	.0948	.0987	.1026	.1064	.1103	.1141
0.3	.1179	.1217	.1255	.1293	.1331	.1368	.1406	.1443	.1480	.1517
0.4	.1554	.1591	.1628	.1664	.1700	.1736	.1772	.1808	.1844	.1879
0.5	.1915	.1950	.1985	.2019	.2054	.2088	.2123	.2157	.2190	.2224
0.6	.2257	.2291	.2324	.2357	.2389	.2422	.2454	.2486	.2517	.2549
0.7	.2580	.2611	.2642	.2673	.2704	.2734	.2764	.2794	.2823	.2852
0.8	.2881	.2910	.2939	.2967	.2995	.3023	.3051	.3078	.3106	.3133
0.9	.3159	.3186	.3212	.3238	.3264	.3289	.3315	.3340	.3365	.3389
1.0	.3413	.3438	.3461	.3485	.3508	.3531	.3554	.3577	.3599	.3621
1.1	.3643	.3665	.3686	.3708	.3729	.3749	.3770	.3790	.3810	.3830
1.2	.3849	.3869	.3888	.3907	.3925	.3944	.3962	.3980	.3997	.4015
1.3	.4032	.4049	.4066	.4082	.4099	.4115	.4131	.4147	.4162	.4177
1.4	.4192	.4207	.4222	.4236	.4251	.4265	.4279	.4292	.4306	.4319
1.5	.4332	.4345	.4357	.4370	.4382	.4394	.4406	.4418	.4429	.4441
1.6	.4452	.4463	.4474	.4484	.4495	.4505	.4515	.4525	.4535	.4545
1.7	.4554	.4564	.4573	.4582	.4591	.4599	.4608	.4616	.4625	.4633
1.8	.4641	.4649	.4656	.4664	.4671	.4678	.4686	.4693	.4699	.4706
1.9	.4713	.4719	.4726	.4732	.4738	.4744	.4750	.4756	.4761	.4767
2.0	.4772	.4778	.4783	.4788	.4793	.4798	.4803	.4808	.4812	.4817
2.1	.4821	.4826	.4830	.4834	.4838	.4842	.4846	.4850	.4854	.4857
2.2	.4861	.4864	.4868	.4871	.4875	.4878	.4881	.4884	.4887	.4890
2.3	.4893	.4896	.4898	.4901	.4904	.4906	.4909	.4911	.4913	.4916
2.4	.4918	.4920	.4922	.4925	.4927	.4929	.4931	.4932	.4934	.4936
2.5	.4938	.4940	.4941	.4943	.4945	.4946	.4948	.4949	.4951	.4952
2.6	.4953	.4955	.4956	.4957	.4959	.4960	.4961	.4962	.4963	.4964
2.7	.4965	.4966	.4967	.4968	.4969	.4970	.4971	.4972	.4973	.4974
2.8	.4974	.4975	.4976	.4977	.4977	.4978	.4979	.4979	.4980	.4981
2.9	.4981	.4982	.4982	.4983	.4984	.4984	.4985	.4985	.4986	.4986
3.0	.4987	.4987	.4987	.4988	.4988	.4989	.4989	.4989	.4990	.4990
3.1	.4990	.4991	.4991	.4991	.4992	.4992	.4992	.4992	.4993	.4993
3.2	.4993	.4993	.4994	.4994	.4994	.4994	.4994	.4995	.4995	.4995
3.3	.4995	.4995	.4995	.4996	.4996	.4996	.4996	.4996	.4996	.4997
3.4	.4997	.4997	.4997	.4997	.4997	.4997	.4997	.4997	.4997	.4998

問題の略解

一部の問題については，計算過程や解説が下記の URL からダウンロードできます．適宜ご参照ください．

http://www.morikita.co.jp/books/mid/006181

---第 1 章---

練習問題

1.1 3 者とも 1/3

1.2 $(1+f'^2)^{3/2}/|f''|$

1.3 式 (1.8) を利用する．$P(B|A) = 25/28$

1.4 13/48

1.5 5/108

1.6 $(k/6)^n - \{(k-1)/6\}^n$

1.7 1/15

1.8 確率 $= \dfrac{a_n}{n!} = \sum_{k=1}^{n} \dfrac{(-1)^k}{k!}$

1.9 7 回以上

1.10 16/81

1.11 $f = {}_nC_m \left(\dfrac{3}{5}\right)^m \left(\dfrac{2}{5}\right)^{n-m}$ とおく．$m = n/2$ のとき，$f \approx \left(\dfrac{2\sqrt{6}}{5}\right)^n \approx 0.9798^n$ となる．

1.12 略．

1.13 $1 - 0.98^n - n \cdot 0.02 \cdot 0.98^{n-1}$

1.14 $\dfrac{{}_4C_1 \cdot {}_{13}C_2 + {}_4C_2 \cdot {}_{13}C_1 + {}_4C_3}{{}_{17}C_3}$

1.15 $n_k = \exp\left[-\dfrac{\varepsilon_k - \mu}{k_B T}\right]$

1.16 略．

1.17 偏差値 $= 10 \times 2.33 + 50 = 73.3$

1.18 $P(B|A) = \dfrac{P(A \cap B)}{P(A)} = \dfrac{P(B)}{P(A)}$

1.19 略．

―――――――――――――――――― 第 2 章 ――――――――――――――――――

問

2.1〜2.4　略.

練習問題

2.1, 2.2　略.

2.3　(1) 1/2　(2) 1/4

2.4〜2.6　略.

2.7　(1) e^{ik/A^2}　(2) $\exp\left[e^{ik/B^2} - 1\right]$

2.8　特性関数 $= \sum_{n=0}^{\infty} \frac{(ik)^m}{m!} M_n$,　n 次モーメント $M_n = \frac{1+(-1)^n}{2(n+1)}$

2.9　$X+1$ の母関数：$G_{X+1} = sG(s)$,　$2X$ の母関数：$G_{2X} = G(s^2)$

2.10　$F(x) = 1 \ (x \geq \mu),\ \ 0 \ (x < \mu)$

2.11　$\phi(t) = -\frac{p}{q} + \frac{p}{q(1-e^{it})}$

2.12　$\phi(k) = \frac{\lambda}{2i}\left(\frac{1}{k-i\lambda} - \frac{1}{k+i\lambda}\right)$,　$M_n = \frac{n!}{2\lambda^n}(1+[-1]^n))$

2.13, 2.14　略.

―――――――――――――――――― 第 3 章 ――――――――――――――――――

問

3.1, 3.2　略.

3.3　正しくない.

3.4〜3.6　略.

3.7　平均 $= 1/\lambda$，分散 $= 1/\lambda^2$

3.8〜3.10　略.

3.11　$g(y_1, y_2) = \frac{1}{2} f\left(\frac{y_1+y_2}{2}, \frac{y_1-y_2}{2}\right)$

練習問題

3.1　n が奇数なら $\mu_n = 0$，n が偶数なら $\mu_n = \sigma^n(n-1)!!$ となる.

3.2　略.

3.3　$M_n = \exp\left[\frac{1}{2}\sigma_X^2 n^2 + \mu_X n\right]$

3.4　$M_m = \frac{2^m}{\Gamma(n/2)} \Gamma\left(m + \frac{n}{2}\right)$

3.5　$S = 2, K = 9$

3.6　$E[X] = n/\lambda$

3.7〜3.10 略.

3.11 Y の確率密度関数 $g(y) = \frac{1}{4}y^{-3/4}$ $(0 \leq y \leq 1)$

3.12 Y の確率密度関数 $g(y) = \frac{1}{2\sqrt{1+y}}f(1-\sqrt{1+y})$ $(-1 \leq y \leq 3)$

3.13 略.

3.14 Y と Z の結合確率密度関数 $g(y,z) = \frac{1}{\pi\sigma^2}y\exp\left(-\frac{y^2}{2\sigma^2}\right)$,

Y の確率密度関数 $g_Y(y) = \int_{-\pi/2}^{\pi/2} g(y,z)\,dz = \frac{1}{\sigma^2}y\exp\left(-\frac{y^2}{2\sigma^2}\right)$,

Z の確率密度関数 $g_Z(z) = \int_0^\infty g(y,z)\,dy = \frac{1}{\pi}$

3.15 Z の分布関数 $F(z) = 0$ $(z < 0)$, $\frac{4}{5}z^{1/2}$ $(0 \leq z < 1)$, $1 - \frac{1}{5z^2}$ $(z \geq 1)$

3.16〜3.18 略.

3.19 $f * f * \cdots * f = \lambda^n \frac{x^{n-1}}{(n-1)!}e^{-\lambda x}$

3.20 確率密度関数 $f(x) = \frac{\lambda_1\lambda_2}{\lambda_2 - \lambda_1}(e^{-\lambda_1 x} - e^{-\lambda_2 x})$

3.21 略.

3.22 Z の確率密度関数 $f_Z(z) = \int_0^\infty \sqrt{\frac{y}{n}} f_X\left(\sqrt{\frac{y}{n}}z\right) f_Y(y)\,dy$,

$\left(X \text{ の確率密度関数 } f_X = \frac{1}{\sqrt{2\pi}}e^{-x^2/2},\right.$

$\left.Y \text{ の確率密度関数 } f_Y = \frac{1}{2^{n/2}\Gamma(n/2)}y^{n/2-1}e^{-y/2}\right)$

Z の確率密度関数 $f_Z = \frac{\Gamma((n+1)/2)}{\sqrt{\pi n}\Gamma(n/2)}\left(1 + \frac{z^2}{n}\right)^{-(n+1)/2}$

第 4 章

問

4.1 略.

練習問題

4.1〜4.6 略.

4.7 $S_2(l) = C_2(E[\varepsilon])^{2/3} L^{-\mu/9} l^{2/3+\mu/9}$

4.8 略.

---第 5 章---

問

5.1〜5.4 略.

練習問題

5.1 $p_{11} = \alpha + \frac{1}{2}\beta$, $p_{12} = \frac{1}{2}\beta + \gamma$, $p_{13} = 0$

$p_{21} = \frac{1}{2}\alpha + \frac{1}{4}\beta$, $p_{22} = \frac{1}{2}\alpha + \frac{1}{2}\beta + \frac{1}{2}\gamma$, $p_{23} = \frac{1}{4}\beta + \frac{1}{2}\gamma$

$p_{31} = 0$, $p_{32} = \alpha + \frac{1}{2}\beta$, $p_{33} = \frac{1}{2}\beta + \gamma$

5.2 $p_{00} = 0$, $p_{01} = 1$, $p_{02} = p_{03} = p_{04} = p_{05} = 0$, $p_{10} = \frac{1}{25}$, $p_{11} = \frac{4}{25}$, $p_{12} = \frac{16}{25}$, $p_{13} = p_{14} = p_{15} = 0$, $p_{20} = 0$, $p_{21} = \frac{4}{25}$, $p_{22} = \frac{12}{25}$, $p_{23} = \frac{9}{25}$, $p_{24} = p_{25} = 0$, $p_{30} = p_{31} = 0$, $p_{32} = \frac{9}{25}$, $p_{33} = \frac{12}{25}$, $p_{34} = \frac{4}{25}$, $p_{35} = 0$, $p_{40} = p_{41} = p_{42} = 0$, $p_{43} = \frac{16}{25}$, $p_{44} = \frac{8}{25}$, $p_{45} = \frac{1}{25}$, $p_{50} = p_{51} = p_{52} = p_{53} = 0$, $p_{54} = 1$, $p_{55} = 0$

反射率はどちらの壁も 1.

5.3 $p_{20} = \frac{1}{100}$, $p_{21} = \frac{3}{25}$, $p_{22} = \frac{21}{50}$, $p_{23} = \frac{9}{25}$, $p_{24} = \frac{9}{100}$, $p_{25} = 0$

5.4 $R_g = \dfrac{(q/p)^b - (q/p)^g}{(q/p)^b - 1}$

5.5 $p_{i,i+1} = p_{i,i-1} = \frac{1}{2}$ $(2 \leq i \leq 11)$, $p_{1,2} = p_{1,12} = p_{12,1} = p_{12,11} = \frac{1}{2}$, $p_{i,j} = 0$ (それ以外の i, j) となる. もとの位置に戻る確率は $\dfrac{71}{4096}$ となる.

5.6 $p_{(0,k_2)(0,k_2)} = p_{(M,k_2)(M,k_2)} = p_{(k_1,0)(k_1,0)} = p_{(k_1,N)(k_1,N)} = 1$ $(0 \leq k_1 \leq M, 0 \leq k_2 \leq N)$, $p_{(0,k_2)(l_1,l_2)} = p_{(M,k_2)(l_1,l_2)} = p_{(k_1,0)(l_1,l_2)} = p_{(k_1,N)(l_1,l_2)} = 0$ $(0 \leq k_1 \leq M, 0 \leq k_2 \leq N, l_1 \neq 0, M \ l_2 \neq 0, N)$, それ以外は式 (5.74) に従う.

5.7 $p_{\boldsymbol{k}\boldsymbol{l}} = \frac{1}{6}$ $(|k_1 - l_1| + |k_2 - l_2| + |k_3 - l_3| = 1)$, 0 (その他)

5.8 $p_{ij} = \frac{1}{3}$ $(j = i+2)$, $\frac{1}{2}$ $(j = i-1)$, $\frac{1}{6}$ $(j = i)$, 0 (その他)

5.9 $Z_n = i$ のとき状態 i とよぶことにすると, つぎのようになる.

$p_{i,i-1} = \frac{1}{3}$, $p_{i,i+1} = \frac{2}{3}$, $p_{ij} = 0$ $(j \neq i-1, i+1)$

5.10 略.

5.11 $\pi_j = \dfrac{p^{j-1}}{q^j}\pi_0$ $(1 \leq j \leq n-1)$, $\pi_n = \dfrac{p^{n-1}}{q^{n-1}}\pi_0$, $\pi_0 = \dfrac{(q-p)q^{n-1}}{2(q^n - p^n)}$

5.12 $\pi_j = \dfrac{1}{2^n}{}_n C_j$ $n \to \infty$ のとき, $\pi_j \approx \dfrac{1}{\sqrt{n\pi/2}} \exp\left[-\dfrac{(j-n/2)^2}{n/2}\right]$ となる.

5.13 $\pi_j = \dfrac{(j-1)! \cdot n}{(n-1)(n-2)\cdots(n-j)} \pi_0 \ (1 \le j \le n-1), \quad \pi_n = \pi_0$

$\pi_0 = \left(2 + \displaystyle\sum_{j=2}^{n-1} \dfrac{(j-1)! \cdot n}{(n-1)(n-2)\cdots(n-j)}\right)^{-1} \quad n \to \infty$ のとき，両端だけが有限値で残り，それ以外はゼロに近づく．

5.14〜5.16　略．

──────────── 第6章 ────────────

問

6.1, 6.2　略．

練習問題

6.1〜6.3　略．

6.4　(1) $E[W(t)^3] = 0$　(2) $E[W(t)^4] = 3t^2$　(3) $E[\exp(aW(t))] = e^{a^2t/2}$

6.5　(1) $E[\{W(s) - W(0)\}\{W(t) - W(0)\}] = \mathrm{Min}(s, t)$
　　 (2) $E[\{W(s) - W(0)\}^2\{W(t) - W(0)\}] = 0$

6.6　$C[W(s), W(t)] = \mathrm{Min}(s, t)$

6.7　(1) $E[Y(t)] = 0$　(2) $E[Y(t)^2] = \dfrac{1}{3}t^3$　(3) $E[Y(s)Y(t)] = \dfrac{1}{6}t^2(3s - t)$

6.8　$C[X(s), X(t)] = \lambda^2 t(t-s) + \lambda t \ (s > t), \ \lambda^2 s(s-t) + \lambda s \ (t > s)$

6.9　$P_A = Ae^{-(\lambda+\mu)t} + \dfrac{\mu}{\lambda+\mu}, \ P_B = \dfrac{\lambda}{\lambda+\mu} - Ae^{-(\lambda+\mu)t} \quad t \to \infty$ のとき，
$P_A \to \dfrac{\mu}{\lambda+\mu}, \quad P_B \to \dfrac{\lambda}{\lambda+\mu}$ となる．

6.10　略．

6.11　練習問題 3.19 より，アーラン分布となる．

──────────── 第7章 ────────────

問

7.1　$f(x, s, ; y, t) = \dfrac{\partial}{\partial y} F(x, s; y, t) = \delta(y - x)$

7.2, 7.3　略．

練習問題

7.1, 7.2　略．

7.3　$R(t) = \dfrac{4a}{t} \cos \lambda_0 t \sin \pi B t$

7.4　略．

7.5　$u(x, t) = \dfrac{1}{\sqrt{2\pi t}} e^{-x^2/2t}$

7.6　略．

―――――――――――――― 第 8 章 ――――――――――――――

問

8.1, 8.2　略．

練習問題

8.1　略．

8.2　$E[\widehat{u}(k,t)\widehat{u}(k',t)] = G(k)\delta(k+k')$ となり，$f(y-x,t) = \int_{-\infty}^{\infty} e^{-ik(y-x)} G(k)\,dk$,
$G(k) = \dfrac{1}{2\pi}\int_{-\infty}^{\infty} f(x,t)e^{ikx}\,dx$ の関係がある．

8.3　$\dfrac{\partial \widehat{u}(k,t)}{\partial t} + i\int_{-\infty}^{\infty} dk'\,k'\widehat{u}(k-k,t)\widehat{u}(k',t) = -\nu k^2 \widehat{u}(k,t)$

8.4　$\dfrac{\partial}{\partial t}E[\widehat{u}(k)\widehat{u}(l)] + i\int_{-\infty}^{\infty} dk'\,k'\{E[\widehat{u}(k-k')\widehat{u}(k')\widehat{u}(l)] + E[\widehat{u}(l-k')\widehat{u}(k')\widehat{u}(k)]\}$
$\quad = -\nu k^2(k^2+l^2)E[\widehat{u}(k)\widehat{u}(l)]$

8.5　$E[\widehat{u}(k)\widehat{u}(l)\widehat{u}(m)\widehat{u}(n)] = E[\widehat{u}(k)\widehat{u}(l)]E[\widehat{u}(m)\widehat{u}(n)] + E[\widehat{u}(k)\widehat{u}(m)]E[\widehat{u}(l)\widehat{u}(n)]$
$\qquad\qquad + E[\widehat{u}(k)\widehat{u}(n)]E[\widehat{u}(l)\widehat{u}(m)]$

8.6　$(\sigma + Pr)[(\sigma+1)(\sigma+b) + \overline{X}^2] + Pr[(\overline{Z}-\mu)(\sigma+b) + \overline{XY}] = 0$

8.7～8.9　略．

参考文献

これ以外にも多くの書物を参考にしたことをお断りしておく．

[1] 伊藤清：確率論，岩波書店 (1953).
[2] 森口繁一，宇田川銈久，一松信：数学公式集 III，岩波書店 (1960).
[3] W. Feller 著，国沢清典監訳：確率論とその応用 I, II，紀伊国屋書店 (I 1960, 1961, II 1969, 1970).
[4] F.N. David, D.Sc.：Games, Gods and Gambling, Charles Griffin & Co. Ltd. (1962).
[5] 伊藤清三：ルベーグ積分入門，裳華房 (1963).
[6] 魚返正：確率論（近代数学講座），朝倉書店 (1968).
[7] 西田俊夫：応用確率論，培風館 (1973).
[8] L.D. ランダウ，I.M. リフシッツ著，小林秋男他訳：統計物理学第 3 版　上・下，岩波書店 (1980).
[9] 国沢清典：確率論とその応用（岩波全書），岩波書店 (1982).
[10] 米沢富美子：ブラウン運動（物理学 One Point），共立出版 (1986).
[11] L.D. Landau and E.M. Lifshitz：Fluid Mechanics 2nd ed., Butterworth-Heinemann (1987).
[12] P.S. ラプラス著，内井惣七訳：確率の哲学的試論（岩波文庫），岩波書店 (1997).
[13] 木田重雄，柳瀬眞一郎：乱流力学，朝倉書店 (1999).
[14] 石村貞夫，石村園子：金融・証券のためのブラック・ショールズ微分方程式，東京図書 (1999).
[15] 堀内龍太郎，水島二郎，柳瀬眞一郎，山本恭二：理工学のための応用解析学 II，朝倉書店 (2001).
[16] 松原望：入門確率過程，東京図書 (2003).
[17] R. デュレット著，今野紀雄他訳：確率過程の基礎，シュプリンガー・フェアラーク東京 (2005).
[18] A.P. ポザマンティエ，I. レーマ著，松浦俊輔訳：不思議な数 π の伝記，日経 BP 社 (2005).
[19] 竹之内脩，伊藤隆：π の計算 アルキメデスから現代まで，共立出版 (2007).
[20] 船越満明：カオス（シリーズ 非線形科学入門），朝倉書店 (2008).

索引

英数字

1 次元分布関数　31
1 点分布　53
K62 理論　101
n 次元確率密度関数　34
n 次元分布関数　33
n 次のキュムラント　46
n 次のモーメント　45
p 次構造関数　99
p 次構造関数の指数　100
χ^2 分布　70

あ行

アインシュタイン　190
アインシュタインの関係式　189
アーラン分布　78, 157
アンサンブル平均　172
安定分布　75, 95
安定分布の指数　78
一時的　125
一様確率連続　134
一様な確率過程　139
一般化ウィーナー過程　186
遺伝の法則　104
伊藤積分　146
伊藤の公式　184
ウィーナー過程　139
ウィーナー積分　144
ウィーナー・ヒンチンの定理　167
エルゴード仮説　172
エルゴード性　171
エルゴード定理　172
エルゴード的である　171
エーレンフェストのモデル　120
円周率　195
オルンシュタイン・ウーレンベック過程　189

か行

回帰関数　41
概収束　84
ガウス　20
ガウス型加法過程　136
ガウス過程　160
ガウス分布　20
カオス　192
化学ポテンシャル　24
拡散過程　172, 177
拡散係数　190
確率 1 で収束　84
確率過程　103
確率過程のスペクトル分解　165
確率収束する　82
確率測度　32
確率超過程　146
確率の逆算法　9
確率場　201
確率微分　180
確率分布　2
確率変数　14, 31
確率保存則　68
確率密度関数　32
確率モデル　2
確率連続　134
可算個　31
渦粘性マルコフ化近似　201
加法過程　135
加法性　30
加法的集合関数　30
間欠性　65, 99
ガンマ分布　78
幾何ブラウン運動　186
幾何分布　57
希現象　19
疑似乱数　195
期待値　2, 3
既約である　124
吸収的である　124
吸収壁　119
キュムラント打ち切り理論　199
キュムラント展開　199

鏡像の原理　110
強定常過程　163
共分散　38, 135
空事象　7, 30
空集合　30
経路　109
結合確率密度関数　34
結合分布関数　34
縣濁物質　190
元点への再帰　111
コイン投げ　3, 107
コイン投げゲーム　108
合成積　54, 73
コーシー分布　67
故障確率　65
古典統計力学　96
コールオプション　191
コルモゴロフのK41理論　100
コルモゴロフの拡張定理　103
コルモゴロフ・フェラーの後ろ向き方程式　177
コルモゴロフ・フェラーの前向き方程式　177

さ行

再帰的　125
サイコロを投げる　1
最初の $r > 0$ への到達　111
最初の元点への再帰　111
再生的である　74
サービス　154, 157
サンプリング　3
サンプル　3

サンプル数　5
試行　2, 29
事象　2, 29
指数分布　64
実現値　21, 31
実験的確率　1
弱定常過程　164
周期　129
集合関数　30
集団遺伝学　107
自由度 n の t 分布　80
周辺確率密度関数　34
周辺分布関数　34
主観的確率　9
出生死滅過程　157
シュワルツの不等式　39
条件付き確率　8
条件付き確率の原理　8
条件付き確率密度関数　41
条件付き期待値　40
条件的推移確率　124
状態　106
推移確率　106
推移確率分布　104, 173
推移確率密度　173
スターリングの公式　12
スティルチェス積分　35
ストークスの法則　187
ストラトノビッチ積分　150
スペクトル解析　32
スペクトル強度　167
スペクトル分布　169
正規分布　20
正状態　125
整数スピン　25

正の相関　39
積事象　8
積集合　8
絶対温度　24
ゼロ4次キュムラント近似　200
ゼロ状態　125
線形性　38
先見的確率　9
全事象　11, 29
尖度　52
相関　135, 166
相関係数　38, 167
測度　32
速度場の相似指数　100

た行

帯域制限ホワイトノイズ　179
第一アークサイン公式　115, 133
対称なランダムウォーク　107
対数ウィーナー過程　186, 191
対数正規分布　69
大数の強法則　86
大数の弱法則　85
大数の定理　17
対数ポアソン分布　71
大偏差定理　91
互いに独立である　36
単位階段関数　44, 137
単位分布　53
単調性　30
チェビシェフの不等式　81

チャップマン・コルモゴロフの方程式　122, 176
中心極限定理　89
超過　52
超幾何分布　6
定常離散時間マルコフ過程　104
デリバティブ　191
デルタ関数　37, 141
デルタ関数列　44, 142
伝達可能　123
テント写像　196
伝播係数　11
電話回線　154
統計的推測　22
等重率の原理　172
到達可能　123
同値関係　123
特異部　32
特性関数　41
特性汎関数　162
独立加法過程　135
独立である　11, 34
ドリフト定数　186

な行
二項分布　4, 11
ネイピア数　202
熱対流現象　197
熱力学的平衡値　97
粘性係数　187

は行
排反事象　7, 29
破産ゲーム　108
破産した　119
破産状態　108

パスカル分布　17
反射壁　119, 120
反射率　120
半整数スピン　23
非可算無限個　104
非周期的　129
非対称ランダムウォーク　115
ピッチフォーク分岐点　198
非復帰的　129
ビュフォンの針の問題　56
標準正規分布　58, 203
標準偏差　3, 21, 38
標本　3
標本過程　103, 134
標本空間　29, 31
標本抽出　3
標本点　29
ファインマン・カッツの公式　201
フェルミ・ディラック分布　23
フォッカー・プランク方程式　176
復元抽出　5
複合ポアソン分布　94
負の相関　39
負の二項分布　17
ブラウン運動　139, 187
ブラウン粒子　187
ブラック・ショールズの偏微分方程式　191
プラントル数　197
不連続マルコフ過程　172

分散　3, 38, 135
分散共分散行列　63
平均2乗収束　83
平均値　4, 37
ベイズの定理　9
ベータモデル　101
ベルトランのパラドックス　56
ベルヌーイ試行　3, 11, 14, 86, 140, 173
偏差値　21
扁平度　52
ポアソン過程　152
ポアソンの小数の法則　93
ポアソン分布　19
放射性物質　153
法則収束　82
母関数　53
母集団　21
ボーズ・アインシュタイン分布　25
ボッホナーの定理　169
ポートフォリオ　106, 192
ほとんど確実な収束　84
ほとんど確実に（確率1で）連続　134
ボラティリティー　191
ポリアの壺　10
ポリ・ガンマ関数　12
ボルツマン定数　24
ホワイトノイズ　141, 143

ま行

マクスウェル・ボルツマン分布　27
待ち行列　157
待ち行列理論　157
窓口　157
マルコフの不等式　81
マルコフ連鎖　105
マルチフラクタルモデル　101
マルチンゲール　105
右連続　32
無限分解可能　77
無相関　39
モーメント母関数　41

や行

有限領域でのランダムウォーク　119
揺動・散逸定理　189
余事象　11, 29

ら行

ラドン・ニコディムの定理　32
ラプラス　6
ラプラスの定理　14
ランジュバン方程式　187
ランダムウォーク　107
乱流　65, 99
乱流構造の間欠性　101
力学系　172
離散時間確率過程　103
離散時間マルコフ過程　104
離散スペクトル　32
両側指数分布　57
量子状態　23, 25
臨界レイリー数　197
リンデベルグの条件　89
ルベーグ・スティルチェス積分　35

わ行

レイリー数　197
レヴィの反転公式　43
レヴィの表現　78
連続時間確率過程　103
連続スペクトル　32
連続定常過程　168
連続マルコフ過程　172
ロジスティック写像　193
ローレンツカオス　198
ローレンツ分布　67
ローレンツ方程式　197

わ行

歪度　51
ワイブル分布　79
和事象　8
和集合　8

著者略歴

柳瀬　眞一郎（やなせ・しんいちろう）
　1975 年　京都大学理学部卒業
　1980 年　京都大学大学院理学研究科博士後期課程修了
　1980 年　岡山大学工学部助手
　1982 年　岡山大学工学部講師
　1989 年　岡山大学工学部助教授
　1998 年　岡山大学工学部教授
　2005 年　岡山大学大学院自然科学研究科教授
　　　　　現在に至る
　　　　　理学博士

編集担当　太田陽喬（森北出版）
編集責任　石田昇司（森北出版）
組　版　　藤原印刷
印　刷　　同
製　本　　同

確率と確率過程
　—具体例で学ぶ確率論の考え方— 　　　　　© 柳瀬眞一郎　2015

2015 年 6 月 22 日　第 1 版第 1 刷発行　　【本書の無断転載を禁ず】
2019 年 8 月 30 日　第 1 版第 2 刷発行

著　者　　柳瀬眞一郎
発行者　　森北博巳
発行所　　森北出版株式会社
　　　　　東京都千代田区富士見 1-4-11（〒 102-0071）
　　　　　電話 03-3265-8341／FAX 03-3264-8709
　　　　　https://www.morikita.co.jp/
　　　　　日本書籍出版協会・自然科学書協会　会員
　　　　　JCOPY ＜（一社）出版者著作権管理機構　委託出版物＞

落丁・乱丁本はお取替えいたします．

Printed in Japan／ISBN978-4-627-06181-1

図書案内　森北出版

乱流のシミュレーション

柳瀬眞一郎・百武徹
河原源太・渡辺毅／訳
菊判・232頁
定価(本体 4200 円＋税)
ISBN978-4-627-67331-1

　LESは，流れの小さなスケール（サブグリッドスケール）を適当な統計的モデルで表現することによりフィルタをかけて除去し，大きなスケールを数値的に解く方法で，乱流計算法としてはもっとも精度が高く，理論的にもすぐれている手法である．本書は，そのLESの基礎から応用までを具体例をあげながらわかりやすく解説した．

目次

LESへの招待／渦力学／物理空間におけるLESの定式化／等方性乱流に対するフーリエ空間でのLES／非一様乱流に対するスペクトルLES／LESの新たな発展／圧縮性乱流のLES／地球流体力学

ホームページからもご注文できます
http://www.morikita.co.jp/

MEMO

MEMO